机电系统计算机控制

陈维山　赵　杰　编著

哈尔滨工业大学出版社

哈　尔　滨

内容提要

本书对机电系统计算机控制的基本理论和应用技术进行了比较全面的介绍。全书内容包括:计算机控制系统的一般概念、分类和组成,信号采样与保持,采样控制理论,数字 PID 控制算法,数字控制器的直接设计方法,机电系统计算机控制的指令生成技术,机电系统的建模方法,步进电机传动控制系统,可编程序控制器控制系统,直流拖动数字控制系统的设计。全书共十章,部分章节附有一定量的复习思考题。

本书可作为高等工科学校机械电子工程专业的本科生或硕士研究生的教材,也可作为相关专业工程技术人员的参考用书。

图书在版编目(CIP)数据

机电系统计算机控制/陈维山编著. —哈尔滨:哈尔滨
工业大学出版社,1999.4(2020.4 重印)
ISBN 978 − 7 − 5603 − 1397 − 9

Ⅰ.机… Ⅱ.①陈… Ⅲ.①机电系统−计算机控制
Ⅳ.TH−39

中国版本图书馆 CIP 数据核字(2008)第 191314 号

责任编辑 郝文杰 杨明蕾
封面设计 卞秉利
出版发行 哈尔滨工业大学出版社
社   址 哈尔滨市南岗区复华四道街 10 号 邮编150006
传   真 0451 − 86414749
网   址 http://hitpress.hit.edu.cn
印   刷 哈尔滨市工大节能印刷厂
开   本 787mm×1092mm 1/16 印张 18.625 字数 415 千字
版   次 1999 年 4 月第 1 版 2020 年 5 月第 8 次印刷
书   号 ISBN 978 − 7 − 5603 − 1397 − 9
定   价 30.00 元

前　　言

本书以计算机为控制工具,介绍计算机控制系统的基础知识和基本应用技术。全书共分十章。

第一章介绍机电一体化系统及计算机控制的一般概念,计算机控制系统的分类、组成和特点,机电控制系统的一般要求等。

第二章介绍信号采样与 z 变换理论,具体讲述计算机控制系统的信号形式,信号采样与保持以及 z 变换。

第三章介绍计算机控制系统分析,具体讲述计算机控制系统的数学模型,脉冲传递函数以及计算机控制系统的性能分析。

第四章介绍数字控制器的模拟化设计方法,具体讲述 PID 控制规律的离散化方法,数字 PID 控制器的设计,PID 控制算法的改进,数字 PID 控制器的参数整定,数字控制器的等价离散化设计,对数频率特性设计法。

第五章介绍数字控制器的直接设计方法,具体讲述最少拍随动系统的设计,最少拍无差系统的局限性,最少拍无纹波系统设计,最少拍设计的改进,达林算法。

第六章介绍机电系统计算机控制程序算法,具体讲述逐点比较法插补原理,数字积分法插补原理,数据采样插补原理,点位控制指令信号,数字滤波方法。

第七章介绍机电系统参数及动力学基础,具体讲述摩擦、间隙、刚度与扭转谐振,机械传动系统的动力学模型,直流拖动系统的传递函数。

第八章讲述步进电机传动控制系统,包括步进电机的工作原理,步进电机的运行特性,步进电机的驱动电路,步进电机的控制,步进电机的选择等。

第九章讲述可编程序控制器控制系统,包括可编程序控制器系统的组成,工作原理,硬件配置及功能,基本 I/O 单元的原理与功能,以 C200H PLC 为例介绍其存储区分配,CPU 的工作流程,软件编制,编程原则及编程技巧,PLC 系统设计原则,PLC 系统的可靠性以及应用实例。

第十章介绍直流拖动数字控制系统设计,具体讲述伺服系统的主要技术要求,直流伺服电动机的选择,伺服检测装置的选择,直流电动机的 PWM 调速原理,模拟直流伺服系统的工程设计,计算机控制直流伺服系统的设计。

本书是编者在哈尔滨工业大学讲授《机电系统的计算机控制》课程的讲义的基础上编写的,它是机械电子工程专业的本科生和硕士研究生的主要专业课之一。也是国家"九五"重点图书《机电一体化》丛书中的一种。本书第一、二、三、四、六、九各章是为本科生主要讲授的内容,在授课过程中可再充实一些具体应用实例;第四、五、七、八、十各章是为硕士研究生主要讲授的内容,另在授课时充实一些具体实例。在学习本课程时,应先学完《自动控制原理》《计算机原理及应用》《计算机应用接口技术》《机械原理及设计》等有关课程。

　　本书第二章及第九章第八节、第九节由陈晓峰编写，其余各章及前言由陈维山和赵杰合作编写，全书内容由陈维山和赵杰两人共同拟定。

　　在本书的出版过程中，博士研究生刘军考、诸详诚，硕士研究生张日安、陈学生等人帮助对文稿进行了文字校对和插图的绘制工作，在此向他们表示衷心的感谢。

　　由于编者水平有限，书中难免存在缺点和疏漏，敬请读者批评指正。

编著者
于哈尔滨工业大学
1998 年 12 月

目　　录

第一章 绪 论

1.1 机电一体化系统

传统的机械设备与产品,多是以机械为主,是电气、液压或气动控制的机械设备。随着工业水平的不断发展,机械设备已逐步地由手动操作改为自动控制,设备本身也发展为机电一体化的综合体。现代工业生产更趋向于实现最佳控制,亦即要求利用最少的能源与原材料消耗,使成本最低,取得最大的经济效益、最高的生产率、最好的产品质量等等。随着电子技术特别是微电子和计算机技术的飞速发展,为传统机器设备的革新创造了有利条件,带来了新的活力。机械工业的传统技术与电子工业尤其是计算机技术相结合,使生产技术和产品质量提到了一个新的高度,出现了机械与电子技术密切结合的新产品,开拓了许多新的技术领域。这些产品与传统的机械产品及普通的电子产品均不相同,它们是机械技术与微电子技术、计算机技术、信息技术、控制技术等有机结合体。现在人们习惯上将这种结合体称为机电一体化,并将这类系统称为机电一体化系统。

关于机电一体化系统,目前尚无严格的统一定义,一般倾向认为:机电一体化系统是指在系统的主功能、信息处理功能和控制功能等方面引进了电子技术,并把机械装置、执行部件、计算机等电子设备以及软件等有机结合而构成的系统,即机械、执行、信息处理、接口和软件等部分在电子技术的支配下,以系统的观点进行组合而形成的一种新型机械系统。人们还认为,这种趋势已促使形成"机械电子学(mechatronics)"这一新的边缘学科。机电一体化系统总的发展趋势是机械与微电子技术结合、软硬件结合,向自动化、柔性化、多功能化、智能化发展。

机电一体化系统的涉及面很广,从各种计算机外部设备(如打印机、绘图机、磁盘驱动器等)、办公自动化设备、微细加工设备、数控机床和数控加工中心、机器人、射压成型设备,到轻工、冶金、土建、船舶、武器控制、航空航天技术、海洋技术,乃至家用电子机械、电子玩具等,都可归于机电一体化系统范畴。

机械工程作为最基础的工业领域,存在大量以机械装置或机器为控制对象、以电子装置(包括微处理器)为控制器的各式各样的控制系统。这类系统的受控物理量通常是机械运动,如位移、速度、加速度、力或力矩、运动轨迹,以及机器操作和加工过程等。在微电子技术尤其是计算机技术迅猛发展的今天,计算机已成了这些系统控制器的主流,而且这些设备大都具备上述机电一体化设备的特征。因此,我们可以认为这些系统为机械工程领域的机电一体化控制系统。下面我们就介绍几种机械工程领域中典型的机电一体化控制系统。

1. 伺服传动系统

伺服传动系统是一种最基本的机电控制系统。其输入为模拟或数字的电信号,输出(或受控物理变量)是机械位置和机械位移的变化率(速度)。伺服传动系统主要用于机械设备位置和速度的动态控制,在数控机床、工业机器人、坐标测量机以及自动导引车等自动化制造、装配和检测设备中,已经获得非常广泛的应用。

2. 数字控制系统

数字控制系统是根据零件编程或路径规划,由计算机生成数字形式的指令,驱动机械运动的一种控制系统,称为数字控制系统,简记为 NC(Numerical Control)系统。当控制器由计算机实现时,又称为计算机数控系统,简记为 CNC(Computer Numerical Control)。CNC 系统的优点是高柔性。凡采用 CNC 系统的机床或其它制造设备,都是可以编程的,只要改变计算机程序,便可制造不同的工件,这比无计算机程序的自动化制造设备优越得多。

NC 系统可分为点位控制、直线运动控制以及连续路径或轮廓控制。点位控制只要求工具运动前后的坐标位置准确,对运动过程中的轨迹是无要求的。直线运动控制以及连续路径控制(或轮廓控制)要求工具运动的轨迹必须准确,因为整个运动过程中,工具始终保持对零件的加工。

3. 顺序控制系统

顺序控制系统是按照规定次序执行一组操作的控制系统,称为顺序控制系统。在顺序控制系统中,每一步操作都是一个简单的二进制动作,如操作开关的通断或制造设备专用控制器的启停等。

实现顺序控制功能可有很多种手段,如继电器逻辑、固态集成电路、通用微处理器等。当前,普遍应用可编程序控制器(Programming Controller,简记为 PC)作为顺序控制器,因为 PC 具有足够数量的输入/输出(I/O)端口,并带有专用的逻辑编程语言,用于顺序控制十分方便。

顺序控制系统不仅应用于数控机床、工业机器人等单机自动化的控制,而且应用于自动化制造单元和系统的过程控制。

4. 过程控制系统

在机械、冶金、化工、电力以及建材等生产过程中所采用的工业控制系统统称为过程控制系统。柔性制造单元、计算机集成制造(CIM)等自动化制造系统是典型的机械制造过程控制系统。

过程控制系统的受控变量是生产过程的物理量,可以是离散的、连续型的,或者半连续型的。过程控制系统可以是开环的,但是,多数实际系统是闭环的。

上面介绍了机械工业中常见的几类机电一体化控制系统。其中伺服传动控制和数字控制系统主要是解决机械设备的动态控制问题,因此,也可统称为动态控制。顺序控制是机器操作步骤的控制,也是一种加工过程的控制。动态控制经常采用反馈控制模式,而顺序控制是逻辑控制模式,它们都可以理解为某种物理过程的控制系统。生产过程控制是更高层次的控制,它可通过生产规划和调度达到生产量最大的目标。

1.2　计算机控制系统

1.2.1 什么是计算机控制系统

简单地讲,含有计算机并且由计算机完成部分或全部控制功能的控制系统,都可以称做计算机控制系统。随着计算机应用技术的日益普及,计算机在控制工程领域中也发挥着越来越重要的作用。它在控制系统中的应用主要可分为以下两个方面。

(1) 利用计算机帮助工程设计人员对控制系统进行分析、设计、仿真以及建模等工作,从而大大减轻了设计人员的繁杂劳动,缩短了设计周期,提高了设计质量。这方面的内容简称为计算机辅助控制系统设计或控制系统 CAD。这是计算机在控制系统方面的离线应用。

(2) 利用计算机代替常规的模拟控制器,而使它成为控制系统的一部分。对于这种有计算机参与控制的系统简称为计算机控制系统。这是计算机在控制系统中的在线应用。

计算机控制系统是强调计算机作为控制系统的一个重要组成部分而得名。计算机控制系统有时也称为数字控制系统,这是强调在控制系统中包含有数字信号。控制系统按照它所包含的信号形式通常可分为以下几种类型。

(1) 连续控制系统:典型结构如图 1.1(a)所示,系统中各处均为连续信号。

(2) 离散控制系统:典型结构如图 1.1(b)所示,系统中各处均为时间离散信号。

(3) 采样控制系统:典型结构如图 1.1(c)所示,它是其中既含有连续信号,也含有离散信号的混合系统。如图所示,采样控制系统是由连续的控制对象、离散的控制器、采样器和保持器等几个环节组成。

(4) 数字控制系统:典型结构如图 1.1(d)所示,其中包含有数字信号。所谓数字信号是指在时间上离散、幅值上量化的信号。

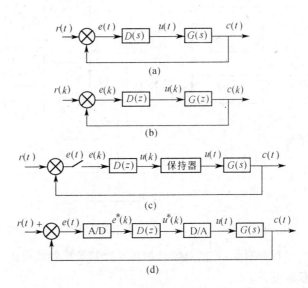

图 1.1　四种类型控制系统的典型结构
(a) 连续控制系统;(b) 离散控制系统 ;
(c) 采样控制系统 ;(d) 数字控制系统

显然,计算机控制系统即为典型的数字控制系统。在计算机控制系统中,除了包含有数字信号外,由于控制对象是连续的,因此其中也包含有连续信号。如果忽略幅值上的量化效应,数字信号即为离散信号。因此,计算机控制系统若不考虑量化问题即为采样控制系统。如果将连续的控制对象连同保持器一起进行离散化,那么采样控制系统即简化为离散控制系统。因此,对于计算机控制系统的分析和设计通常先从离散控制系统开始。

1.2.2.　计算机控制系统的组成

采用计算机控制的系统可以举出很多例子,尽管控制对象种类繁多,被控参数千变万化,但是计算机控制系统的基本结构和组成,却是大同小异,都具有相似的工作原理和共同的结构及特点。

计算机控制系统通常是一个实时控制系统,从系统总体的角度而言,它应包括硬件和软件两大部分。

1. 硬件组成

计算机控制系统的硬件一般由控制对象、检测环节、计算机、输入输出通道、外部设备和操作台组成,如图1.2所示。

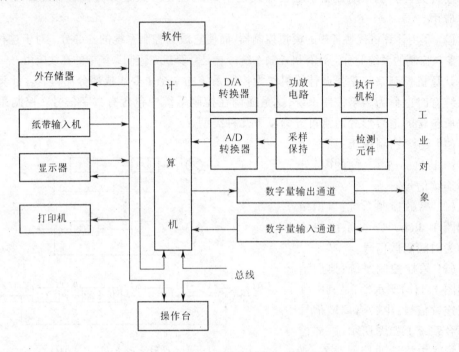

图 1.2 计算机控制系统的一般组成

控制对象:控制对象是指所要控制的机器或设备,如数控机床、工业机器人、智能仪器仪表等等。

检测环节:工业生产过程是连续进行的,常见的控制参数大多为连续变化的物理参数,如机械转速、加速度、位移、力或力矩等等;当然有时也包括如机械极限位置一类的开关量的控制。控制计算机在实时控制过程中要知道这些受控参数的变化情况,就需要在系统中配备相应的检测元件及其变换电路,将受控参数转换为电参数,再输入给计算机。

计算机:计算机是控制系统的核心。计算机根据输入通道发送来的工业对象的运行情况,按照预先根据控制规律(数学模型)设计的控制程序,自动地进行信息处理、分析和计算,作出相应的控制决策或调节,并通过输出通道发出控制指令。

输入输出通道:输入输出通道是计算机和受控对象之间进行信息传递和交换的连接通道,所以也称过程通道。输入通道的作用是将受控对象的物理参数实时地采集并转换成计算机所能识别的数字代码,再输入到计算机中。输出通道的作用是将计算机根据内部规定的控制规律和输入通道采集来的参数,经计算得出的控制指令和数据,变换成受控对象所能接受的控制信号输出给控制对象,以实现对生产过程的控制。

根据受控物理参数的性质,输入输出通道分为模拟量输入通道、模拟量输出通道、开关量输入通道以及开关量输出通道。其详细情况将在有关章节专门叙述。

外部设备:常规的外部设备,按功能可分成三类:输入设备、输出设备和外存储器。有些外部设备是控制系统所必需的,另外一些是根据具体情况可选的。

常用的输入设备有键盘、纸带输入机等。输入设备主要用来输入程序和数据。

常用的输出设备有打印机、记录仪、显示器(如数码显示器或 CRT 显示器)、纸带穿孔机等。输出设备主要用来把各种信息和数据以人们容易接受的形式,如数字、曲线、字符串等形式提供给操作人员,以便及时了解控制过程的情况。

外存储器:如磁带装置、磁盘驱动器等,兼有输入输出功能,主要用于存储系统程序和数据。

操作台:过程控制的操作员必须能够与控制计算机进行"对话",以了解生产过程的状态,有时还要修改控制系统的参数,以及在发生事故时进行人工干预。所以,计算机控制系统一般要有一套专供操作员使用的控制台,其基本功能如下:

(1)要有显示屏幕或荧光数码显示器,以显示操作人员要求显示的内容或报警信号。

(2)要有一组或几组功能扳键(或按钮),旁边应标有其作用的标志或字符,扳动扳键,计算机就能执行标志所标明的动作。

(3)有一组或几组送入数字的扳键,用来送入某些数据或修改控制系统的某些参数。

(4)操作人员即使操作错误,也不能造成严重后果。操作台有多种形式,键盘是常用的一种形式,有时把它和计算机控制台结合在一起。

2. 软件组成

硬件只是计算机控制系统的躯体;而软件则是计算机控制系统的大脑和灵魂,是人的思维与系统硬件之间的桥梁。软件的优劣关系到计算机控制系统正常运行、硬件功能的发挥以及控制性能的优劣等。软件系统通常分为两大类:一类是系统软件,另一类是应用软件。

系统软件指的是操作系统、程序设计系统等与计算机密切相关的程序。系统软件一般由计算机生产厂商或各种软件公司提供,带有一定的通用性,用不着用户编写。

应用软件是用户根据要解决的实际问题而编写的各种程序。在计算机控制系统中,每个控制对象或控制任务都要配有相应的控制程序,用这些控制程序来完成各个控制对象的不同要求。这种为完成控制目的而编写的程序,通常称为应用程序。应用程序一般要由用户自己来编写。用户到底采用哪种语言来编写应用程序,主要取决于控制系统软件配备的情况和整个系统的要求。

应用程序的编制涉及到对控制规律、生产工艺、生产设备、控制工具等的深入理解。应用程序的优劣直接影响到系统的精度和效率,因此首先要建立符合实际的数学模型,确定控制算法和控制功能,然后将其编制成相应的程序。

从系统功能角度来分,除作为核心的监控程序外,可分为前沿程序、服务程序和后沿程序三部分。前言程序是指那些直接与控制过程有关的程序,即这些程序直接参与系统的控制过程,是保证系统完成基本工作的部分;服务程序是指计算机对所有外围设备管理和进行人-机联系等工作的程序。这些程序有时也归属监控程序,它们和控制过程没有直接关系,但它承担的工作是系统所不可缺少的。后沿程序是指那些与系统控制过程完全无关的程序,例如对系统各种硬件和软件进行考核的程序,它们的工作只是保证系统能可靠地运行,而且这些程序只是利用系统控制过程所留下的空余时间来运行,不与其它程序争夺计算机资源。

1.3 计算机控制系统的分类

1.3.1 数据采集和数据处理系统

计算机用作各种数据的采集和处理时,主要是在计算机的管理下,定期地对大量的过程参数进行巡回检测、数据记录、数据计算、数据统计和整理、数据越限报警以及对大量数据进行积累和实时分析等。需要时,可对采集的数据进行图表显示、制表打印、在线画面表示等,提供生产操作指导。这种应用方式,计算机不直接参与过程控制,对生产过程不会直接产生影响。图1.3所示为这种应用的典型框图。

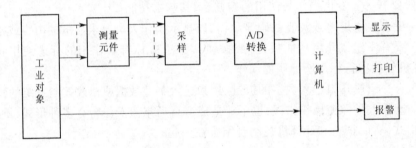

图 1.3 数据采集、处理系统组成框图

这种应用方式中,计算机虽然并不直接参与控制,但其作用还是比较明显的。首先,由于计算机具有速度快的特点,故在过程参数的测量和记录中可以代替大量的常规显示和记录仪表,对整个生产过程进行集中监视。同时,利用计算机强大的运算和逻辑判断能力,可以对大量的输入数据进行必要的集中、加工和处理,并且能以有利于指导生产过程控制的方式表示出来,故对指导生产过程控制具有一定的指导作用。另外,计算机具有信息存储能力,可预先存入各种工艺参数的极限值,处理过程中可进行越限报警,以确保生产过程的安全。

此外,这种应用方式可以得到大量的统计数据,有利于建立较精确的数学模型。而闭环控制时有时为建立较复杂的数学模型,则需通过具体生产实践,从大量的数据中抽象出来。

1.3.2 直接数字控制系统

直接数字控制系统 DDC(Direct Digital Control)的构成如图1.4所示。计算机通过测量元件对一个或多个物理量进行巡回检测,经采样、A/D 转换后将其转换为数字量,再根据采样值和内部按预先编制好的控制规律算法计算出控制量,最后发出控制信号直接去控制执行机构,使各个被控量达到预定要求。

DDC 系统中,计算机直接作为闭环控制回路的一个部件直接控制生产过程,它不仅能完全取代原来的常规模拟控制器,实现多回路的 PID(比例、积分、微分)调节,而且不需要改变硬件,只通过改变程序就能有效地实现较复杂的控制,如前馈控制、非线性控制、自适应控制、最优控制等。

DDC 系统是计算机用于工业生产过程控制的最典型的一种系统。在 DDC 系统中使用计算机作数字控制器,在机械、热工、化工、冶金等部门已获得了广泛的应用。

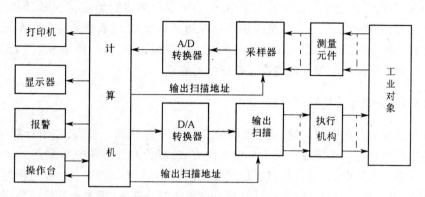

图 1.4　直接数字控制系统组成框图

1.3.3　监督控制系统

监督控制系统 SCC(Supervisory Computer Control)的构成如图 1.5 所示。由计算机

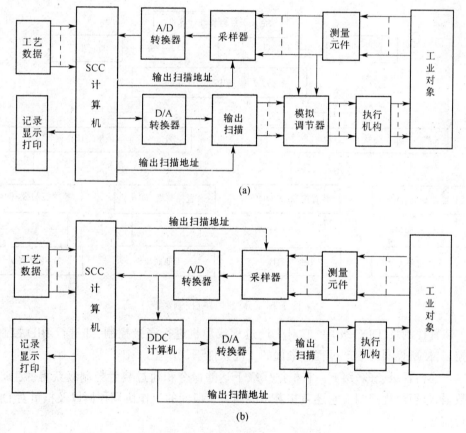

(a)

(b)

图 1.5　监督控制系统的两种结构形式
(a) SCC＋模拟调节器系统;(b) SCC＋DDC 控制系统

按照描述生产过程的数学模型,计算出最佳给定值送给模拟调节器或 DDC 计算机。最后由模拟调节器或 DDC 计算机控制生产过程,从而使生产过程始终处于最优工况。SCC 系统较 DDC 系统更接近生产变化的实际情况,它不仅可以进行给定值控制,同时还可以进行顺序控制、最优控制等等。它是操作指导控制系统和 DDC 系统的综合和发展。监督控制系统有两种不同的结构形式。一种是 SCC + 模拟调节器,另一种是 SCC + DDC 控制系统。这两种系统都一定程度地提高了系统的可靠性。

1.3.4 分级计算机控制系统

生产过程中存在控制问题,同时也存在大量的管理问题。过去,由于计算机价格高,复杂的生产过程控制系统往往采用集中控制方式,以便对计算机充分利用。这种控制系统由于任务过于集中,一旦计算机出现故障,将会影响全局。价廉而功能完善的计算机的出现,则可以由若干台微处理器或计算机分别承担部分任务,用多台计算机分别执行不同的控制功能,既能进行控制,又能实现管理。计算机控制和管理的范围缩小,使用灵活方便,可靠性高。图 1.6 所示的分级计算机控制系统是一个四级系统,各级计算机的功能如下:

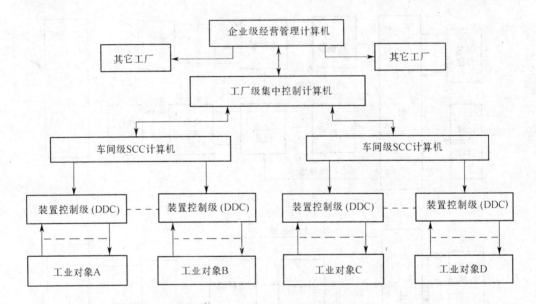

图 1.6 分级计算机控制系统

装置控制级(DDC 级) 它对生产过程或单机进行直接控制,如进行 PID 控制或前馈控制,使所控制的生产过程在最优的工况条件下工作。

车间监督级(SCC 级) 它根据厂级下达的命令和通过装置控制级获得的生产过程的数据,进行最优控制。它还负担着车间内各工段间的工作协调控制以及担负对 DDC 级进行监督。

工厂集中控制级 它根据上级下达的任务和本厂情况,制定生产计划、安排本厂工作、进行人员调配及各车间的协调,并及时将 SCC 级和 DDC 级的情况向上级反映。

企业管理级　　制定长期发展规划、生产计划、销售计划,发命令至各工厂、接收各部门发回来的信息,实行全企业的总调度。

1.3.5　计算机控制系统的其它分类方式

计算机控制系统的分类方法很多,除了上述按控制方式的分类方法外,还可以按控制规律进行分类。按控制规律进行分类时,计算机控制系统有以下几种:

1. 程序和顺序控制

程序控制是指根据输入的指令和数据,控制生产机械按规定的工作顺序、运动轨迹、运动距离和运动速度等规律而自动完成工作的数字式自动控制。这种控制方式主要用于机床的自动控制,如数字程序控制的铣床、车床、加工中心、线切割机以及焊接机、气割机等。顺序控制前面已经介绍过,指生产机械或生产过程按预先规定的时序而顺序动作,或在现场输入信号作用下按预定规律而顺序动作的自动控制。

2. 比例积分控制(简称 PID 控制)

调节器的输出是输入的比例、积分和微分的函数。PID 控制是目前应用最广泛,也最为广大工程技术人员所熟悉的控制规律。PID 控制结构简单,参数容易调整,因此无论模拟调节器还是数字调节器多数使用的是 PID 控制规律。

3. 最少拍控制

最少拍控制的性能指标是调节时间最短,要求设计的系统在尽可能短的时间内完成调节过程。最少拍控制常用在数字随动系统的设计中。

4. 复杂规律的控制

实际的控制系统除了给定值的输入外,还存在着许多随机扰动。另外,控制系统除了典型的稳、动态指标外,有时还要包括能耗小、产量高以及质量最好等综合性能指标。

对于存在随机扰动的控制系统,仅用 PID 控制是难以达到满意的控制效果的,因此,针对实际的控制过程情况,可以考虑充分利用计算机的强大计算和逻辑判断以及学习功能,引入各种复杂的控制规律。如串级控制、前馈控制、纯滞后补偿、多变量解耦控制以及最优、自适应、自学习控制等。

5. 智能控制

智能控制是一种先进的方法学理论与解决当前技术问题所需要的系统理论相结合的学科。智能控制理论可以看作是三个主要理论领域交叉或汇合的产物,这三个理论领域是人工智能、运筹学和控制理论。智能控制实质上是一个大系统,是综合的自动化。

当然,与常规控制系统的分类一样,计算机控制系统也可以按控制方式分为开环控制和闭环控制。这里就没必要再赘述了。

1.4　计算机控制系统的一般要求

计算机作控制器的机电控制系统和连续控制系统类似,可以用稳定性、精确性和快速性等特征来表征,用稳定裕度、稳态指标、动态指标来衡量其性能的优与劣。

1. 稳定性

由于机电控制系统都包含有储能元件,若参数匹配不当,便可能引起振荡。稳定性就是指系统动态过程的振荡倾向及其恢复平衡状态的能力。对于稳定系统,当输出量偏离平衡状态时,应能随着时间收敛并且最后回到初始的平衡状态。稳定乃是保证控制系统正常工作的先决条件。

在连续控制系统中,为了衡量系统稳定的程度,引入了稳定裕度的概念,包括相位裕度和幅值裕度。同样,在计算机控制系统中,也可以引入稳定裕度的概念,也可以用相位裕度和幅值裕度来衡量计算机控制系统的稳定程度。

2. 精确性

控制系统的精确性即控制精度,它是以稳态误差来衡量的。所谓稳态误差是指以一定变化规律的输入信号作用于系统,当调整过程结束而趋于稳定时,输出量的实际值与给定值之间的误差值,它反映了动态过程后期的性能。因此,希望稳态误差越小越好,稳态误差与控制系统本身的结构有关,也与系统的输入信号的形式有关。

这种误差一般是很小的。如数控机床的加工误差小于 0.02mm,一般恒速、恒温控制系统的稳态误差都在给定值的 1% 以内。

3. 快速性

快速性是指当系统的输出量与输入量之间产生偏差时,消除这种偏差的快慢程度。快速性好的系统,它消除偏差的过渡过程时间就短,就能复现快速变化的输入信号,因而具有较好的动态性能。所以,快速性是控制系统的动态指标,它能够比较直观地反映控制系统的过渡过程。动态指标包括超调量 $\sigma\%$、调节时间 t_s、峰值时间 t_p、衰减比 η 和振荡次数 N。这几项动态指标在控制理论课中均有详细的解释,在计算机控制系统中的定义也都与此类似。其中用的最多的是超调量 $\sigma\%$ 和调节时间 t_s,在过程控制系统中衰减比 η 也是一个常用的指标。

在利用频率特性进行控制系统设计时,经常用到频域指标。在用开环对数频率特性设计控制系统时,常采用静态速度误差系数 K_v、相位裕度 γ、幅值裕度 K_g、穿越频率 ω_c(或称剪切频率)。在用闭环频率特性设计控制系统时,常采用静态速度误差系数 K_v、谐振峰值 M_r、谐振频率 ω_r 及系统带宽 ω_b。当然,也有用阻尼比 ζ 作为动态指标的。

由于受控对象的具体情况不同,各种系统对稳定、精确、快速这三方面的要求是各有侧重的。例如,调速系统对稳定性要求比较严格,而随动系统则对快速性提出较高的要求。

即使对同一个系统,稳、准、快也是相互制约的。提高快速性,可能会引起强烈振荡;改善了稳定性,控制过程又可能过于迟缓,甚至精度也会变差。分析和解决这些矛盾,正是机电控制系统设计的主要内容。

复习思考题

1. 试述什么是机电一体化系统?
2. 试说明什么是计算机控制系统? 计算机在控制系统中应用有哪几方面?
3. 计算机控制系统有哪几种基本类型? 它们各有什么特点?
4. 给出计算机控制系统的基本结构组成,并说明各部分的作用。
5. DDC 系统有哪两种基本结构?

第二章　信号采样与 z 变换理论

2.1　计算机控制系统的信号形式

与传统的连续控制系统相比,计算机控制系统的基本特征是以数字计算机取代模拟调节器,组成数字式的闭环控制系统。计算机或微处理器直接作为控制器,负责接受给定指令、采集传感器的反馈信号、按一定控制规律计算得出数字形式的控制信号。数字形式的控制信号经过 D/A 转换和伺服放大后,驱动执行机构跟踪给定指令运动。

如图 2.1 所示,在计算机控制系统中,计算机在该系统中实现校正功能,为控制系统的核心。由于绝大多数机械系统的受控参数为连续变化的模拟量,而计算机是一个数字装置,只能处理数字量,所以要在计算机的输入输出通道中配之以适当的变换装置,如 A/D、D/A转换器等部件。其中 A/D 转换器的作用是将时间上连续的误差信号 $e(t)$ 转换成计算机能够处理的二进制数字信号 $e(kT)$,其中 T 在这里表示采样周期;D/A 转换器的作用是将计算机输出的数字式控制量 $u(kT)$ 转换为受控对象能够接受的模拟量 $\bar{u}(t)$。

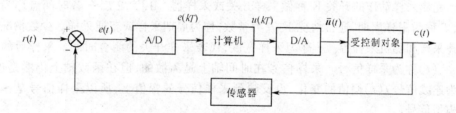

图 2.1　计算机控制系统中的信号形式

从图 2.1 所示的计算机控制系统中的信号传递过程可以看出,系统中既含有多数受控物理参数的连续变化的模拟信号,又含有计算机等数字装置所能处理的离散的数字量。受控对象输出的连续信号 $c(t)$ 通过传感器或变换器反馈,经采样保持(S/H)电路和 A/D 转换器变换为数字信号输入到计算机,该变换在采样时刻瞬时进行。计算机通过某种控制算法将输入的数字量加以处理,产生新的数字控制量。在每个采样时刻,由 D/A 转换器和保持电路将数字控制量转换成分段连续的模拟信号。在许多实际系统中,采样器就是 A/D 转换器,数据保持器就是 D/A 转换器。绝大多数实用的数据保持器为零阶保持器,它将离散的采样信号 $e(kT)$ 转换为阶梯型信号 $\bar{e}(t)$。原始信号 $e(t)$、采样信号 $e(kT)$ 以及阶梯信号 $\bar{e}(t)$ 间的关系如图 2.1 所示。全部动作由计算机中的实时时钟来同步。

因此,采用计算机作控制器,在系统的分析和设计过程中,不可避免地要涉及到连续信号的数据采样和保持、输出控制数据的保持以及采样周期的选取等问题。

2.2　信号采样与保持

2.2.1　采样定理

对时间上连续的信号进行采样,就是通过一个采样开关 K(这个开关 K 每隔一定的周期 T 闭合一次)后,在采样开关的输出端形成一连串的脉冲信号,如图 2.2 所示。这种把时间上连续的信号转变成时间上离散的脉冲序列的过程称为采样过程或离散化过程。

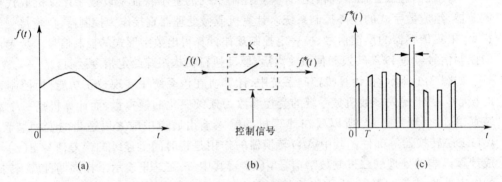

图 2.2　信号的采样过程
(a) 被采样信号;(b) 采样开关;(c) 采样信号

完成采样动作的开关 K 称做采样开关或采样器。$0, T, 2T, \cdots$ 各时间点称为采样时刻,T 称为采样周期,通常情况下 T 为常数,称为周期采样或普通采样。少数情况下还有多速采样和随机采样等。τ 称为采样宽度,代表采样开关的闭合时间。采样后的脉冲序列 $f^*(t)$ 称为采样信号。采样信号在时间轴上是离散的,但在函数轴上仍然是连续的。因为连续信号 $f(t)$ 幅值的变化,也反映到采样信号的幅值上,所以采样信号是一个离散的模拟信号。

从采样过程可以看出,采样并非取全部时间上的信号值,而是取某些时间点上的值。这样处理后会不会造成信号的丢失呢? 采样定理或称香农(Shannon)定理就是从理论上回答这一问题的。采样定理指出:对一个具有有限频谱的连续信号 $f(t)$ 进行采样,若采样频率满足

$$\omega_s \geqslant 2\omega_{max} \tag{2.1}$$

再通过一个理想的低通滤波器,则采样信号 $f^*(t)$ 能够不失真地复现原来的连续信号 $f(t)$。其中 ω_{max} 为原信号 $f(t)$ 有效频谱中的最高频率,ω_s 为采样频率。采样频率和采样周期之间的关系为 $\omega_s = 2\pi/T$。所以,只要根据不同过程参量,选择恰当的采样周期 T,就不会失去原信号的主要特征。应该指出的是,采样定理只是给出了一个采样频率的低限,在实际应用中,一般总是将采样频率 ω_s 选择得比 $2\omega_{max}$ 大得多,如 $\omega_s \geqslant (5 \sim 10)\omega_{max}$,采样频率越高,越能如实反映原信号的变化。不过,从控制的角度来讲,采样频率也不宜取得过高,采样频率太高,必然增加计算机的负担,特别是对多回路控制,要求计算机的计算速度要快。此外,采样频率太高,干扰对系统的影响明显上升。

2.2.2　量化和量化误差

采样信号是时间上离散而幅值上连续的信号,该信号不能直接进入到计算机进行处理,需用 A/D 转换器对其进行编码,转化为数字量后方可被计算机接受。由于 A/D 转换器的位数总是有限的,因此,用数字量表示时,也只能用最小量化单位 q 的整数倍表示,因此存在"舍"和"入"的问题。这个过程称为量化。

设 $f_{\max}$ 和 $f_{\min}$ 分别表示信号的最大值和最小值,则量化单位为

$$q = \frac{f_{\max} - f_{\min}}{2^n - 1} = \frac{f_{\max} - f_{\min}}{N} \tag{2.2}$$

其中,n 为 A/D 转换器的位数,$N = 2^n - 1$。通过 A/D 转换可以算出模拟电压 f 相当于多少个整量化单位,即

$$f = Lq + \varepsilon \tag{2.3}$$

式中,L 为整数,对于余数 $\varepsilon(\varepsilon < q)$ 可以用截尾或舍入两种方法来处理。所谓截尾就是舍掉数值中小于 q 的余数 $\varepsilon(\varepsilon < q)$,显然截尾误差应满足

$$-q < \varepsilon \leqslant 0 \tag{2.4}$$

所谓舍入是指,当被舍掉的余数大于或等于量化单位的一半时,则最小有效位加 1,否则,就舍掉。显然,这时的舍入误差满足

$$-\frac{1}{2}q \leqslant \varepsilon \leqslant \frac{q}{2} \tag{2.5}$$

如果 A/D 转换器的位数选得足够长,则量化误差可以达到任意小。然而,n 总有一个最大限度,因此必须允许有一定的量化误差。实际上在连续系统中也还有噪声存在,因此模拟信号的实际幅值也存在一些不确定的因素。而在量化过程中,引入的这种不确定因素,称为量化噪声。

从以上分析可以看出,量化后的脉冲序列 $f(kT)$ 与理想的采样信号 $f^*(t)$ 在数学处理上是等价的,它们之间仅差一个量化误差。在采样过程中,如果采样频率足够高,并选择足够的字长,使得量化误差足够小,就不致损失信息。

2.2.3　孔径时间及采样保持电路

1. 孔径时间

在模拟量输入通道中,A/D 转换器将模拟信号转换成数字量总是需要一定时间的,完成一次 A/D 转换所需要的时间称之为孔径时间。对随机变化的模拟信号来说,孔径时间决定了每一个采样时刻的最大转换误差。例如图 2.3 所示的正弦模拟信号,如果从 t_0 开始进行 A/D 转换,但转换结束时已为 t_1,模拟信号已发生 ΔU 的变化。转换的究竟是哪一时刻的电压就很难确定。如对 t_0 来说,转换延迟所引起的可能误差是 ΔU。因

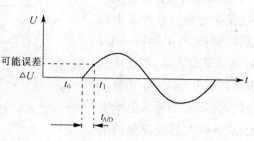

图 2.3　由孔径时间引起的不确定误差电压

此,对于一定的转换时间,最大的可能误差发生在信号过零的时刻。因为此时的 dU/dt 最大,孔径时间 $t_{A/D}$ 一定,所以此时 ΔU 为最大。令

$$U = U_m \sin\omega t$$

$$\frac{dU}{dt} = U_m \omega \cos\omega t = U_m 2\pi f \cos\omega t$$

式中:U_m——正弦模拟信号的幅值;

f——信号频率。

在坐标原点上

$$\frac{\Delta U}{\Delta t} = U_m 2\pi f$$

取 $\Delta t = t_{A/D}$,则得原点处转换的不确定电压误差为

$$\Delta U = U_m 2\pi f t_{A/D}$$

误差百分数

$$\sigma = \frac{\Delta U}{U_m} \times 100 = 2\pi f t_{A/D} \times 100\%$$

由此可知,对于一定的转换时间 $t_{A/D}$,误差和信号频率成正比。为了确保 A/D 转换的精度,不得不限制信号的频率范围。

例如一个 10 位的 A/D 转换器,量化精度为 0.1%,孔径时间 $10\mu s$,如果要求转化误差在转换精度之内,则允许转换的正弦模拟信号的最大频率为

$$f = \frac{0.1}{2\pi \times 10 \times 10^{-6} \times 100} \approx 16\text{Hz}$$

为了提高模拟信号的频率范围,以适应某些随时间变化较快的信号的要求,可采用带有保持电路的采样器。

2. 采样保持

采样保持电路的作用就是在一个特定的时刻取出一个正在变化的模拟信号,并将它保存下来。工程上常用的一般是零阶保持器,即将采样得到的信号幅值一直保持到下一次采样或数据处理完毕为止。对一个理想的采样器,采样时间 τ 越短越好。当转换快速变化的模拟信号时,采样保持电路能够有效地减少孔径误差。

采样保持电路由模拟开
关、保持电容和脉冲放大器
组成,如图 2.4 所示。A_1,
A_2 为运算放大器,都设计成
跟随器形式,其中 A_1 的输出
阻抗很小,A_2 的输入阻抗很
大,故该电路接近理想的采
样保持电路。当控制信号为

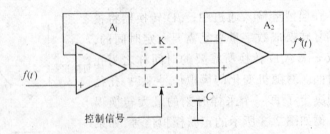

图 2.4 采样保持电路

高电平时,模拟开关 K 闭合,A_1 向 C 充电,电容 C 上的电压跟随输入信号 $f(t)$ 的变化,并经放大器 A_2 输出。当控制信号为低电平时,模拟开关 K 断开,电容就将该时刻的电压

保持下来,经缓冲放大器输出。

为了提高信号转换的精度,要求在采样期末输出波形能精确地跟踪输入波形的变化。在保持期内,电容电压的变化应在转换精度的范围内。为此,保持电容必须用多倍充电时间常数的时间进行充电。

影响保持精度的主要因素是电容 C 的漏电阻和电容在放电期间的放电时间常数,故应选用漏电阻大的电容。决定放电时间常数的因素有电容 C 的电容量、模拟开关关断期间的漏电流以及缓冲放大器的的输入阻抗。增加保持电容的电容量可以提高保持精度,但同时要影响采样速度,故应均衡考虑,折衷选择。

应当指出的是,在模拟量输入通道,只有当信号的变化频率较快,以致孔径误差影响转换精度时,或者在需要同时采样多个过程参数的情况下,才需要专门设置采样保持电路。

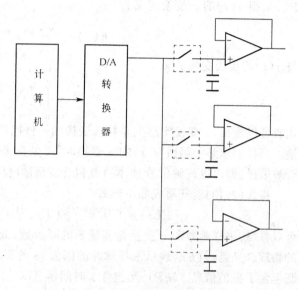

图 2.5　模拟量输出保持器

3. 模拟量输出保持器

在计算机控制系统的模拟量输出通道中,很多情况下只设一个 D/A 转换器,但所控制的模拟对象或参数却可能不止一个。这时,可以通过多路模拟开关和保持器将控制信号送给响应的执行机构,即在每一个模拟输出通道中都要设置保持器,将 D/A 转换器的输出保持到下一个采样的输出时刻,如图 2.5 所示。

2.3　z 变换

2.3.1　z 变换的定义

z 变换是把 $f(t)$ 的采样信号 $f^*(t)$ 的拉氏变换 $F^*(s)$ 进行演变,将 $F^*(s)$ 中的 e^{Ts} 换成 z 而得到 $F(z)$,我们称之为 $f^*(t)$ 的 z 变换。

我们知道,$f(t)$ 的采样信号是一个脉冲序列,它可表示为

$$f^*(t) = \sum_{k=0}^{\infty} f(kT)\delta(t - kT) \tag{2.6}$$

其中,T 表示采样周期,对上式进行拉氏变换,得

$$F^*(s) = \sum_{k=0}^{\infty} f(kT)\mathrm{e}^{-kTs} \tag{2.7}$$

由式(2.7)可以看出,$F^*(s)$ 中含有 e^{Ts} 因子,由于它是 s 的超越函数而不是有理函数,对数学分析很不方便,因此引出新的变量 z,并将其定义为

$$z = \mathrm{e}^{Ts} \tag{2.8}$$

将式(2.8)代入式(2.7),则 $F^*(s)$ 可以改写成

$$F^*(s) = \sum_{k=0}^{\infty} f(kT)z^{-k} \qquad (2.9)$$

式(2.9)已经变成了以 z 为自变量的函数,我们把这个函数定义为 $f(t)$ 的 z 变换,记作 $F(z)$,则 $f(t)$ 的 z 变换定义为

$$F(z) = \sum_{k=0}^{\infty} f(kT)z^{-k} \qquad (2.10)$$

与 $f(t)$ 的拉氏变换定义

$$F(s) = \int_0^{\infty} f(t)e^{-st}\,dt \qquad (2.11)$$

比较可以看出,z 变换实质上是拉氏变换的一种推广,也称做采样拉氏变换或离散拉氏变换。当我们求某一函数 $f(t)$ 的 z 变换时,可以直接使用定义式(2.10),不必考虑 $f(t)$ 是否被采样,即可以理解 z 变换本身就包含着离散时间的概念。

将式(2.10)展开写成如下形式

$$F(z) = f(0)z^0 + f(T)z^{-1} + f(2T)z^{-2} + \cdots \qquad (2.12)$$

可以看出,采样函数的 z 变换是变量 z 的幂级数(或称罗朗级数)。其一般项 $f(kT)z^{-k}$ 的物理含义是:$f(kT)$ 表示采样脉冲的幅值,z 的幂次表示脉冲出现的时刻。因此 $F(z)$ 既包含了量值信息 $f(kT)$,又包含了时间信息 z^{-k}。

2.3.2　z 变换的性质和常用定理

(1) 线性性质
若 $Z[f_1(t)] = F_1(z)$,$Z[f_2(t)] = F_2(z)$,则

$$Z[\alpha f_1(t) + \beta f_2(t)] = \alpha F_1(z) + \beta F_2(z) \qquad (2.13)$$

其中,α,β 为任意实数。

(2) 位移定理
滞后(或负偏移)定理:若脉冲序列延迟 n 个采样周期,则

$$Z[f(k-n)T] = z^{-n}F(z) \qquad (2.14)$$

超前(或正偏移)定理:若脉冲序列超前 n 个采样周期,则

$$Z[f(k+n)T] = z^n F(z) - \sum_{j=0}^{n-1} z^{n-j}f(jT) \qquad (2.15)$$

(3) 初值定理:如果 $\lim\limits_{z \to \infty} F(z)$ 是存在的,则 $f(t)$ 或 $f(kT)$ 的初值 $f(0)$ 为

$$f(0) = \lim_{z \to \infty} F(z) \qquad (2.16)$$

(4) 终值定理:如果 $f(t)$ 的终值存在,则

$$\lim_{t \to \infty} f(t) = f(\infty) = \lim_{z \to 1}[(z-1)F(z)] \qquad (2.17)$$

(5) 非一一对应性
z 变换只能给出原函数的一连串离散的数值 $f(kT)$,而不能给出原函数 $f(t)$。

2.3.3 z 变换的方法

1. 级数求和法

级数求和法是根据 z 变换的定义来求函数的 z 变换。该方法仅用来求取简单函数的 z 变换。

例 2-1 求 $f(t)=\delta(t)$ 的 z 变换，其中 $f(t)=\delta(t)$ 为单位脉冲函数。

解： 因为 $\delta(t)$ 只有 $t=0$ 处值为 1，其余均为零，所以根据 z 变换的定义式(2.10)有

$$F(z) = \sum_{k=0}^{\infty} f(kT)z^{-k} = 1 \cdot z^0 = 1$$

例 2-2 求单位阶跃函数 $f(t)=1(t)$ 的 z 变换。

解： 根据 z 变换的定义式(2.10)

$$F(z) = \sum_{k=0}^{\infty} f(kT)z^{-k} = \sum_{k=0}^{\infty} z^{-k} = 1 + z^{-1} + z^{-2} + z^{-3} + \cdots$$

这是一个等比级数，公比为 z^{-1}，当 $|z^{-1}|<1$，即 $|z|>1$ 时，级数收敛，则上式可写成如下封闭形式

$$F(z) = \frac{1}{1 - z^{-1}} = \frac{z}{z - 1}, \quad (|z| > 1)$$

例 2-3 求单位理想脉冲序列 $\delta_T = \sum\limits_{k=0}^{\infty} \delta(t - kT)$ 的 z 变换。

解： $\delta_T(z) = \sum\limits_{k=0}^{\infty} 1(kT)z^{-k} = 1 + z^{-1} + z^{-2} + z^{-3} + \cdots = \dfrac{1}{1 - z^{-1}} = \dfrac{z}{z - 1}, \quad (|z| > 1)$

比较上边两个例子可以看出，不同的 $f(t)$ 可以有相同的 z 变换，所以 z 变换只对采样点上的信息有效，只要采样信号 $f^*(t)$ 相同，$F(z)$ 就相同，但采样前的 $f(t)$ 可以是不同的。

常用函数的 z 变换如附录所示。

2. 部分分式法

设连续信号 $f(t)$ 没有直接给出，但给出了 $f(t)$ 的拉氏变换式 $F(s)$，求它所对应的 z 变换式 $F(z)$。首先，为了进行 z 变换，将 $F(s)$ 写成部分分式之和的形式，即

$$F(s) = \sum_{i=1}^{n} \frac{A_i}{s - s_i} \tag{2.18}$$

式中，n 为 $F(s)$ 的极点数目，A_i 为常数，s_i 为 $F(s)$ 的极点。

然后，由拉氏反变换得出 $f(t)$ 为

$$f(t) = \sum_{i=1}^{n} A_i e^{s_i t} \tag{2.19}$$

对上式的每一项，都可以利用指数函数的 z 变换直接写出它所对应的 z 变换式，这样就得到了 $F(z)$ 如下：

$$F(z) = \sum_{i=1}^{n} \frac{A_i z}{z - e^{s_i T}} \tag{2.20}$$

比较式(2.18)和式(2.20)可以看到，只要将 $F(s)$ 写成部分分式之和的形式，求出 A_i

和 s_i，就可利用式(2.20)直接得出 $F(z)$ 所对应的 z 变换式 $F(z)$，从而省去中间步骤。这是由 $F(s)$ 求 $F(z)$ 的简捷方法。

例 2 - 4　已知 $F(s) = \dfrac{a}{s(s+a)}$，求它所对应的 z 变换。

解:首先将 $F(s)$ 写成部分分式之和的形式

$$F(s) = \frac{a}{s(s+a)} = \frac{1}{s} - \frac{1}{s+a}$$

根据式(2.20)可直接写出

$$F(z) = \frac{z}{z-1} - \frac{z}{z-\mathrm{e}^{-aT}} = \frac{z(1-\mathrm{e}^{-aT})}{z^2 - (1+\mathrm{e}^{-aT})z + \mathrm{e}^{-aT}}$$

例 2 - 5　求 $F(s) = \dfrac{1}{s^2(s+1)}$ 的 z 变换。

解:设 $F(s) = \dfrac{1}{s^2(s+1)} = \dfrac{A_1}{s} + \dfrac{A_2}{s^2} + \dfrac{A_3}{s+1}$

利用部分分式法求系数 A_1, A_2, A_3

$$A_1 = \frac{\mathrm{d}}{\mathrm{d}s}\left[s^2 F(s)\right]\bigg|_{s=0} = -\frac{1}{(s+1)^2}\bigg|_{s=0} = -1$$

$$A_2 = \left[s^2 F(s)\right]\big|_{s=0} = \frac{1}{s+1}\bigg|_{s=0} = 1$$

$$A_3 = \left[(s+1)F(s)\right]\big|_{s=-1} = 1$$

所以

$$F(s) = \frac{1}{s^2(s+1)} = \frac{1}{s^2} - \frac{1}{s} + \frac{1}{s+1}$$

$$F(z) = Z[F(s)] = \frac{Tz^{-1}}{(1-z^{-1})^2} - \frac{1}{1-z^{-1}} + \frac{1}{1-\mathrm{e}^T z^{-1}} =$$

$$\frac{(T+\mathrm{e}^{-T}-1)z^{-1} + (1-\mathrm{e}^{-T}-T\mathrm{e}^{-T})z^{-2}}{(1-z^{-1})^2(1-\mathrm{e}^{-T}z^{-1})}$$

此例中，部分分式 $1/s^2$ 为重极点，其相应的 z 变换可以查 z 变换表(附录)得到。

2.3.4　z 反变换

与连续系统中应用拉氏反变换一样，对于数字控制系统，通常在 z 域中进行计算后，需用反变换确定时域解。从 z 域函数 $F(z)$ 求时域(离散)函数 $f^*(t)$ 或 $f(kT)(k=0,1,2,\cdots)$，叫做 z 反变换，并记作

$$Z^{-1}[F(z)] = f^*(t)$$

z 反变换只能给出采样信号 $f^*(t)$，而不能提供连续信号 $f(t)$。常见的典型信号的 z 反变换可通过查表求得。一般函数可采用下述三种方法之一求得。

1. 部分分式展开法

这种方法是将 $F(z)$ 展开成若干分式和的形式，而每个分式都是常见的典型信号，可以通过查表得到 $f^*(t)$。在采用部分分式展开法时，与拉氏变换稍有不同，即所有 $F(z)$

在其分子上都含有 z,所以需要先把 $F(z)/z$ 展开成部分分式,然后将所得结果的每一项都乘以 z,即得 $F(z)$ 的展开式。

例 2-6　已知 $F(z) = \dfrac{10z}{(z-1)(z-2)}$,求 $f(k)$。

解:先将 $F(z)/z$ 展开成部分分式如下

$$\frac{F(z)}{z} = \frac{10}{(z-1)(z-2)} = -\frac{10}{z-1} + \frac{10}{z-2}$$

$$F(z) = -\frac{10z}{z-1} + \frac{10z}{z-2}$$

查 z 变换表得

$$Z^{-1}\left[\frac{-10z}{z-1}\right] = -10.1(k),$$

$$Z^{-1}\left[\frac{10z}{z-2}\right] = 10.2^{k}$$

所以

$$f(k) = -10 + 10.2^{k}$$

例 2-7　已知 $F(z) = \dfrac{(1-e^{-aT})}{(z-1)(z-e^{-aT})}$,$a$ 为常数,T 为采样周期,求 $f(kT)$。

解:先将 $F(z)/z$ 展开成部分分式如下

$$\frac{F(z)}{z} = \frac{1}{z-1} - \frac{1}{z-e^{-aT}}$$

所以

$$F(z) = \frac{z}{z-1} - \frac{z}{z-e^{-aT}}$$

查表得

$$Z^{-1}\left[\frac{z}{z-1}\right] = 1$$

$$Z^{-1}\left[\frac{z}{z-e^{-aT}}\right] = e^{-akT}$$

所以 $F(z)$ 的 z 反变换为

$$f(kT) = 1 - e^{-akT}$$

2. 长除法

如果 $F(z)$ 是 z 的有理函数,可表示为两个 z 的多项式之比,即

$$F(z) = \frac{b_0 z^m + b_1 z^{m-2} + \cdots + b_m}{a_0 z^n + a_1 z^{n-1} + a_2 z^{n-2} + \cdots + a_n}, \quad (n \geqslant m)$$

对上式用分母去除分子,并将商按 z^{-1} 的升幂排列,即

$$F(z) = c_0 + c_1 z^{-1} + c_2 z^{-2} + \cdots + c_k z^{-k} + \cdots = \sum_{k=0}^{\infty} c_k z^{-k}$$

此式即为 z 变换的定义式,其系数 $c_k(k=0,1,2,\cdots)$ 就是 $f(t)$ 在采样时刻 $t=kT$ 时的值 $f(kT)$。用这种方法要得到 $f(kT)$ 的一般表达式是比较困难的,但在确定 z 反变换的闭合表达式比较困难的场合,只求取 $f(kT)$ 的前几项时,这种方法是非常实用的。

例 2-8 已知 $F(z)=\dfrac{10z}{z^2-3z+2}$，求 $f(k)$。

解：首先将 $F(z)$ 的分子分母皆按 z^{-1} 的升幂排列，得

$$F(z)=\frac{10z^{-1}}{1-3z^{-1}+2z^{-2}}$$

采用长除法，用分母多项式去除分子多项式得

$$
\begin{array}{r}
10z^{-1}+30z^{-2}+70z^{-3}+ \\
\hline
1-3z^{-1}+2z^{-2}\overline{)10z^{-1}} \\
\underline{10z^{-1}-30z^{-2}+20z^{-3}} \\
30z^{-2}-20z^{-3} \\
\underline{30z^{-2}-90z^{-3}+60z^{-4}} \\
70z^{-3}-60z^{-4} \\
\underline{70z^{-3}-210z^{-4}+140z^{-5}}
\end{array}
$$

因此

$$F(z)=10z^{-1}+30z^{-2}+70z^{-3}+\cdots$$
$$f(0)=0,\ f(1)=10,\ f(2)=30,\ f(3)=70,\cdots$$

3. 反演积分法（留数法）

若 $f(t)$ 的 z 变换为 $F(z)$，则

$$f(kt)=\frac{1}{2\pi j}\oint_1 F(z)z^{k-1}\mathrm{d}z=\sum_{i=1}^{n}\mathrm{Res}\left[F(z)z^{k-1}\right]_{z=z_i} \tag{2.21}$$

式中，$z=z_i$，$i=1,2,\cdots n$ 为 $F(z)$ 的 n 个极点。式(2.21)即为用留数法求 z 反变换的计算公式。该式表示求 $F(z)$ 的 z 反变换，只要将 $F(z)$ 乘以 z^{k-1} 后，求其留数和，所得值为采样函数的一般项系数 $f(kT)$，求得了 $f(kT)$，则 $f^*(t)$ 也就知道了。

例 2-9 求 $F(z)=\dfrac{2(a-b)z}{(z-a)(z-b)}$ 的 z 反变换。

解：$f(kT)=\sum\limits_{i=1}^{n}\mathrm{Res}\left[F(z)z^{k-1}\right]_{z=z_i}=\sum\limits_{i=1}^{2}\mathrm{Res}\left[\dfrac{2(a-b)z^k}{(z-a)(z-b)}\right]_{z=a,b}=$

$$\left[(z-a)\frac{2(a-b)z^k}{(z-a)(z-b)}\right]_{z=a}+\left[(z-b)\frac{2(a-b)z^k}{(z-a)(z-b)}\right]_{z=b}=2(a^k-b^k)$$

所以

$$f^*(t)=f(kT)\delta_T(t)=2(a^k-b^k)\delta_T(t)$$

2.3.5 用 z 变换法求解差分方程

我们已经知道，对于线性连续控制系统，系统的时域描述是线性常微分方程，而线性常微分方程可以通过拉氏变换方法变成 s 的代数方程，因此可以大大简化求解过程。计算机控制系统属于离散系统，其时域描述为线性常系数差分方程。与连续控制系统类似，线性差分方程可以用 z 变换方法变成 z 的代数方程来求解，也可以大大简化求解过程。

例 2-10 设一阶采样离散控制系统的差分方程为

$$c(k+1)-b\cdot c(k)=r(k)$$

已知输入信号 $r(k) = a^k$，初始条件为 $c(0) = 0$，求系统的输出响应 $c(k)$。

解： 对差分方程两边进行 z 变换，并由位移定理得到

$$zC(z) - zc(0) - bC(z) = R(z)$$

$$R(z) = Z[a^k] = \frac{z}{z-a}$$

代入初始条件 $c(0) = 0$，得

$$C(z) = \frac{z}{(z-a)(z-b)}$$

上式为输出的 z 变换式。为得到时域响应 $c(k)$，用部分分式展开法对上式进行 z 反变换

$$C(z) = \frac{1}{a-b} \left[\frac{z}{z-a} - \frac{z}{z-b} \right]$$

查表得

$$c(k) = \frac{1}{a-b}(a^k - b^k)$$

可以看出，与用拉氏变换解微分方程一样，初始条件也自动包含在代数表达式中了。

例 2-11 用 z 变换解下面的差分方程

$$x(k+2) + 3x(k+1) + 2x(k) = 0$$

已知初始条件 $x(0) = 0$，$x(1) = 1$，求 $x(k)$。

解： 对方程两边进行 z 变换

$$z^2 X(z) - z^2 x(0) - zx(1) + 3zX(z) - 3zx(0) + 2X(z) = 0$$

代入初始条件，并化简得

$$X(z) = \frac{z}{z^2 + 3z + 2} = \frac{z}{z+1} - \frac{z}{z+2}$$

对上式进行 z 反变换得

$$x(k) = (-1)^k - (-2)^k$$

此方程的输入信号 $r(k) = 0$，响应是由初始条件激励的。

例 2-12 求解差分方程

$$x(k+2) - 4x(k+1) + 3x(k) = \delta(k)$$

已知 $x(k) = 0$，$k \leqslant 0$，

$$\delta(k) = \begin{cases} 1, k = 0 \\ 0, k \neq 0 \end{cases}$$

解： 对差分方程两端作 z 变换，得

$$z^2 X(z) - z^2 x(0) - zx(1) - 4[zX(z) - zx(0)] + 3X(z) = 1$$

已知，$x(0) = 0$，将 $k = -1$ 代入差分方程得

$$x(1) = 0$$

将 $x(0) = 0$，$x(1) = 0$ 代入 z 变换式，得

$$X(z) = \frac{1}{z^2 - 4z + 3} = \frac{1}{(z-3)(z-1)}$$

$$x(k) = \lim_{z \to 1}(z-3)\frac{z^{k-1}}{z^2-4z+3} + \lim_{z \to 1}(z-1)\frac{z^{k-1}}{z^2-4z+3} =$$
$$0.5 \times 3^{k-1} - 0.5$$

由上述介绍可以看出,用 z 变换求解差分方程大致可以分为如下几步:

(1) 对差分方程作 z 变换;

(2) 利用已知初始条件或求出 $x(0), x(1), \cdots$ 代入 z 变换式;

(3) 由 z 变换式求出

$$X(z) = \frac{b_m z^m + b_{m-1} z^{m-1} + \cdots + b_1 z + b_0}{a_n z^n + a_{n-1} z^{n-1} + \cdots + a_1 z + a_0}$$

(4) 由 $x(k) = Z^{-1}[X(z)]$,利用部分分式展开法或留数计算法,便可以得到差分方程的解。

复习思考题

1. 一个 12 位的 A/D 转换器,量化精度为 0.1%,完成一次转换需要的时间为 $t_{A/D} = 2\mu s$,在不加保持器的情况下,求允许转换的正弦波模拟信号的最高频率。

2. 简述采样定理的基本内容。采样定理所指的采样频率是否就是实际系统的采样频率?

3. 什么是量化和量化误差? 量化误差与哪些因素有关?

4. 求 $x(k+1), x(k+2), x(k+n)$ 和 $x(k-n)$ 的 z 变换。

5. 求 $1(t-T)$ 和 $1(t-2T)$ 的 z 变换。

6. 用四种不同的方法,求 $x(z) = \frac{z(z+2)}{(z-1)^2}$ 的 z 反变换。

7. 考虑下述差分方程

$x(k+2) - 1.3679x(k+1) + 0.3679x(k) = 0.3679u(k+1) + 0.2642u(k)$,其中当 $k \leqslant 0$ 时,$x(k) = 0$。输入信号 $u(k)$ 为

$$u(k) = 0 \qquad k < 0$$
$$u(0) = 1.5820$$
$$u(1) = -0.5820$$
$$u(k) = 0, \qquad k = 2, 3, 4$$

求解 $x(k)$。

8. 设线性离散系统的 z 变换函数为

$$\frac{C(z)}{R(z)} = \frac{z^4 + 3z^3 + 2z^2 + z + 1}{z^4 + 4z^3 + 5z^2 + 3z + 2}$$

求系统的差分方程。

第三章 计算机控制系统分析

3.1 计算机控制系统的数学模型

研究一个控制系统,需要建立相应的数学模型,解决数学描述和分析的工具等问题。对于单输入单输出线性连续系统,输入 $r(t)$ 和输出 $c(t)$ 之间用常微分方程描述,即

$$a_0 \frac{d^n c(t)}{dt^n} + a_1 \frac{d^{n-1} c(t)}{dt^{n-1}} + \cdots + a_{n-1} \frac{dc(t)}{dt} + a_n c(t) =$$
$$b_0 \frac{d^m r(t)}{dt^m} + b_1 \frac{d^{m-1} r(t)}{dt^{m-1}} + \cdots + b_{m-1} \frac{dr(t)}{dt} + b_m r(t) \tag{3.1}$$

我们知道,通过拉氏变换,微分方程可以变换成等价的代数方程进行处理,而且定义输出量的拉氏变换与输入量的拉氏变换的比为系统的传递函数。传递函数能够描述线性时不变系统的一切特性,而且使处理过程变得十分方便。

由于图 2.1 所示系统中计算机为实时工作的数字装置,它只能在采样时刻 $t = kT$, $K = 1, 2, \cdots$ 接收反馈信号 $e(t)$ 和输出控制信号 $u(t)$,因此,计算机控制系统本质上是离散系统。为方便起见,这里我们只研究线性离散系统。与连续控制系统类似,对单输入单输出的线性离散系统,我们可以采用线性常系数差分方程进行描述,即

$$c(t) + a_1 c(kT - T) + \cdots + a_{n-1} c(kT - nT + T) + a_n(kT - nT) =$$
$$b_0 r(kT) + b_1 r(kT - T) + \cdots b_{m-1} r(kT - mT + T) + b_m(kT - mT) \tag{3.2}$$

分析线性离散系统,我们也可以沿着研究线性连续系统同样的思路进行。首先通过与拉氏变换类似的变换工具,即 z 变换,将差分方程变换为等价的代数方程,然后由输出与输入的 z 变换之比,得到系统的脉冲传递函数,通过研究脉冲传递函数,便可获得计算机控制系统的一切信息。

3.2 脉冲传递函数

3.2.1 脉冲传递函数的定义

对图 3.1 所示的采样系统,如果系统的初始条件为零,则脉冲传递函数定义为输出采样信号的 z 变换与输入采样信号 z 变换之比,用 $G(z)$ 表示

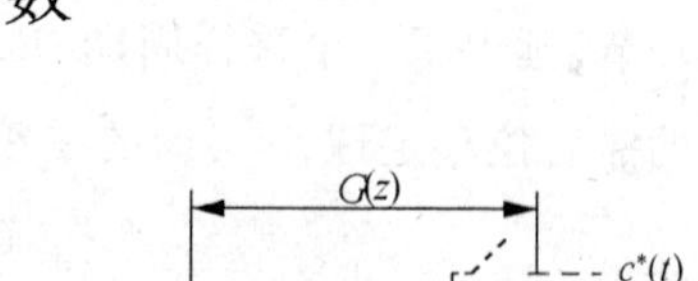

图 3.1 开环采样系统

$$G(z) = \frac{C(z)}{R(z)} \tag{3.3}$$

如果已知系统的脉冲传递函数 $G(z)$ 及输入信号的 z 变换 $R(z)$,则输出信号就可求得

$$c^*(t) = Z^{-1}[C(z)] = Z^{-1}[G(z)R(z)] \qquad (3.4)$$

因此,求解 $c^*(t)$ 的关键就在于怎样求出系统的脉冲传递函数 $G(z)$。但是,对于大多数实际系统而言,其输出往往是连续信号而不是采样信号,在这种情况下,我们可以在输出端虚设一个采样开关,如图 3.1 中虚线所示。它与输入端采样开关一样同步工作。如果系统的实际输出 $c(t)$ 比较平滑,在采样点处无跳变,则我们就可以用 $c^*(t)$ 来近似 $c(t)$。

3.2.2 开环系统(或环节)的脉冲传递函数

对图 3.1 所示的采样系统,需要注意两点:

(1) $G(s)$ 表示某个线性环节本身的传递函数,而 $G(z)$ 表示该线性环节与采样器两者结合体的脉冲传递函数。因为如果没有采样器,只有那个线性环节本身,也就谈不上脉冲传递函数了。

(2) $G(z)$ 与 $G(s)$ 的关系可以表示为 $G(z)=Z[g(t)]=Z[L^{-1}(G(s))]$,尽管都采用同一字母 G,但 $G(z)$ 并不是把 $G(s)$ 中的 s 换成 z 而得到 $G(z)$,即 $G(z) \neq G(s)|_{s=z}$。通常为了方便,我们也可以直接说对 $G(s)$ 求 z 变换。

例 3-1 具有零阶保持器的开环系统如图 3.2 所示,求其脉冲传递函数。

解: 零阶保持器的传递函数为

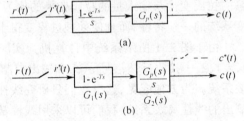

$$G_h(s) = \frac{1-e^{-Ts}}{s} \qquad (3.5)$$

图中 $G_p(s)$ 为系统其它连续部分的传递函数。为分析方便,将图 3.2(a) 等效成图 3.2 (b)的形式。其中 $G_1(s)=1-e^{-Ts}$,$G_2(s)= G_p(s)/s$。因为 $c^*(t)$ 中包含两个分量,一个

图 3.2 具有零阶保持器的开环系统

分量是输入采样信号经过 $G_2(s)$ 后所产生的响应 $c_1^*(t)$,其 z 变换为

$$C_1(z) = G_2(z)R(z)$$

其中,$G_2(z)=Z[G_2(S)]$。

另一个分量是输入采样信号经过 $e^{-Ts}G_2(s)$ 所产生的响应 $c_2^*(t)$,由于 e^{-Ts} 是一个延迟环节,延迟了一个采样周期 T,所以 $c_2^*(t)$ 比 $c_1^*(t)$ 延迟了一个采样周期。根据 z 变换的滞后位移定理,$c_2^*(t)$ 的 z 变换为

$$C_2(z) = z^{-1}G_2(z)R(z)$$

所以

$$C(z) = C_1(z) - C_2(z) = (1-z^{-1})G_2(z)R(z) = \frac{z-1}{z}G_2(z)R(z)$$

故开环脉冲传递函数为

$$G(z) = \frac{C(z)}{R(z)} = \frac{z-1}{z}G_2(z) \qquad (3.6)$$

例 3-2 求图 3.3 所示中间无采样器两个串联连续环节的开环脉冲传递函数,其中

两个串联环节的传递函数分别为 $G_1(s)=\dfrac{1}{s+1}$, $G_2(s)=\dfrac{1}{s+2}$。

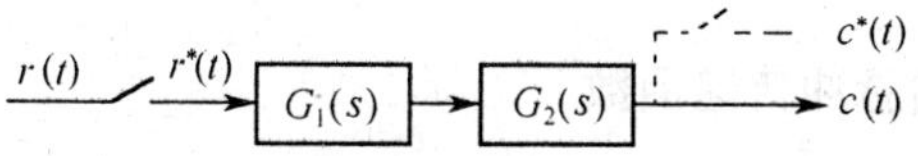

图 3.3　中间无采样器两个串联环节组成的开环系统

解: 由于 $G_1(s)$ 和 $G_2(s)$ 之间无采样器, 我们可以把它们看成一个整体, 其传递函数为

$$G(s)=G_1(s)G_2(s)=\frac{1}{(s+1)(s+2)}$$

相应的脉冲过渡函数为

$$g(t)=L^{-1}[G(S)]=L^{-1}\left[\frac{1}{s+1}-\frac{1}{s+2}\right]=e^{-t}-e^{-2t}$$

脉冲传递函数为

$$G(z)=\frac{z}{z-e^{-T}}-\frac{z}{z-e^{-2T}}=\frac{z(e^{-T}-e^{-2T})}{(z-e^{-T})(z-e^{-2T})}$$

例 3-3　求图 3.4 所示中间有采样器两个串联连续环节的开环脉冲传递函数, 其中两个连续环节的传递函数分别为 $G_1(s)=\dfrac{1}{s+1}$, $G_2(s)=\dfrac{1}{s+2}$。

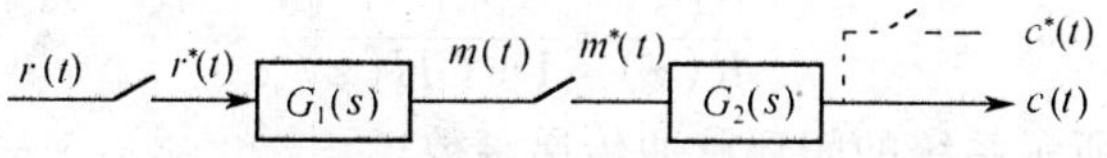

图 3.4　中间有采样器两个串联环节组成的开环系统

解: $G_1(S)$ 和 $G_2(s)$ 之间有采样器, 设 $G_1(s)$ 的输出量为 $m(t)$, 经第二个采样器成为脉冲序列 $m^*(t)$ 作用于 $G_2(s)$。即两个串联环节的输入信号都是离散的脉冲序列, 因此有

$$M(z)=G_1(z)R(z)$$
$$C(z)=G_2(z)M(z)$$

所以有

$$C(z)=G_2(z)G_1(z)R(z)=G(z)R(z)$$
$$G(z)=G_1(z)G_2(z)$$

由以上两式可以看出, 串联环节之间有无采样器, 其脉冲传递函数是不同的, 而且我们可以得到以下两点:

1. 如果串联环节之间没有采样器, 需将这些环节看成一个整体, 求出其传递函数 $G(s)=G_1(s)G_2(s)G_3(s)\cdots G_n(s)$, 然后根据 $G(s)$ 求 $G(z)$, 一般表示成

$$G(z)=G_1G_2G_3\cdots G_n(z) \tag{3.7}$$

2. 如果串联环节之间有同步采样器, 总的脉冲传递函数等于各个串联环节脉冲传递

函数之积,即

$$G(z) = G_1(z)G_2(z)\cdots G_n(z) \tag{3.8}$$

3.2.3 闭环系统的脉冲传递函数

如图 3.5 所示的采样控制系统,其误差信号 $e(t)$ 为输入信号 $r(t)$ 和反馈信号 $b(t)$ 之差

$$e(t) = r(t) - b(t) \tag{3.9}$$

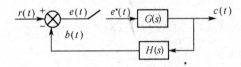

图 3.5　闭环采样控制系统结构图

误差信号 $e(t)$ 经采样器后成为离散的脉冲序列 $e^*(t)$ 作用于 $G(s)$,根据脉冲传递函数的定义有

$$C(z) = G(z)E(z) \tag{3.10}$$
$$B(z) = GH(z)E(z) \tag{3.11}$$
$$E(z) = R(z) - B(z) \tag{3.12}$$

由以上三式可以解得

$$\frac{C(z)}{R(z)} = \frac{G(z)}{1 + GH(z)} \tag{3.13}$$

式(3.13)即图 3.5 所示系统的闭环脉冲传递函数。

需要注意的是,在连续控制系统中,闭环传递函数与相应的开环传递函数之间有着确定的关系,所以可以用一种典型的结构图来描述一个闭环系统。但在采样系统中,由于采样开关在系统中设置位置的不同,可以有多种结构形式,所以也没有唯一的典型结构。表 3.1 列出了常用采样系统的闭环脉冲传递函数。

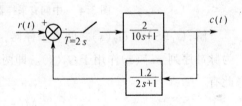

图 3.6　闭环采样系统

例 3-4　求图 3.6 所示系统的闭环脉冲传递函数。

解:由 $G(s) = \dfrac{2}{10s+1}$ 求得 $G(z)$,并代入 $T = 2\text{s}$,得

$$G(z) = \frac{0.2z}{z - 0.819}$$

由 $G(s)H(s) = \dfrac{2}{10s+1} \cdot \dfrac{1.2}{2s+1} = \dfrac{3}{10s+1} - \dfrac{0.6}{2s+1}$,求 $GH(z)$ 并代入 $T = 2\text{s}$,得

$$GH(z) = \frac{0.3z}{z - \text{e}^{0.1T}} - \frac{0.3z}{z - \text{e}^{-0.5T}} = \frac{0.135z}{(z-0.819)(z-0.368)}$$

$$\frac{Y(z)}{R(z)} = \frac{G(z)}{1 + GH(z)} = \frac{0.2z^2 - 0.074z}{z^2 - 1.052z + 0.301}$$

表 3.1 常用采样系统的闭环脉冲传递函数

类　型	系　统　结　构	闭环脉冲传递函数
1	r(t) +／− → G(s) → c(t)，反馈 H(s)	$\dfrac{C(z)}{R(z)} = \dfrac{G(z)}{1 + GH(z)}$
2	r(t) +／− → G₁(s) → G₂(s) → c(t)，反馈 H(s)	$\dfrac{C(z)}{R(z)} = \dfrac{G_1(z)G_2(z)}{1 + G_1(z)G_2 H(z)}$
3	r(t) +／− → G(s) → c(t)，反馈 H(s)	$\dfrac{C(z)}{R(z)} = \dfrac{G(z)}{1 + G(z)H(z)}$
4	r(t) +／− → G(s) → c(t)，反馈 H(s)	$\dfrac{C(z)}{R(z)} = \dfrac{G(z)}{1 + G(z)H(z)}$
5	r(t) +／− → G₁(s) → G₂(s) → c(t)，反馈 H(s)	$\dfrac{C(z)}{R(z)} = \dfrac{G_1(z)G_2(z)}{1 + G_1(z)G_2(z)H(z)}$

例 3-5　求图 3.7 所示系统的单位阶跃响应,其中采样周期 $T = 1\text{s}$。

解:　$G(s) = \dfrac{1 - \mathrm{e}^{-Ts}}{s^2(s+1)}$

对其作 z 变换,并代入 $T = 1\text{s}$ 得

$$G(z) = \dfrac{0.368z + 0.264}{(z-1)(z-0.368)}$$

系统的闭环脉冲传递函数为

$$\dfrac{C(z)}{R(z)} = \dfrac{G(z)}{1 + G(z)} = \dfrac{0.368z + 0.264}{z^2 - z + 0.632}$$

对单位阶跃函数有

$$R(z) = \dfrac{z}{z-1}$$

则可得

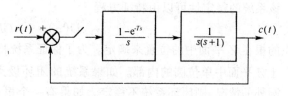

图 3.7　单位闭环采样系统

$$C(z) = \frac{0.368z + 0.264)z}{(z^2 - z + 0.632)(z-1)} =$$

$$0.368z^{-1} + z^{-2} + 1.4z^{-3} + 1.4z^{-4} + 1.147z^{-5} + 0.894z^{-6} + \cdots +$$

$$1.075z^{-10} + 1.079z^{-11} + 1.031z^{-12} + \cdots$$

系统的输出响应如图3.8所示。

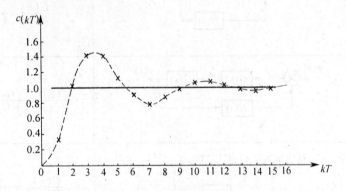

图3.8　例3-5采样离散控制系统的输出响应

3.3　计算机控制系统的性能分析

计算机控制系统通常即是一个采样离散控制系统。和连续控制系统一样,计算机控制系统的性能分析也包括以下几个方面,即离散控制系统的稳定性、稳态性能以及动态响应等。

3.3.1　离散控制系统的稳定性

设一个单输入、单输出线性定常系统的闭环脉冲传递函数为

$$\frac{C(z)}{R(z)} = \frac{G(z)}{1 + GH(z)} \tag{3.14}$$

该系统的稳定性可以由特征方程

$$D(z) = 1 + GH(z) \tag{3.15}$$

的根在 Z 平面中的位置来确定。为了保证系统稳定,特征方程(3.15)的全部根 z_i 必须位于 Z 平面中单位圆的内部。如果系统的闭环极点或特征方程(3.15)的根中有位于单位圆外的情况,则闭环系统不稳定。如果有一个根恰好位于 Z 平面中单位圆上,则系统处于临界稳定,临界稳定在实践中属于不稳定。

1. 朱利(Jury)稳定判据

设离散控制系统的特征方程为

$$D(z) = a_n z^n + a_{n-1} z^{n-1} + \cdots + a_1 z + a_0 = 0 \tag{3.16}$$

其中, $a_0, a_1, \cdots, a_n$ 为实数,以及 $a_n > 0$。首先,按多项式的系数,构造朱利阵列如表3.2所示。

表 3.2　朱利阵列格式

行	z^0	z^1	z^2	...	z^{n-2}	z^{n-1}	z^n
1	a_0	a_1	a_2	...	a_{n-2}	a_{n-1}	a_n
2	a_n	a_{n-1}	a_{n-2}	...	a_2	a_1	a_0
3	b_0	b_1	b_2	...	b_{n-2}	b_{n-1}	
4	b_{n-1}	b_{n-2}	b_{n-2}	...	b_1	b_0	
5	c_0	c_1	c_2	...	c_{n-2}		
6	c_{n-2}	c_{n-3}	c_{n-4}	...	c_0		
...	...	...	...	...			
$2n-5$	r_0	r_1	r_2	r_3			
$2n-4$	r_3	r_2	r_1	r_0			
$2n-3$	s_0	s_1	s_2				
$2n-2$	s_2	s_1	s_0				

在表 3.2 中,第一、二行的元素是由多项式的各项系数组成的,第一行是升幂排列;第二行是降幂排列。其余各行的元素由下列行列式给出

$$b_k = \begin{vmatrix} a_0 & a_{n-k} \\ a_n & a_k \end{vmatrix}, \qquad k = 0, 1, \cdots, n-1$$

$$c_j = \begin{vmatrix} b_0 & b_{n-1-j} \\ b_{n-1} & b_j \end{vmatrix}, \qquad j = 0, 1, \cdots, n-2$$

$$\cdots$$

$$s_i = \begin{vmatrix} r_0 & r_{3-1} \\ r_3 & r_i \end{vmatrix}, \qquad i = 0, 1, 2$$

注意,在阵列中,第 $(2k+2)$ 行的元素由第 $(2k+1)$ 行的元素按逆顺序排列而组成。其次,检查阵列的第一列元素符号。朱利稳定性判据为:特征多项式的根全部都位于单位圆内的充要条件是下列不等式成立:

(1) $D(z)|_{z=1} > 0$

(2) $(-1)^n D(z)|_{z=-1} > 0$

(3) $|a_0| < |a_n|$

　　$|b_0| > |b_{-1}|$

　　$|c_0| > |c_{n-2}|$

　　　$\cdots$

　　$|s_0| > |b_2|$

例 3 - 6　已知系统的特征方程为

$$D(z) = 3z^4 + z^3 - z^2 - 2z + 1$$

利用朱利稳定性判据判断系统稳定性。

解:由特征方程的系数,构造朱利阵列

	z^0	z^1	z^2	z^4	z^5
a_0	1	-2	-1	1	3
a_4	3	1	-1	-2	1
b_0	-8	-5	2	7	
b_3	7	2	-5	-8	
c_0	15	26	19		
c_2	19	26	15		

(1) $D(1)=2>0$,条件成立

(2) $(-1)^4 D(-1)=4>0$,条件成立

(3) $|a_0|<|a_4|$,条件成立

$|b_0|>|b_3|$,条件成立

$|c_0|>|c_2|$,条件不成立

所以,该系统是不稳定的。

例 3-7 已知系统的开环脉冲传递函数为

$$G(z)=\frac{K(0.367\,9z+0.264\,2)}{(z-0.367\,9)(z-1)}$$

试用朱利稳定判据,求闭环系统稳定时增益 K 的取值范围。

解: 系统的闭环脉冲传递函数为

$$\frac{C(z)}{R(z)}=\frac{K(0.367\,9z+0.264\,2)}{z^2+(0.367\,9K-1.367\,9)z+0.264\,2K}$$

系统的特征方程为

$$D(z)=z^2+(0.367\,9K-1.367\,9)z+0.265\,2K=0$$

这是一个二阶系统,通过构造朱利阵列,可得其稳定条件为

(1) $D(1)>0$

(2) $D(-1)>0$

(3) $|a_0|<|a_2|$

为满足第一个条件,可得

$$D(1)=1+(0.367\,9K-1.367\,9)+0.367\,9+0.264\,2K=0.632\,1K>0$$

即

$$K>0$$

为满足第二个条件,可得

$$D(-1)=1-(0.367\,9K-1.367\,9)+0.367\,9+0.264\,2K=2.735\,8-0.103\,7K>0$$

即

$$K<26.382$$

为满足第三个条件,可得

$$|0.367\,9+0.264\,2K|<1$$

即

$$-5.177\,5<K<2.392\,5$$

为同时满足上述三个条件,则增益 K 的取值范围为

$$0 < K < 2.392\ 5$$

2. 双线性变换的劳斯(Routh)稳定判据

分析离散控制系统稳定性的另一个方法是双线性变换的劳斯稳定判据。这种方法的优点是比较简单、直接。但相对朱利判据来说,劳斯判据计算量比较大。在应用双线性变换劳斯判据时,由于 Z 平面的稳定域与 s 平面的稳定域是不同的,所以首先需要经过一种复变函数的双线性变换(称为 $z - w$ 变换),把 Z 平面中的单位圆周映射到 w 平面的虚轴,Z 平面中的单位圆外部和内部分别对应 w 平面的右半平面和左半平面。满足这种变换关系的复变量 z 和 w 的关系式为

$$z = \frac{w+1}{w-1} \tag{3.17}$$

或者

$$w = \frac{z+1}{z-1} \tag{3.18}$$

也可令

$$z = \frac{1+w}{1-w} \tag{3.19}$$

或者

$$w = \frac{z-1}{z+1} \tag{3.20}$$

例 3-8 试求图 3.9 所示闭环采样离散控制系统稳定时 k 值的取值范围。

解: 由于 $G(s) = \dfrac{K}{s(s+1)} = K\left[\dfrac{1}{s} - \dfrac{1}{s+1}\right]$

所以有 $\quad G(z) = \dfrac{Kz(1-e^{-T})}{(z-1)(z-e^{-T})}$

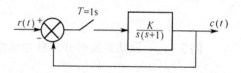

图 3.9 例 3-8 闭环采样离散控制系统

则闭环系统的特征方程在 $T = 1s$ 时为

$$D(z) = (z-1)(z-e^{-T}) + Kz(1-e^{-T}) =$$
$$z^2 + (0.63K - 1.37)z + 0.37 = 0$$

进行 $z - w$ 变换,即将 $z = \dfrac{w+1}{w-1}$ 代入 $D(z)$,并整理得

$$D(w) = (2.74 - 0.63K)w^2 + 1.26w + 0.63K = 0$$

应用劳斯稳定判据可知,要使系统稳定,必须有

$$2.74 - 0.63K > 0$$

和

$$0.63K > 0$$

则使系统稳定时的取值范围为

$$0 < K < 4.35$$

如果该系统中没有采样器,则对该二阶连续系统可以直接应用劳斯判据证明,只要 K 大于零,系统总是稳定的;但经过采样后,就不一定了。一般说来,引入采样器会降低系统的稳定性,而且采样周期越大,系统稳定性越差。读者若有兴趣,可将上述系统的采样周期 T 缩小一些,再检验使系统稳定时的取值范围。不过,实践证明,对于带有很大时

间延迟(大滞后)对象的系统则例外。

3. 离散控制系统稳定性的频域分析法

在离散控制系统中,也能像连续控制系统那样采用以传递函数为基础的频率法和根轨迹法,根据开环系统的信息来判断闭环系统的稳定性以及动态性能。据上所知,经过双线性变换以后,凡是适用于连续系统的稳定性分析,都可以用于离散控制系统。

例如,当闭环采样离散控制系统的特征方程为

$$1 + G_0(z) = 0 \tag{3.21}$$

其中,$G_0(z)$ 为系统的开环脉冲传递函数,经过双线性变换后得

$$1 + G_0(w) = 0 \tag{3.22}$$

令

$$w = j\omega_p \tag{3.23}$$

而将 ω_p 称为伪频率。这样就可以根据 $G_0(j\omega_p)$,把奈奎斯特稳定判据和对数频率特性稳定判据借用到采样离散控制系统中来。并且像幅值裕度、相位裕度等概念也可以用来度量离散控制系统的相对稳定性。实际频率和伪频率之间有如下关系

$$\omega_p = \tan\frac{\omega T}{2} \tag{3.24}$$

当采样周期很小时,则有

$$\omega_p \approx \frac{T}{2}\omega \tag{3.25}$$

例 3 - 9 设某系统的开环脉冲传递函数为

$$G_0(z) = \frac{1.2K_p(z+1)}{(z-1)(z-0.242)}$$

试用对数频率设计法确定 K_p,使相位裕度 $\gamma \geqslant 40°$,幅值裕度 $K_g \geqslant 6$dB。

解:将 $z = \dfrac{1+w}{1-w} = \dfrac{1+j\omega_p}{1-j\omega_p}$ 代入 $G_0(z)$,

整理得以伪频率 ω_p 表示的开环频率特性为

$$G_0(j\omega_p) = \frac{1.58K_p(1-j\omega_p)}{j\omega_p(1-j1.64\omega_p)}$$

系统的转折频率有两个,分别为

$$\omega_{p1} = \frac{1}{1.64} = 0.61$$

$$\omega_{p2} = 1$$

然后以 $K_p = 1$ 以及 $K_p = 0.165$ 作出系统的伯德图如图 3.10 所示。

由图 3.10 可以看出,当时 $K_p = 1$ 时,在幅频特性

$$|G_0(j\omega_p)| = 1$$

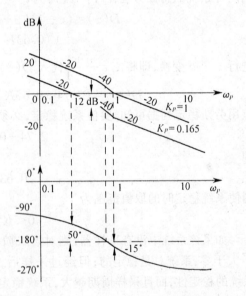

图 3.10 例 3 - 9 系统的开环对数频率特性

处,系统的相位裕度

$$\gamma = -195° - (-180°) = -15°$$

因此系统不稳定。当 $K_p = 0.165$ 时,若幅频特性

$$|G_0(\mathrm{j}\omega_p)| = 1$$

系统的相位裕度

$$\gamma = -130° - (-180°) = 50°$$

幅值裕度约为

$$K_g \approx 12\mathrm{dB} > 10\mathrm{dB}$$

估计,当 $K_p = 0.632$,系统处于临界稳定。

3.3.2　采样离散控制系统的稳态误差

稳态误差是系统稳态性能的重要指标。在单位反馈的离散控制系统中,根据图 3.5 所示的系统结构,$H(s) = 1$,系统在输入信号作用下误差的 z 变换式为

$$E(z) = \frac{R(z)}{1 + G_0(z)} \tag{3.26}$$

假定闭环系统是稳定的,则利用 z 变换的终值定理,可以求出系统的稳态 e_{ss} 误差为

$$e_{ss} = \lim_{k \to \infty} e(k) = \lim_{k \to \infty}(z - 1)E(z) = \tag{3.27}$$

$$\lim_{z \to 1}(z - 1)\frac{R(z)}{1 + G_0(z)}$$

由此可见,离散控制系统的稳态误差与连续控制系统的一样,与输入信号及系统结构——开环脉冲传递函数有关。

由于 z 平面上 $z = 1$ 的极点与 s 平面上的 $s = 0$ 的极点相对应,因此离散控制系统可以按其开环脉冲传递函数 $G_0(z)$ 中含有 $z = 1$ 的极点的个数分为 0 型、I 型、II 型等系统。下面,我们来讨论一下在典型输入信号作用下,对应不同结构的系统的稳态误差。

1. 单位阶跃(位置)输入时

$$r(t) = 1(t)$$

$$R(z) = \frac{z}{z - 1}$$

$$e_{ss} = \lim_{z \to 1}\left[(z - 1)\frac{1}{1 + G_0(z)}\frac{z}{z - 1}\right] = \lim_{z \to 1}\frac{1}{1 + G_0(z)} = \frac{1}{1 + K_p}$$

其中

$$K_p = \lim_{z \to 1}G_0(z) \tag{3.28}$$

定义为位置误差系数。对于

0 型系统　　　　$K_p = G_0(1)$　　　　$e_{ss} = \dfrac{1}{1 + G_0(1)}$(有限值)

I 型系统　　　　$K_p = \infty$　　　　　$e_{ss} = 0$

II 型系统　　　　$K_p = \infty$　　　　　$e_{ss} = 0$

2. 单位斜坡(速度)输入

$$r(t) = t$$

$$R(z) = \frac{Tz}{(z-1)^2}$$

$$e_{ss} = \lim_{z \to 1}\left[(z-1)\frac{1}{1+G_0(z)}\frac{Tz}{(z-1)^2} \right] = T\lim_{z \to 1}\frac{1}{(z-1)G_0(z)} = \frac{1}{K_v}$$

其中

$$K_v = \frac{1}{T}\lim_{z \to 1}\left[(z-1)G_0(z) \right] \tag{3.29}$$

定义为速度误差系数。对于

    0 型系统 $K_v = 0$ $e_{ss} = \infty$

    I 型系统 $K_v = \dfrac{G_1(1)}{T}$ $e_{ss} = \dfrac{T}{G_1(1)}$

    II 型系统 $K_v = \infty$ $e_{ss} = 0$

3. 单位抛物线(加速度)输入

$$r(t) = \frac{t^2}{2}$$

$$R(z) = \frac{T^2 z(z+1)}{2(z-1)^3}$$

$$e_{ss} = \lim_{z \to 1}\left[\frac{1}{1+G_0(z)}\frac{T^2 z(z+1)}{2(z-1)^3} \right] = T^2 \lim_{z \to 1}\frac{1}{(z-1)^2 G_0(z)} = \frac{1}{K_a}$$

其中

$$K_a = \frac{1}{T^2}\lim_{z \to 1}\left[(z-1)^2 G_0(z) \right] \tag{3.30}$$

定义为加速度误差系数。对于

    0 型系统 $K_a = 0$ $e_{ss} = \infty$

    I 型系统 $K_a = 0$ $e_{ss} = \infty$

    II 型系统 $K_a = \dfrac{G_2(1)}{T^2}$ $e_{ss} = \dfrac{T^2}{G_2(1)}$

上述各式中，$G_0(1)$ 为 0 型系统的 $G_0(z)$ 在 $z=1$ 时的脉冲传递函数值；$G_1(1)$ 为 I 型系统的 $G_0(z)$ 在消去了 $z=1$ 的极点后，在 $z=1$ 时的脉冲传递函数值；$G_2(1)$ 为 II 型系统的 $G_0(z)$ 在消去了 $z=1$ 的极点后，在 $z=1$ 时的脉冲传递函数值。

由此可见，在离散控制系统中，当典型输入信号和系统结构不同时关于稳态误差的结论和连续系统中的相应结论是相同的。但需要注意的是，在离散控制系统中：

(1) 有差系统的稳态误差还与采样周期的大小有关，缩短采样周期可以减小稳态误差。

(2) 上述结论只是采样时刻的稳态误差，在非采样时刻还将附加由高频频谱信号产生的纹波所引起的误差。有时，这部分误差会很大，在分析和设计系统时应当注意。

例 3 - 10 已知采样离散控制系统的结构如图 3.11 所示，采样周期 $T = 0.2\text{s}$，输入信号 $r(t) = 1 + t + \dfrac{1}{2}t^2$，试用静态误差系数法，求该系统的稳态误差。

解: 系统的开环脉冲传递函数为

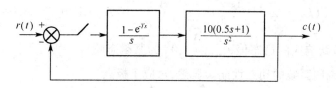

图 3.11　例 3－10 系统结构

$$G(z) = \frac{z-1}{z} Z \left[\frac{10(0.5s+1)}{s^3} \right] = \frac{z-1}{z} Z \left[\frac{10}{s^3} + \frac{5}{s^2} \right]$$

将 $T = 0.2s$ 代入上式并整理得

$$G(z) = \frac{1.2z - 0.8}{(z-1)^2}$$

上式说明,这是一个 II 型系统。可以证明,该采样控制系统是稳定的。利用 z 变换的终值定理,在输入信号 $r(t) = 1 + t + \frac{1}{2}t^2$ 的作用下,系统的稳态误差应为

$$e_{ss} = \frac{1}{1+K_p} + \frac{1}{K_v} + \frac{1}{K_a}$$

由于对于 II 型系统 $K_p = \infty$, $K_v = \infty$,

$$K_a = \frac{1}{T^2} \lim_{z \to 1} \left[(z-1)^2 G(z) \right] = \frac{1}{0.2^2} \lim_{z \to 1} \left[(z-1)^2 \frac{1.2z-0.8}{(z-1)^2} \right] = 10$$

因此,系统的稳态误差为

$$e_{ss} = \frac{1}{K_a} = 0.1$$

3.3.4　离散控制系统的动态响应分析

如果已知离散控制系统的数学模型,通过递推法或者 z 变换法不难求出典型输入作用下的输出响应。离散控制系统的动态响应取决于系统脉冲传递函数零、极点在 z 平面中的分布情况。这里,我们仅就单位阶跃输入函数作用下的系统,分析输出响应。设系统的闭环脉冲传递函数为 $\Phi(z)$,则系统输出量的 z 变换为

$$C(z) = \Phi(z)R(z) = \frac{N(z)}{D(z)} \frac{z}{z-1} \qquad (3.31)$$

为了分析方便,假设 $\Phi(z)$ 中无重极点。于是

$$\frac{C(z)}{z} = \frac{N(z)}{(z-1)D(z)} = \frac{A_0}{z-1} + \sum_{j=1}^{n} \frac{A_j}{z-p_j} \qquad (3.32)$$

其中

$$A_0 = \frac{N(1)}{D(1)} = G(1) \qquad (3.33)$$

$$A_j = \frac{(z-p_j)N(z)}{(z-1)D(z)} \Big|_{z=p_j} \qquad (3.34)$$

所以

$$c(k) = Z^{-1}\left[\frac{A_0 z}{z-1} + \sum_{j=1}^{n}\frac{A_j z}{z-p_j}\right] = A_0 \cdot 1^k + \sum_{j=1}^{n}A_j(p_j)^k \qquad (3.35)$$

其中，A_0 为阶跃响应的稳态值，$\sum_{j=1}^{n}A_j(p_j)^k$ 为其瞬态响应。研究不同极点分布时的瞬态响应，就足以说明系统的动态性能。显然，对应于极点

$$p_j = r_j e^{j\theta_j} = r_j(\cos\theta_j + j\sin\theta_j)$$

的瞬态响应为

$$A_j r_j^k(\cos k\theta_j + j\sin k\theta_j)$$

那么

（1）当 p_j 为正实数极点时，$\theta_j = 0°$，瞬态响应为 $A_j r_j^k$，是单调的。$r_j < 1$ 时，为衰减序列；$r_j = 1$ 时，为等幅序列；$r_j > 1$ 时，为发散序列。

（2）当 p_j 为负实数极点时，$\theta_j = 180°$，瞬态响应为 $A_j r_j^k \cos k\pi$，是振荡的，振荡频率最高，可以证明为 $\omega = \dfrac{\pi}{T}$。同样，$r_j < 1$ 时，为衰减振荡；$r_j = 1$ 时，为等幅振荡；$r_j > 1$ 时，为发散振荡。

（3）复数极点时必为共轭，$p_j = r_j e^{j\theta_j}$，$p'_j = r_j e^{-j\theta_j}$，$0° < \theta_j < 180°$，瞬态响应为

$$A_j r_j^k e^{jk\theta_j} + A'_j r_j^k e^{-jk\theta_j}$$

其中 A_j 和 A'_j 也共轭，因此瞬态响应

$$|A_j| e^{j\phi_j} r_j^k e^{jk\theta_j} + |A_j| e^{-j\phi_j} r_j^k e^{-jk\theta_j} = 2|A_j| k_j^k \cos(k\theta_j + \phi_j)$$

是振荡的。当 $r_j < 1$ 时，振荡的衰减速率取决于 r_j 的大小，r_j 越小，衰减越快；振荡频率与 θ_j 有关，θ_j 越大，振荡频率越高，可以证明为

$$\omega = \frac{\theta_j}{T}$$

关于闭环极点在 z 平面中的分布情况所对应的输出响应如图 3.12 所示。

由上述分析可知，只要闭环极点在 z 平面的单位圆内，离散控制系统总是稳定的。稳定系统的动态性能往往被一对靠近单位圆周的主导复数极点所支配（其它极点则远离单位圆周）。所以，在离散控制系统中，为了获得良好的动态性能，希望其主导极点分布在 z 平面的单位圆的右半圆内，而且离原点不要太远，与实轴的夹角要适中。

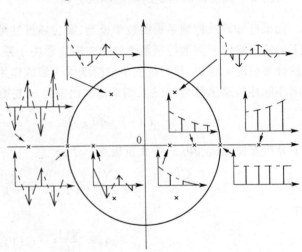

图 3.12　z 平面上的极点分布与瞬态响应

至于系统的零点，虽然不影响系统的稳定性，但影响系统的动态性能。零点影响的定

性分析比较困难,在此不作详细论述,通常是把它的影响计算到有关极点所对应的动态分量的大小中去。当然,在采样离散控制系统中,动态性能的分析只是在采样瞬时有效。有些系统尽管在采样时刻上的阻尼性能很好,但在非采样时刻的纹波可能仍然很厉害,特别是当采样周期选得比较大的时候。

下面再讨论一个离散控制系统所特有的问题,即当系统的极点均在 z 平面的原点时,系统的动态响应如何。

从 s 平面和 z 平面之间的映射关系可知,s 平面左半平面中的等 σ 线,在 z 平面上的映像是半径为 $e^{-\sigma T} < 1$、圆心为原点的圆。等 σ 线距虚轴越远,则映射圆的半径越小;当 $\sigma \to \infty$ 时,$e^{-\sigma T} \to 0$。所以离散控制系统的极点均集中在 z 平面的原点就相当于连续控制系统的极点均趋向于 s 平面左半部的无穷远处。这时离散控制系统具有无穷大稳定度,它的过渡过程可以在有限时间内结束,这也就是后面将要讲到的最少拍无差系统。

实际上,要使系统的极点均在 z 平面的原点是很难实现的,参数稍有变化,就会使系统的性能变得很差。因此,所谓的最少拍仅仅是一种理想的过渡过程,实际上是达不到的。

复习思考题

1. 已知控制系统的传递函数如下,试用部分分式展开法和留数法求采样后离散系统的脉冲传递函数。

(1) $G(s) = \dfrac{a-b}{(s+a)(s+b)}$ (2) $G(s) = \dfrac{a}{s(s+a)}$

(3) $G(s) = \dfrac{1}{s(s+1)(s+2)}$ (4) $G(s) = \dfrac{s+3}{(s+1)(s+2)}$

(5) $G(S) = \dfrac{1}{s(s+1)^3}$ (6) $G(s) = \dfrac{(a-b)^2 + \omega^2}{(s+b)\left[(s+a)^2 + \omega^2\right]}$

2. 已知采样离散控制系统的结构如图 3.13 所示,各系统均为同步采样。试确定系

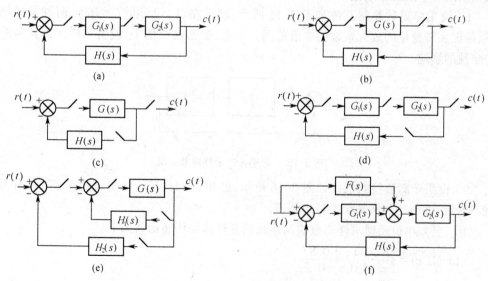

(a)　　　　　　　　　　　　　　(b)

(c)　　　　　　　　　　　　　　(d)

(e)　　　　　　　　　　　　　　(f)

图 3.13　习题 2 的采样离散控制系统

统的闭环脉冲传递函数。

3. 设采样离散控制系统如图 3.14 所示,求其闭环脉冲传递函数。

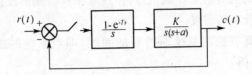

图 3.14　习题 3 的采样离散系统

4. 设采样离散控制系统如图 3.15 所示,求其闭环脉冲传递函数。

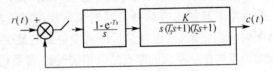

图 3.15　习题 4 的采样离散系统

5. 设采样离散控制系统如图 3.14 所示,已知 $a=1, K=1, T=1\text{s}$,输入为单位阶跃信号,试分析系统的过渡过程。

6. 设采样离散控制系统如图 3.14 所示,已知 $a=1, K=1, T=1\text{s}$,试求系统在单位阶跃、单位速度和单位加速度输入时的稳态误差。

7. 已知采样离散控制系统的闭环特征方程如下:

(1) $D(z) = z^2 - z + 0.632$

(2) $D(z) = 3z^4 + z^3 - z^2 - 2z + 1$

(3) $D(z) = z^3 + 3.5z^2 + 3.5z + 1$

(4) $D(z) = z^4 - 1.4z^3 + 0.4z^2 + 0.8z + 0.002$

试判断闭环系统的稳定性。

8. 设采样离散控制系统如图 3.16 所示,试求在 $T=1\text{s}$ 和 $T=0.5\text{s}$ 两种采样周期下,保证系统稳定的放大系数的取值范围。另外,根据这个例子,说明采样保持器对系统稳定性的影响。

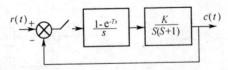

图 3.16　习题 8 的采样离散系统

9. 设采样离散控制系统如图 3.16 所示,已知 $t=1\text{s}, K=1$,试绘制系统的开环对数频率特性,并由此判断系统的稳定裕度。

10. 已知单位反馈采样离散控制系统的开环脉冲传递函数如下:

(1) $G(z) = \dfrac{K(0.1z + 0.8)}{(z-1)(z-0.7)}$

(2) $G(z) = \dfrac{K(0.1z + 0.8)}{z(z-1)(z-0.7)}$

试用朱利稳定判据确定开环放大系数 K 的稳定域。

第四章 数字控制器的模拟设计方法

4.1 PID 控制规律的离散化方法

在连续控制系统中,按偏差的比例(P)、积分(I)和微分(D)进行控制的 PID 控制(或称 PID 调节)是最为常用的一种控制规律。它具有原理简单、易于实现,鲁棒性(Robustness)强和适用范围广等特点。PID 控制器的参数比例系数 K_p、积分时间常数 T_I 以及微分时间常数 T_D 相互独立,参数整定比较方便。此外,PID 算法比较简单,计算工作量比较小,容易实现多回路控制。因此,即使是在现在日益占主流的计算机控制系统中,PID 控制仍然是应用十分广泛的一种控制规律。

4.1.1 模拟 PID 控制规律的离散化

在连续控制系统中,采用如图 4.1 所示的 PID 控制器,其控制规律的形式为

$$u(t) = K_p \left[e(t) + \frac{1}{T_I} \int_0^t e(t)\mathrm{d}t + T_D \frac{\mathrm{d}e(t)}{\mathrm{d}t} \right] \tag{4.1}$$

或写成传递函数的形式

$$\frac{U(s)}{E(s)} = K_p \left[1 + \frac{1}{T_I s} + T_D s \right] \tag{4.2}$$

其中,K_p 为比例系数,T_I 为积分时间常数,T_D 为微分时间常数,$u(t)$ 为控制器的输出量,$e(t)$ 为控制器输入量,即给定量与输出量的偏差。

为了用计算机实现 PID 控制规律,必须将连续形式的微分方程式(4.1)离散化成差分方程的形式。为此,取 T 为采样周期,$k = 0,1,2,\cdots,i,\cdots$ 为采样序号,因采样周期 T 相对信号的变化周期是很小的,所以就可以用矩形面积求和的方法近似式

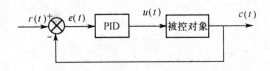

图 4.1 连续 PID 控制系统框图

(4.1)中的积分作用,而用向后差分的方法近似微分作用,即

$$\int_0^t e(t)\mathrm{d}t \approx \sum_{i=0}^k T e_i$$

$$\frac{\mathrm{d}e(t)}{\mathrm{d}t} \approx \frac{e(k) - e(k-1)}{T}$$

于是,式(4.1)可改写成如下差分方程的形式

$$u(k) = K_p \left[e(k) + \frac{1}{T_I} \sum_{I=0}^K e_i T + T_D \frac{e(k) - e(k-1)}{T} \right] \tag{4.3}$$

其中, $u(k)$ 为采样时刻 k 的输出量, $e(k)$ 和 $e(k-1)$ 分别为采样时刻 k 和 $k-1$ 时刻的偏差值。式(4.3)的输出量 $u(k)$ 为全量输出,它对应于被控对象执行机构(如调节阀)每次采样时刻应达到的位置,为此,式(4.3)称为 PID 位置型控制算式。这即是 PID 控制规律的离散化形式。

应该指出的是,若按式(4.3)计算 $u(k)$,输出值与过去所有状态有关,计算时就需要占用大量计算机内存和计算时间,这对用于实时控制的计算机来说非常不利。为此,考虑将式(4.3)改写成递推形式。根据式(4.3)写出第 $k-1$ 个采样时刻的的输出值为

$$u(k-1) = K_p \left[e(k-1) + \frac{1}{T_I} \sum_{i=0}^{k-1} e_1 T + T_D \frac{e(k-1) - e(k-2)}{T} \right] \qquad (4.4)$$

用式(4.3)两边减去式(4.4)两边,得

$$u(k) = u(k-1) + K_p \left\{ e(k) - e(k-1) + \frac{T}{T_I e(k)} + \right.$$

$$\left. \frac{T_D}{T} [e(k) - 2e(k-1) + e(k-2)] \right\} \qquad (4.5)$$

按式(4.5)计算采样时刻 k 的输出量 $u(k)$,只需用到采样时刻 k 的偏差值 $e(k)$,以及向前递推两次的偏差值 $e(k-1)$、$e(k-2)$ 和向前递推一次的输出值 $u(k-1)$,这就大大节约了计算机内存和计算时间。

许多情况下,执行机构本身具有累加或记忆功能,例如用步进电机作为执行元件,具有保持历史位置的功能。只要控制器给出一个增量信号,就可使执行机构在原来位置的基础上前进或后退若干步,达到新的位置。这时,就需要采用增量型 PID 控制算式,亦即输出量是两个采样周期之间控制器的输出增量 $\Delta u(k)$。

由式(4.5),可得

$$\Delta u(k) = u(k) - u(k-1) =$$

$$K_p \left\{ e(k) - e(k-1) + \frac{T}{T_I} e(k) + \frac{T_D}{T} [e(k) - 2e(k-1) + e(k-2)] \right\} \qquad (4.6)$$

式(4.6)称为增量型 PID 控制算式。

增量型 PID 控制算式和位置型 PID 控制算式相比仅仅是计算方法上的改进,它们的本质是一样的。但增量型 PID 控制算法相对位置型 PID 控制算法有一些优点:

(1) 增量型 PID 控制算式只与最近几次采样的偏差值有关,不需要进行累加,或者说累加工作分出去由其它元件去完成了,所以,不易产生误差积累,控制效果较好。

(2) 增量型 PID 控制算法只输出控制增量,误差动作(计算机故障或干扰)影响小。

(3) 增量型 PID 控制算法中,由于执行机构本身具有保持作用,所以易于实现手动-自动的无扰动切换,或能够在切换时,平滑过渡。

4.1.2 PID 控制规律的脉冲传递函数形式

在连续控制系统中,所设计出的模拟控制器,常以传递函数的形式表示。与此类似,在计算机控制系统中,数字 PID 控制器可以用脉冲传递函数的形式表示。

若将式(4.3)进行 z 变换,由于

$$Z[u(k)] = U(z)$$

$$Z[e(k)] = E(z)$$
$$Z[e(k-1)] = z^{-1}E(z)$$
$$Z[\sum_{i=0}^{k} e(i)] = \frac{1}{1-z^{-1}}E(z)$$

故式(4.3)的 z 变换可写成如下形式

$$U(z) = K_p \left\{ E(z) + \frac{T}{T_I}\frac{1}{1-z^{-1}}E(z) + \frac{T_D}{T}[E(z) - z^{-1}E(z)] \right\}$$

于是,可得到 PID 控制规律的脉冲传递函数形式为

$$D(z) = \frac{U(z)}{E(z)} = K_p\left[1 + \frac{T}{T_I(1-z^{-1})} + \frac{T_D}{T}(1-z^{-1})\right] =$$
$$\frac{a_0 - a_1 z^{-1} + a_2 z^{-2}}{1 - z^{-1}} \tag{4.7}$$

式中
$$a_0 = K_p(1 + \frac{T}{T_I} + \frac{T_D}{T})$$
$$a_1 = K_p(1 + 2\frac{T_D}{T}) \tag{4.8}$$
$$a_3 = K_p\frac{T_D}{T}$$

由式(4.7),还可以得到其它类型的数字控制器的脉冲传递函数:

当 $T_I \rightarrow \infty$, $T_D = 0$ 时,
$$D(z) = K_p \tag{4.9}$$
此为比例(P)数字控制器的脉冲传递函数形式。

当 $T_D = 0$ 时,
$$D(z) = \frac{K_p\left[1 + \frac{T}{T_I}\right] - K_p z^{-1}}{1 - z^{-1}} \tag{4.10}$$
此为比例积分(PI)数字控制器的脉冲传递函数形式。

当 $T_I \rightarrow \infty$ 时,
$$D(z) = K_p\left[1 + \frac{T_D}{T}\right] - K_p\frac{T_D}{T}z^{-1} \tag{4.11}$$
此为比例微分(PD)数字控制器的脉冲传递函数形式。

应该指出的是,在进行 PID 控制规律离散化时,还有许多其它方法。例如将积分作用用梯形积分法则近似,其 z 变换为 $K_1 T(z+1)/2(z-1)$,微分项的处理方法同上,其 z 变换表示为, $K_D(z-1)/Tz$,其中 K_I 和 K_D 分别为积分控制系数和微分控制系数。这样,完整的数字 PID 控制器的组成框图如图 4.2 所示,其脉冲传递函数可

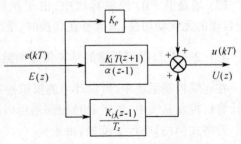

图 4.2　数字 PID 控制器

表示为

$$D(z) = K_p + K_I \frac{T(z+1)}{2(z-1)} + K_D \frac{z-1}{Tz} \qquad (4.12)$$

4.1.3 数字 PID 控制器的工程实现

用于生产过程控制的计算机要求具有很强的实时性,用微型计算机作为数字控制器时,由于受字长和运算速度的限制,需要采用一些方法来加快运算速度。常用的方法有:采用定点运算、简化算法、查表法、硬件乘法器等。这里我们仅讨论简化 PID 控制算式的方法。

式(4.5)是位置型数字 PID 控制算式。按这个算式,计算机每输出 $u(k)$ 一次,需要作四次加法、两次减法、四次乘法和两次除法。若将该式整理成如下形式

$$u(k) = u(k-1) + K_p(1 + \frac{T}{T_I} + \frac{T_D}{T})e(k) - K_p(1 + \frac{2T_D}{T})e(k-1) + K_p\frac{T_D}{T}e(k-2) =$$

$$u(k-1) + a_0 e(k) - a_1 e(k-1) + a_2 e(k-2) \qquad (4.13)$$

式中,系数 a_0, a_1, a_2 的定义与式(4.8)相同,这些系数为常数,可以离线算出。于是,按式(4.13)进行计算,计算机每输出 $u(k)$ 一次,只需要作两次加法、一次减法、三次乘法。

按式(4.13)编制的位置型数字 PID 控制器的程序框图如图4.3 所示。在进入程序之前,系数已经计算出来,并存入预设存储单元 CONS0, CONS1 及 CONS2 中。给定值和输出反馈值经采样后放入专门开辟的另外存储单元中。

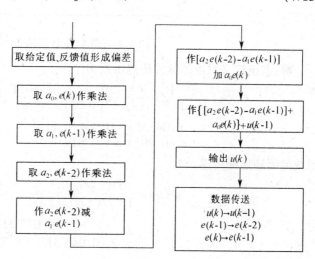

图 4.3　位置型数字 PID 控制器程序框图

4.2　数字 PID 控制器的设计

4.2.1　PID 调节器参数对控制系统性能的影响

进行 PID 控制器的设计,首先应该明确各参数对系统的影响如何,这样设计工作才不会盲目进行。

大家知道,增大比例系数 K_p 将加快系统的响应速度,在有静差系统中有利于减小静差,但加大 K_p 只能是减小静差,却不能从根本上消除静差。而且过大的 K_p 会使系统产生超调,并产生振荡或使振荡次数加多,使调节时间加长,并使系统稳定性变坏或使系统变得不稳定。若 K_p 选得太小,又会使系统的动作迟缓。

积分控制通常与比例控制或微分控制联合使用,构成 PI 控制或 PID 控制。增大积分时间常数 T_I(积分减弱)有利于减小超调,减小振荡,使系统更稳定,但同时要延长系统消除静差的时间。T_I 太小会降低系统的稳定性,增大系统的振荡次数。

和积分控制一样,微分控制一般和比例控制或积分控制联合使用,构成 PD 控制或 PID 控制。微分控制可以改善系统的动态特性,如减小超调量,缩短调节时间,允许加大比例控制,使稳态误差减小,提高控制精度。但应当注意的是,T_D 偏大或偏小时,系统的超调量仍然较大,调节时间仍然较长,只有当 T_D 比较合适时,才能得到比较满意的过渡过程。此外,应该指出的是,微分控制也使系统对扰动有敏感的响应。

例 4-1　计算机控制系统的结构图如图 4.4 所示,采样周期 $T = 0.1\text{s}$,若数字控制器 $D(z) = K_p$,试分析 K_p 对系统性能的影响。

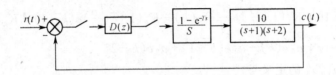

图 4.4　例 4-1 计算机控制系统

解:系统广义对象的脉冲传递函数为

$$G_0(z) = \frac{z-1}{z} Z\left[\frac{10}{s(s+1)(s+2)}\right] = \frac{z-1}{z} Z\left[\frac{5}{2} - \frac{10}{s+1} + \frac{5}{s+2}\right] =$$

$$\frac{0.0453(z+0.904)}{(z-0.905)(z-0.819)}$$

系统的闭环脉冲传递函数

$$\Phi(z) = \frac{D(z)G_0(z)}{1+D(z)G_0(z)} =$$

$$\frac{0.045\,3K_p(z+0.904)}{z^2 + (0.045\,3K_p - 1.724)z + 0.741 + 0.040\,95K_p}$$

当 $K_p = 1$ 时,系统在单位阶跃输入时,输出量的 z 变换为

$$C(z) = \frac{0.045\,3z^2 + 0.0409\,5z}{z^3 - 2.679z^2 + 2.461z - 0.782}$$

采用长除法,可求出系统输出序列的波形如图 4.5 所示。根据 z 变换的终值定理,输出量的稳态误差

$$c(\infty) = \lim_{z \to 1}(z-1)\Phi(z)R(z) =$$

$$\lim_{z \to 1}\frac{0.045\,3K_p z(z+0.904)}{z^2 + (0.045\,3K_p - 1.724)z + 0.741 + 0.0409\,5K_p} =$$

$$\frac{0.086\,25K_p}{0.017 + 0.086\,25K_p}$$

当 $K_p = 1$ 时,$c(\infty) = 0.835$,稳态误差 $e_{ss} = 0.165$;

当 $K_p = 2$ 时,$c(\infty) = 0.910$,稳态误差 $e_{ss} = 0.09$

由此可见，当 K_p 增大时，系统的稳态误差将减小，但却不能最终消除稳态误差。通常 K_p 是根据静态速度误差系数 K_v 的要求来确定。为消除稳态误差，可加入积分控制。

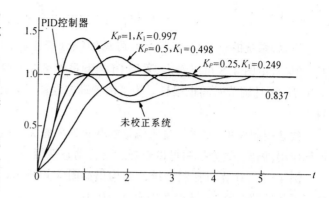

图 4.5　例 4-1～4-3 系统的输出响应曲线

例 4-2　计算机控制系统的结构仍如图 4.4 所示，采用数字 PI 控制器，试分析积分作用及参数选择，采样周期仍为 $T = 0.1\text{s}$。

解：广义对象的脉冲传递函数仍和例 4-1 一样

$$G_0(z) = \frac{0.045\,3(z+0.904)}{(z-0.905)(z-0.819)}$$

系统的开环脉冲传递函数

$$G(z) = D(z)G_0(z) = (K_p + K_I)\frac{1}{1-z^{-1}}\frac{0.045\,3(z+0.904)}{(z-0.905)(z-0.819)} =$$

$$\frac{(K_p + K_I)\left(z - \dfrac{K_p}{K_p + K_I}\right) \times 0.045\,3(z+0.904)}{(z-0.905)(z-0.819)(z-1)}$$

为了确定积分系数 K_I，可以使由于积分校正增加的零点 $\left(z - \dfrac{K_p}{K_I}\right)$ 抵消极点 $(z-0.905)$，即令

$$\frac{K_p}{K_p + K_I} = 0.905$$

假设比例系数 K_p 已由静态速度误差系数 K_v 确定，若选定 $K_p = 1$，由上式可以求出 $K_I \approx 0.105$，则得数字控制器的脉冲传递函数为

$$D(z) = \frac{1.105(z-0.905)}{(z-1)}$$

系统经过 PI 调节器校正后的闭环脉冲传递函数为

$$\Phi(z) = \frac{D(z)G(z)}{1 + D(z)G(z)} =$$

$$\frac{0.05(z+0.904)}{(z-1)(z-0.819) + 0.05(z+0.904)}$$

在单位阶跃输入信号作用下，系统输出量的 z 变换为

$$C(z) = \frac{0.05(z+0.904)}{(z-1)(z-0.819) + 0.05(z+0.904)}\frac{z}{z-1}$$

由上式可以求出输出响应，如图 4.5 所示。

系统在单位阶跃输入时，输出量的稳态值

$$c(t) = \lim_{z \to 1}(z-1)C(z) =$$

$$\lim_{z \to 1} \frac{0.05z(z+0.904)}{(z-1)(z-0.819)+0.05(z+0.904)} = 1$$

所以,系统的稳态误差 $e_{ss}=0$,可见加积分校正后,消除了稳态误差,提高了控制精度。但是,由图 4.5 可以看出,采用 PI 控制虽然可以消除稳态误差,但系统的超调量达到了 45%,而且调节时间也很长。为了改善动态性能,还应该加入微分校正,即采用 PID 控制。

微分控制作用,实质上是跟偏差的变化速率有关。微分控制能够预测偏差,产生超前校正作用,因此,微分控制可以较好地改善动态性能。

例 4-3 计算机控制系统的结构仍如图 4.4 所示,采用数字 PID 控制器,试分析微分作用及参数选择,采样周期仍为 $T=0.1$s。

解:广义对象的脉冲传递函数仍和例 4-1 一样

$$G_0(z) = \frac{0.045\,3(z+0.904)}{(z-0.905)(z-0.819)}$$

采用数字 PID 控制器校正,设校正装置的脉冲传递函数为

$$D(z) = K_p + K_I \frac{1}{1-z^{-1}} + K_D(1-z^{-1}) =$$

$$\frac{(K_p+K_1+K_D)\left[z^2 - \dfrac{K_p+2K_D}{K_p+K_I+K_D}z + \dfrac{K_D}{K_p+K_I+K_D}\right]}{z(z-1)}$$

假设 $K_p=1$ 已经选定,并要求 $D(z)$ 的两个零点抵消 $G_0(z)$ 的两个极点 $z=0.905$ 和 $z=0.819$,则

$$z^2 - \frac{K_p+2K_D}{K_p+K_I+K_D}z + \frac{K_D}{K_p+K_I+K_D} = (z-0.905)(z-0.819)$$

由上式可得方程

$$\frac{K_p+2K_D}{K_p+K_I+K_D} = 1.724$$

$$\frac{K_D}{K_p+K_I+K_D} = 0.7412$$

因此,可以解得 $K_I=0.069$,$K_D=3.062$,所以 PID 控制器的脉冲传递函数为

$$D(z) = \frac{4.131(z-0.905)(z-0.819)}{z(z-1)}$$

系统的开环脉冲传递函数为

$$G(z) = D(z)G_0(z) = \frac{0.187(z+0.904)}{z(z-1)}$$

系统的闭环脉冲传递函数为

$$\Phi(z) = \frac{D(z)G(z)}{1+D(z)G(z)} = \frac{0.817(z+0.904)}{z(z-1)+0.187(z+0.904)}$$

系统在单位阶跃输入时,输出量的 z 变换为

$$C(z) = \Phi(z)R(z) =$$

$$\frac{0.817(z+0.904)}{z(z-1)+0.187(z+0.904)} \cdot \frac{z}{z-1}$$

由上式可以求得系统的输出响应 $c(kT)$，如图4.5所示。系统在单位阶跃输入下，输出量的稳态值为

$$c(\infty) = \lim_{z \to 1}(z-1)C(z) = \lim_{z \to 1}\frac{0.187z(z+0.904)}{z(z-1)+0.187(z+0.904)} = 1$$

系统的稳态误差 $e_{ss}=0$，所以系统在 PID 控制时，由于积分控制的作用，对于单位阶跃输入，稳态误差为零。由于微分控制的作用，系统的动态特性也得到很大改善，调节时间缩短，超调量减小。通过图4.5可以看出比例、积分、微分的控制作用，并可以比较出比例控制、比例积分控制以及比例积分微分控制三种控制器的控制效果。

4.2.2　按二阶工程设计法设计数字 PID 控制器

二阶系统是工业生产过程中很常见的一种系统，其闭环传递函数的一般形式为

$$\Phi(s) = \frac{1}{1+T_1 s+T_2 s^2} \tag{4.14}$$

将 $s=j\omega$ 代入上式，得

$$\Phi(j\omega) = \frac{1}{1+T_1(j\omega)+T_2(j\omega)^2} = \frac{1}{(1-T_2\omega^2)+j\omega T_1}$$

它的模为

$$L(\omega) = |\Phi(j\omega)| = \frac{1}{\sqrt{(1-T_2\omega^2)^2+(T_1\omega)^2}} \tag{4.15}$$

根据控制理论可知，要使二阶系统的输出获得理想的动态品质，即该系统的输出量完全跟随给定量的变化，应满足下述条件：

模：$L(\omega)=1$

相位移：$\varphi(\omega)=0°$ \tag{4.16}

将式(4.15)代入式(4.16)，可得如下结果

$$T_1^2 - 2T_2 = 0$$
$$T_2^2 \omega^4 \to 0$$

因此，可解得

$$T_1 = \sqrt{2T_2} \tag{4.17}$$

将式(4.17)代入式(4.14)，可得到理想情况下二阶系统闭环传递函数的形式

$$\Phi(s) = \frac{1}{1+\sqrt{2T_2}s+T_2 s^2} \tag{4.18}$$

设 $G(s)$ 为该系统的开环传递函数，根据 $\Phi(s)=\dfrac{G(s)}{1+G(s)}$ 可推导出

$$G(s) = \frac{1}{\sqrt{2T_2}s(1+\frac{1}{2}\sqrt{2T_2}s)} \tag{4.19}$$

式(4.19)即为二阶品质最佳的基本公式。

例4-4 设被控对象由三个惯性环节组成,其传递函数的形式为

$$G_0(s) = \frac{K}{(T_{s1}s+1)(T_{s2}s+1)(T_{s3}s+1)}$$

其中,$T_{s1} > T_{s2} > T_{s3}$,试按二阶工程设计法设计数字控制器。

解:被控对象包含三个惯性环节,为将其校正成品质最佳二阶系统,需采用PID调节器进行校正,校正环节的传递函数为

$$W(s) = \frac{(\tau_1 s+1)(\tau_2 s+1)}{T_i s} \tag{4.20}$$

为提高系统的响应速度,令 $\tau_1 = T_{s1}$,$\tau_2 = T_{s2}$,则经校正后系统的开环传递函数为

$$G(w) = W(s)G_0(s) =$$

$$\frac{(\tau_1 s+1)(\tau_2 s+1)}{T_1 s} \cdot \frac{K}{(T_{s1}s+1)(T_{s2}s+1)(T_{s3}s+1)} =$$

$$\frac{K}{T_1 s(T_{s3}s+1)}$$

将上式与式(4.19)进行比较,可得

$$T_1 = 2KT_{s3}$$

将上式代入式(4.20),可得二阶工程设计法要求的PID调节器的基本形式

$$W(s) = \frac{(T_{s1}s+1)(T_{s2}s+1)}{2KT_{s3}s} =$$

$$K_p\left(1 + \frac{1}{T_1 s} + T_D s\right)$$

其中

$$K_p = \frac{T_{s1} + T_{s2}}{2KT_{s3}}$$

$$T_1 = T_{s1} + T_{s2}$$

$$T_D = \frac{T_{s1}T_{s2}}{T_{s1} + T_{s2}}$$

将上式进行离散化,即可得到二阶工程设计法PID数字控制器的控制算式。

例4-5 轧机液压厚度调节微型计算机控制系统主要由电液伺服阀、液压缸及差动变压器组成,图4.6所示为控制系统的简化框图。

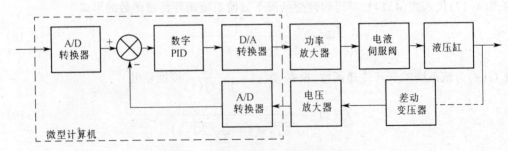

图4.6 轧机液压厚度调节系统框图

轧机控制系统经过简化后,受控对象的开环传递函数为

$$G_0(s) = \frac{K}{(T_1 s + 1)(T_2 s + 1)}$$

式中,常数 K, T_1, T_2 由电液伺服阀、液压缸及差动变压器的参数决定,而且 $T_1 > T_2$。

从快速性和稳定性角度来看,用计算机实现对轧机系统的动态校正,就是要求计算机与轧机系统组成的闭环系统具有二阶最佳设计的基本形式(4.19)。

设计算机所取代的模拟调节器的传递函数为 $W(s)$,又知轧机的传递函数 $G_0(s)$ 由两个惯性环节组成,所以,为将系统校正成二阶最佳设计的形式,应选择 $W(s)$ 为 PI 调节器,其传递函数为

$$W(s) = \frac{\tau s + 1}{T_i s}$$

为使调节器能抵消轧机系统中较大的时间常数 T_1,令

$$\tau = T_1$$

所以闭环系统的开环传递函数为

$$W(s) G_0(s) = \frac{\tau s + 1}{T_i s} \frac{K}{(T_1 s + 1)(T_2 s + 1)} =$$

$$\frac{1}{\frac{T_i}{K} s (T_2 s + 1)}$$

将上式与式(4.19)相比较,解得

$$T_i = 2KT_2$$

因此,PI 调节器的传递函数为

$$W(s) = \frac{T_1 s + 1}{2KT_2 s} = K_p \left[1 + \frac{1}{T_I s} \right]$$

其中

$$K_p = \frac{T_1}{2KT_2}, \quad T_I = T_1$$

将 $W(s)$ 进行离散化,得到数字控制器的差分方程如下

$$u(k) = u(k-1) + a_0 e(k) - a_1 e(k-1)$$

式中

$$a_0 = K_p \left[1 + \frac{T}{T_I} \right], a_1 = K_p$$

4.3 PID 控制算法的改进

一般情况下,用计算机实现 PID 控制规律,不能把 PID 控制规律简单地离散化,否则,将不能得到比模拟调节器优越的控制质量。这是因为,与模拟控制器相比,计算机作控制器存在如下不足的地方:

(1)模拟控制器的控制作用是连续的,而用计算机作控制器,在输出零阶保持器的作用下,控制量在一个采样周期内是不变的。

(2) 由于计算机进行数值计算和输入输出等工作需要一定时间,造成控制作用在时间上存在延迟。

(3) 计算机的有限字长和 A/D、D/A 转换精度将造成控制作用的误差。

因此,应充分利用计算机的运算速度快、逻辑判断功能强、编程灵活等特点,采用一些模拟控制器难以实现的复杂控制规律,使 PID 控制更加合理和灵活多样,使其更能满足实际生产过程的不同需要,才能在控制性能上超过模拟控制器。

4.3.1 防止积分饱和的方法

在用标准的数字 PID 控制器控制变化较缓慢的对象时,由于偏差较大、偏差存在时间较长或者积分项太快,则控制器有可能饱和或溢出,进一步造成系统的超调,甚至引起振荡。其主要原因是由于积分项处理不当所致。

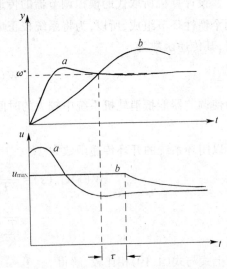

图 4.7 PID 控制算法的积分饱和现象
a—理想情况的控制;b—有限制时产生积分饱和

在标准位置型数字 PID 算式(4.3)中,若给定值 r 突然由 0 变到 r^* 时,由于系统的输出不可能马上跟踪上输入的变化,这样只要系统输出还没有达到给定值,则积分作用就会保持增加或减小,使计算机的输出量向两个极端方向变化,直到计算机字长所能表示的负值或正值为止。这时,计算机实际输出的控制量就不再是通过式(4.3)计算的理论值,而是计算机字长所决定的上限值(如图 4.7 所示)。当系统输出超过了给定值后,开始出现负偏差,但这时积分项存在很大的累加值,所以还需要相当一段时间后才能脱离饱和区,这样,就使系统出现了明显的超调。为此,便有了如下等多种对标准数字 PID 控制算式中积分项的改进方法。

1. 积分分离法

对于时间常数较大的被控对象,在阶跃信号作用下,偏差不会在几个采样周期内消除掉,积分项就很可能使输出值超出正常的表示范围。这时,可以采用积分分离的方法对积分项加以处理,具体方法为当偏差大于某一通过实验确定的规定的阈值(或称积分界限)时,取消积分项的作用,只有当偏差小于该规定的阈值时,才加入积分项的作用。为此,将式(4.3)处理成如下形式

$$u(k) = K_p \left[e(k) + \frac{k_i}{T_I} \sum_{i=0}^{k} e_i T + T_D \frac{e(k) - e(k-1)}{T} \right] \tag{4.21}$$

其中,$k_i = \begin{cases} 0 & \text{当} |e(k)| > \varepsilon \text{ 时,PD 控制,保证快速} \\ 1 & \text{当} |e(k)| \leqslant \varepsilon \text{ 时,PID 控制,保证消除静差} \end{cases}$

式(4.21)积分项的程序框图如图 4.8 所示,相应的控制效果如图 4.9 所示。

2. 遇限削弱积分法

遇限削弱积分法的基本思想是:当控制量进入饱和区后,只执行削弱积分项的运算,

而不进行增大积分项的累加。为此，在计算 $u(k)$ 时，先判断 $u(k-1)$ 是否达到饱和，若已超过 u_{max}，则只累计负偏差；若小于 u_{min}，就只计正偏差。其算法框图如图4.10所示。

3. 变速积分法

在标准 PID 算法中，积分系数在整个调节过程中保持不变。变速积分的思想是，根据偏差的大小，改变积分项的累加速度，即偏差越大，积分越慢，甚至没有；偏差越小，积分越快，以利于尽快消除静差。具体算法如下

设置一个系数 $f[e(k)]$，它是偏差 $e(k)$ 的函数，其取值方法如下：

$$f[e(k)] = \begin{cases} 1 & |e(k)| < B \\ \dfrac{A - |e(k)| + B}{A} & B \leq |e(k)| \leq A \\ 0 & |e(k)| > A + B \end{cases}$$

(4.22)

每次采样后将 $f[e(k)]$ 与 $e(k)$ 相乘，乘积记为 $e'(k)$，然后再进行累加，即积分项的计算方法为

$$u'_I = k_i \left\{ \sum_{i=1}^{k-1} e'(i) + f[e(k)] \cdot e(k) \right\}$$

(4.23)

变速积分 PID 与标准 PID 相比，有以下优点：

1）完全消除了积分饱和现象。

2）大大减小了超调量，可以很容易地使系统稳定。

3）适应能力强，某些标准 PID 控制不理想的过程可以考虑采用这种算法。

4）参数整定容易，各参数间相互影响减小了，而且 A，B 两参数的要求不精确，可作一次性确定。

变速积分与积分分离法相比有相似之处，但调节方式不同。积分分离对积分项采取"开关"控制，而变速积分则是缓慢地变化，故后者调节品质可以大大提高。

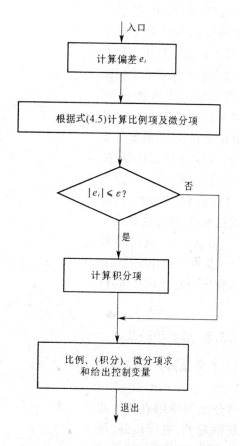

图4.8　积分分离 PID 算法积分项处理框图

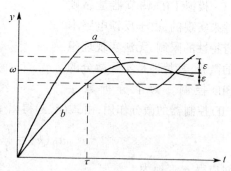

图4.9　积分分离法 PID 控制效果

4. 带死区的 PID 控制

某些控制系统精度要求不高,但不希望控制作用频繁动作,以力求平稳或减少机械磨损,在这些应用场合下,可采用带死区的 PID 控制。其控制算法是:按实际需要设置死区 B,当 $|e(k)| \leqslant B$ 时,控制算式维持原来的输出;而当 $|e(k)| > B$ 时,经 PID 运算后输出控制量,其控制算式为

$$u(k) = \begin{cases} u(k) & \text{当} |e(k)| > B \\ \text{常数} & \text{当} |e(k)| \leqslant B \end{cases}$$

算法的程序流程图如图 4.11 所示。

4.3.2 微分项的改进

1. 不完全微分数字 PID 控制算式

微分项的作用有助于减小系统的超调,克服振荡,使系统趋于稳定,同时加快系统的响应速度,缩短调整时间,有利于改善系统的动态性能。

模拟 PID 调节器是靠硬件来实现的,由于反馈电路本身特性的限制,无法实现理想的微分,其特性是实际微分的 PID 控制。为了分析数字 PID 控制器的微分作用,由式(4.3)得出微分部分的输出 $u_D(k)$ 与偏差的关系为

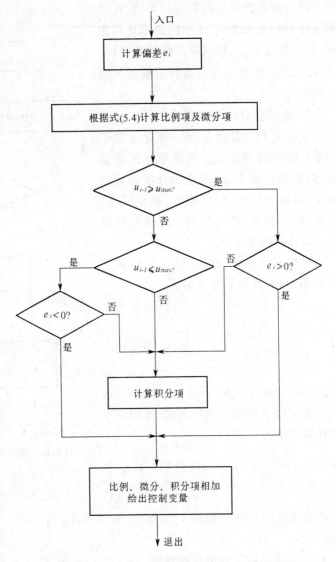

图 4.10 遇限消弱积分的 PID 控制程序框图

$$u_D(k) = \frac{T_D}{T}[e(k) - e(k-1)]$$

对应得 z 变换为

$$U_D(z) = \frac{T_D}{T}E(z)(1 - z^{-1})$$

当 $e(t)$ 为单位阶越函数时,$E(z) = \dfrac{1}{1 - z^{-1}}$,所以

$$U_D(z) = \frac{T_D}{T}$$

由此得出标准数字 PID 控制器在单位阶越输入信号的作用下,微分项输出的脉冲序列为

$$u_D(T) = \frac{T_D}{T}, u_D(2T) = u_D(3T) = \cdots = 0$$

微分部分输出的脉冲序列表明,从第二个采样周期开始,微分项输出为零,如图 4.12 中脉冲 1 所示。图中同时给出了模拟 PID 调节器中微分项在单位阶越输入信号作用下的输出情况,如图 4.12 中曲线所示。可见,对于单位阶越输入信号,标准数字 PID 控制器的微分作用仅在第一个采样周期起作用,然后即变为零,而模拟 PID 调节器的微分作用却是在较长的时间内起作用,逐渐变为零。通过比较就可以看出,标准数字 PID 控制器的微分作用要比模拟实际 PID 调节器的微分作用的性能要差。对惯性较大的实际控制系统而言,标准数字 PID 控制器的微分项需要改进。此外,应该指出的是,当瞬时偏差较大的情况下,标准数字 PID 控制器在较大偏差产生的一瞬间,输出的控制量将很大,容易造成溢出。

不完全微分数字控制器可以解决上述问题。在标准数字 PID 控制器算式中,引入一惯性环节便构成了不完全微分数字控制器。它不仅可以平滑微分产生的瞬时脉动,而且能加强微分对全控制过程的影响。

一阶惯性环节的传递函数为

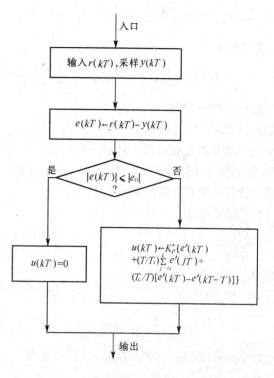

图 4.11 带死区的 PID 控制算法程序流程图

图 4.12 微分作用比较

$$W_j(s) = \frac{1}{T_j s + 1} \tag{4.24}$$

标准 PID 调节器的传递函数为

$$W(s) = K_p(1 + \frac{1}{T_I s} + T_D s) \tag{4.25}$$

由式(4.24)和式(4.25)得到不完全微分的 PID 调节规律为

$$W(s) = \frac{K_p}{T_j s + 1}\left(1 + \frac{1}{T_I s} + T_D s\right) = \frac{K_p(1 + T_I s + T_I T_D s^2)}{T_I s(T_j s + 1)}$$

设，$T_j = \alpha T_2$，$K_p = \dfrac{K_1(T_1 + T_2)}{T_1}$，$T_I = T_1 + T_2$，$T_D = \dfrac{T_1 T_2}{T_1 + T_2}$，则得到不完全微分的

PID算式如下

$$W(s) = \frac{U(s)}{E(s)} = \frac{K_1(T_1 s + 1)(T_2 s + 1)}{T_1 s(\alpha T_2 s + 1)} = \frac{T_2 s + 1}{\alpha T_2 s + 1} K_1 \left(1 + \frac{1}{T_1 s}\right) \qquad (4.26)$$

式中：α——微分增益。

根据式(4.26)，我们可以把不完全微分调节器看成由几个环节组成，如图4.13所示。下面分别讨论各环节的算法问题。

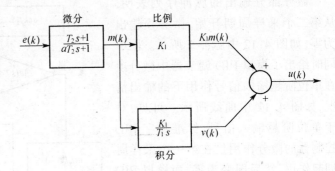

图4.13　不完全微分PID控制器

(1) 微分部分

$$\frac{M(s)}{E(s)} = \frac{T_2 s + 1}{\alpha T_2 s + 1}$$

化成差分方程为

$$m(k) = m(k-1) =$$

$$+ \frac{T_2}{\alpha T_2 + T}[e(k) - e(k-1)] + \frac{T}{\alpha T_2 + T}[e(k) - m(k-1)]$$

对比较小的采样周期 $T(T \ll T_2)$，上式可简化为

$$m(k) = \left[1 - \frac{T}{\alpha T_2 + T}\right] m(k-1) + \left[\frac{1}{\alpha} + \frac{1}{\alpha T_2 + T}\right] e(k) - \frac{1}{\alpha} e(k-1) \qquad (4.27)$$

式(4.27)是微分部分用于编程的形式。

(2) 积分部分

积分部分的输入是微分部分的输出，积分部分的输出为 $v(k)$，所以得

$$\frac{V(s)}{M(s)} = \frac{K_1}{T_1 s}$$

化成微分方程的形式并用一阶差分离散化，得差分方程

$$v(k) = v(k-1) + \frac{K_1 T}{T_1} m(k) \qquad (4.28)$$

(3) 比例部分

比例部分的表达式很简单，为微分作用的输出乘以 K_1，即比例部分的输出为

$$K_1 m(k) \qquad (4.29)$$

(4) 不完全微分数字控制器的输出

由式(4.28)、(4.29)得不完全微分数字PID控制器的输出为

$$u(k) = K_1 m(k) + v(k) \qquad (4.30)$$

标准数字PID控制器和不完全微分数字控制器的阶越响应如图4.14所示，比较这两种数字PID控制器的阶越响应，可以看出：

(1) 标准数字PID控制器的控制品质较差。其原因在于微分作用仅局限于第一个采样周期有一个大幅度的输出。一般的工业执行机构无法在较短的采样周期内跟踪较大的

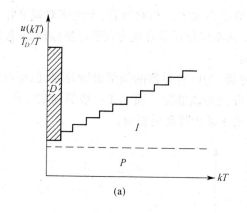 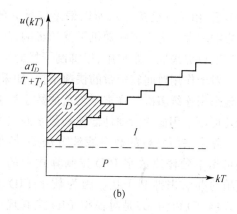

(a)   (b)

图 4.14　数字 PID 控制器的阶越响应

（a）标准数字 PID 控制器；（b）不完全微分数字 PID 控制器

微分作用输出。而且,理想微分还容易引进高频干扰。

（2）不完全微分数字 PID 控制器的控制品质较好。其原因是微分作用能缓慢地持续多个采样周期,使得一般的工业执行机构能比较好地跟踪微分作用输出。由于不完全微分数字 PID 控制器算式中含有一阶惯性环节,具有数字滤波的作用,因此,抗干扰作用也较强。

2. 微分先行 PID 算法

微分先行是指把微分运算放在比较器附近,它有两种结构,如图 4.15 所示。图 4.15 （a）是输出量微分,图 4.15（b）是偏差微分。

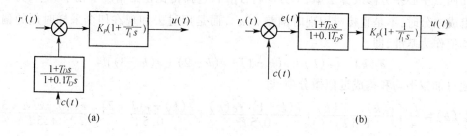

(a)   (b)

图 4.15　微分先行 PID 控制

（a）输出量微分；（b）输入量微分

输出量微分是只对输出量 $c(t)$ 进行微分,而对给定值 $r(t)$ 不作微分,这种输出量微分控制适用于给定值频繁提降的场合,可以避免因提降给定值时所引起的超调量过大、阀门动作过分剧烈的振荡。

偏差微分是对偏差值微分,也就是对给定值 $r(t)$ 和输出量 $c(t)$ 都有微分作用,偏差微分适用于串级控制的副控回路,因为副控回路的给定值是由主控调节器给定的,也应该对其作微分处理,因此,应该在副控回路中采用偏差微分。

3. 抑制干扰的数字 PID 算法

PID 控制算法的输入量是偏差信号 e,即给定量 r 和系统输出 c 的差值。在进入正常调节后,由于 c 已接近 r,所以偏差信号 e 的值不会太大。相对而言,干扰值对调节作用的影响较大。为了消除随机干扰的影响,除了从系统硬件及环境方面采取措施外,在控制算法上也应采取一定措施,以抑制干扰的影响。

对于作用时间较短暂的快速干扰,如采样器、A/D 转换器的偶然出错等,我们可以简单地采用连续多次采样求平均值的数字滤波办法加以滤除。而对于一般的随机干扰,我们还可以采用如一阶惯性滤波的数字滤波方法来减少扰动的影响。

除了采用一般的数字滤波方法外,我们还可用单独修改数字 PID 控制算式中的微分项的办法来抑制干扰。因为数字 PID 算法式(4.5)和(4.6)是对模拟 PID 控制规律的近似,其中模拟 PID 控制规律中的积分项是用和式近似的,微分项是用差分项来近似的。在各项中,差分(尤其是二阶差分)对数据误差和噪声特别敏感,一旦出现干扰,通过差分的计算就非常容易引起控制量的很大变化。因此,在数字 PID 算法中,干扰通过微分项对控制的影响是主要的。由于微分项在PID 调节中往往是必要的,不能简单地把它弃去,所以,应研究对干扰不过于敏感的微分项的近似算法。四点中心差分法就是最常用的一种算法,如图 4.16 所示。

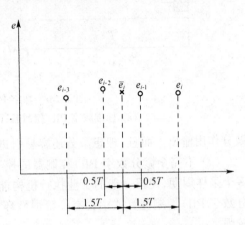

图 4.16 四点中心差分法构成偏差平均值

在四点中心差分修改算法中,一方面将 T_D/T 选择得比正常情况下稍小一些,另一方面在组成差分时,不是直接应用现时偏差 $e(k)$,而是用过去和现在四个采样时刻的偏差的平均值作为基准,即

$$\bar{e}(k) = [e(k) + e(k-1) + e(k-2) + e(k-3)]/4$$

然后通过加权平均和构成近似微分项,即

$$\frac{T_D}{T}\Delta\bar{e}(k) = \frac{T_D}{4}\left[\frac{e(k)-\bar{e}(k)}{1.5T} + \frac{e(k-1)-\bar{e}(k)}{0.5T} + \frac{\bar{e}(k)-e(k-2)}{0.5T} + \frac{\bar{e}(k)-e(k-3)}{1.5T}\right]$$

整理后得

$$\frac{T_D}{T}\Delta\bar{e}(k) = \frac{T_D}{6T}\left[e(k) + 3e(k-1) - 3e(k-2) - e(k-3)\right] \tag{4.31}$$

用式(4.31)代替式(4.5)中的微分项,即得修改后的数字 PID 控制算式。

同理,也可以用同样的方法对增量型数字 PID 控制算式的微分项加以改进,这里就不再具体加以推导。

以上我们介绍了几种机电控制系统中常用的数字 PID 控制器的改进方法。应该指出的是,目前人们提出和应用的数字 PID 控制器的改进方法很多,可以根据不同的应用场合灵活地选用,例如给定值频繁升降时对控制量进行阻尼的 PID 算法、混合过程 PID算法、采样 PI 算法、批量 PID 算法、纯滞后补偿算法以及自动寻优参数 PID 算法等等。读者若有兴趣,可参阅有关的参考书,这里就不再一一介绍了。

4.4 数字 PID 控制器的参数整定

将各种数字 PID 控制算法用于实际系统时,必须确定算法中各参数的具体值,如比例增益 K_p、积分时间常数 T_I、微分时间常数 T_D 和采样周期 T,以使系统全面满足各项控制指标,这一过程叫做数字控制器的参数整定。数字控制就其本质来讲是一种采样控制系统。由于连续生产过程的控制回路一般都有较大的时间常数,在多数情况下,采样周期与系统的时间常数相比要小得多。所以,数字控制器的参数选择可以利用模拟调节器的各种整定方法。

根据实际受控对象的特性、负载情况,合理选择控制规律是至关重要的。根据分析可以有如下几点结论:

(1) 对于一阶惯性控制对象,当载荷不大,工艺要求不高时,可以考虑采用比例(P)控制,例如压力、液位、串级副控回路等。

(2) 对于一阶惯性与纯滞后环节串联的对象,当负载变化不大,要求控制精度较高时,可采用比例积分(PI)控制,例如压力、流量、液位的控制等。

(3) 在纯滞后较大,负载变化也较大,控制性能要求较高的场合,可采用比例积分微分(PID)控制,例如位置随动系统、过热蒸汽温度控制等。

(4) 当对象为高阶(二阶以上)惯性环节又有纯滞后特性,负载变化较大,控制性能要求也较高时,应考虑采用串级控制、前馈 - 反馈、前馈 - 串级或纯滞后补偿控制,例如数控机床的位置控制等。

PID 控制器的设计,可以用理论方法,也可以通过实验的方法。在对象的数学模型及其参数已知的情况下,可以用频率法或根轨迹法计算出 PID 参数。但由于多数情况下无法精确地知道对象的数学模型及其参数,所以理论方法在工程上的应用有较大的局限性。因此,工程上常用实验的方法或者试凑的方法来确定 PID 的参数。

4.4.1 采样周期的选择

进行数字 PID 控制器参数整定时,首先应该解决的一个问题是确定合理的采样周期 T。上一章所讲的采样定理只是给出了采样频率的最低取值,工程上一般不能仅按采样定理来决定采样频率,而是要考虑以下因素。

(1) 采样周期的选择受系统稳定性的影响

我们所讨论的数字 PID 控制系统是一种准连续控制系统,从上一章采样控制系统稳定性分析可以看出,对采样控制系统,采样周期对系统的稳定性有直接的影响。因此,应该从系统稳定条件,确定出采样周期的最大值,以保证系统是充分稳定的。

(2) 给定和扰动频率

从控制系统随动和抗干扰的性能来讲,要求采样周期短些好,这样,给定值的改变可以迅速地通过采样得到反映,而不致在随动控制中产生大的延迟。对低频扰动,采样周期长短对系统的抗扰性能影响不大,因为系统输出中包含了扰动信号,通过反馈可以及时地抑制扰动的影响。对于中频干扰信号,如果采样周期选得太大,干扰就可能得不到控制和抑制。对于高频扰动,由于系统的惯性较大,系统本身具有一定的滤波作用,亦即干扰信号到系统输出之间的开环响应的频带是有限的,所以高频扰动对系统的输出影响也是较小的。因此,如果干扰信号的最高频率是已知的,则可以通过采样定理来选择采样周期,以使干扰能够尽快得到消除。

(3) 计算机精度

从计算机的精度来看,采样周期选得过短也是不合理的。因为工业控制用的计算机字长一般选得较短,且多为定点运算,所以,如果采样周期太小,前后两次采样的数值之差可能因计算机精度不高而反映不出来,使得积分和微分作用不明显或失去作用。

(4) 执行机构的特性

采样周期的的长短要与执行机构的惯性相适应,执行机构的惯性大,则采样周期就要相应地长,否则,也会出现(3)中所提的问题。

(5) 控制回路数

从计算机的工作量和每个控制回路的计算成本来看,一般要求采样周期大些。特别是当计算机用于多回路控制时,必须使每个回路的控制算法都有足够的时间完成。因此,在用计算机对动态特性不同的多个回路进行控制时,可以充分利用计算机的灵活性,对不同回路采用不同的采样周期,而不必强求统一采用最小采样周期。对多回路控制,采样周期与回路数 n 有以下关系

$$T > \sum_{i=1}^{n} T_i$$

(6) 设闭环系统要求的频带为 ω_b,则系统的采样频率一般在以下范围内选取

$$\omega_s > (25 \sim 100)\omega_b$$

从以上的分析可以看出,各方面因素对采样周期的要求是不同的,有些是相互矛盾的。在实际应用中,应根据具体情况和主要的要求进行选择。

4.4.2 扩充临界比例度法整定参数

扩充临界比例度法是模拟调节器参数中使用的临界比例度法的推广。按这种方法进行数字 PID 控制器参数整定的步骤如下:

(1) 选择一个足够短的采样周期,例如使采样周期在被控对象纯滞后时间的十分之一以下。

(2) 去掉数字控制器的积分和微分作用($T_I = \infty$, $T_D = 0$),即调节器作比例调节器工作,用选定的采样周期使系统闭环工作。

(3) 逐渐减小比例度 $\delta(\delta = 1/K_p)$,直到系统发生持续等幅振荡。记下系统发生等幅振荡的临界比例度 δ_k 和临界振荡周期 T_k,作基准参数。

(4) 选择控制度。所谓控制度就是以模拟调节器为基准,将数字控制器的控制效果与模拟控制器的控制效果相比较。控制效果的评价函数通常用误差平方面积 $\int_0^{\infty} e^2(t)dt$ 表示,即

$$控制度 = \frac{\left[\int_0^{\infty} e^2(t)dt\right]_{数字控制器}}{\left[\int_0^{\infty} e^2(t)dt\right]_{模拟控制器}}$$

实际应用中并不需要计算两个误差平方面积,控制度仅表示控制效果的物理概念。例如,当控制度为 1.05 时,表示数字控制器与模拟控制器控制效果相当;控制度为 2.0 时,则数字控制器比模拟控制器效果差。

(5) 选择好控制度后,查表 4.1,得到 T, K_p, T_I, T_D 的值。

(6) 按求得的参数运行,观察控制效果,可适当结合试凑法调整参数,直到满意为止。

表 4.1　按扩充临界比例度法整定参数

控制度	控制规律	T	K_p	T_1	T_D
1.05	PI	$0.03T_k$	$0.53\delta_k$	$0.88T_k$	—
	PID	$0.014T_k$	$0.63\delta_k$	$0.49T_k$	$0.14T_k$
1.2	PI	$0.05T_k$	$0.49\delta_k$	$0.91T_k$	—
	PID	$0.043T_k$	$0.47\delta_k$	$0.47T_k$	$0.16T_k$
1.5	PI	$0.14T_k$	$0.42\delta_k$	$0.99T_k$	—
	PID	$0.09T_k$	$0.34\delta_k$	$0.43T_k$	$0.20T_k$
2.0	PI	$0.22T_k$	$0.36\delta_k$	$1.05T_k$	—
	PID	$0.16T_k$	$0.27\delta_k$	$0.40T_k$	$0.22T_k$

4.4.3　扩充响应曲线法整定参数

扩充响应曲线法是模拟调节器参数整定的响应曲线法的一种扩充,也是一种实验方法,其整定步骤如下:

(1) 断开数字控制器,即数字控制器不接入控制系统中,使系统工作在手动操作状态。将被调量调节到给定值附近,并使之稳定下来。然后突然改变给定值,给对象一个阶跃输入信号。

(2) 用记录仪表记录下被调量在阶跃输入作用下的变化过程曲线,如图 4.17 所示。

(3) 在曲线最大斜率处作切线,求得滞后时间 τ,被控对象时间常数 T_τ 以及它们的比值 (T_τ/τ)。

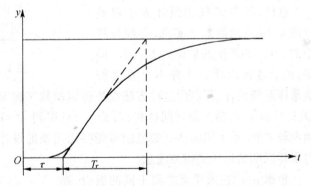

图 4.17　被调量在阶跃输入下的变化过程曲线

(4) 根据所得的 τ 和 T_τ 以及它们的比值 T_τ/τ,查表 4.2,即可得数字控制器的 T, K_p, T_1, T_D 的值。

表 4.2   扩充响应曲线法整定参数

控制度	控制规律	T	K_p	T_1	T_D
1.05	PI	0.1τ	$0.84T_\tau/\tau$	0.34τ	—
	PID	0.05τ	$1.15T_\tau/\tau$	2.0τ	0.45τ
1.2	PI	0.2τ	$0.78T_\tau/\tau$	3.6τ	—
	PID	0.16τ	$1.0T_\tau/\tau$	1.9τ	0.55τ
1.5	PI	0.5τ	$0.68T_\tau/\tau$	3.9τ	—
	PID	0.34τ	$0.85T_\tau/\tau$	1.62τ	0.65τ
2.0	PI	0.8τ	$0.57T_\tau/\tau$	4.2τ	—
	PID	0.6τ	$0.6T_\tau/\tau$	1.5τ	0.82τ

4.5   数字控制器的等价离散化设计

计算机控制系统的等价离散化设计方法,就是将计算机控制系统首先看成是模拟系统,按照系统性能指标要求,运用模拟控制规律

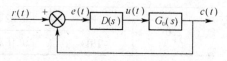

的各种理论工具和设计方法,设计出模拟闭环控制系统的模拟控制器。然后,将设计好的模拟控制器离散化成数字控制器。亦即,在给定的控制规律 $D(s)$ 的条件下,寻找等价离散化控

图 4.18   模拟闭环控制系统

制规律 $D(z)$。或者更精确地说,给定图 4.18 所示模拟控制系统的 $D(s)$,寻找控制器的最佳数字实现 $D(z)$。数字实现要求以适当的采样周期对输出 $c(t)$ 进行采样,并且以某种方式平滑计算机输出,以得到连续的控制量输出 $u(t)$。一般情况下,零阶保持器是常用的平滑装置。

这样,等价离散化设计方法就是以图 4.19 所示的数字实现,寻找与希望的 $D(s)$ 相匹配的最佳的 $D(z)$。但是,由于这种设计方法并不是直接按

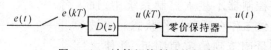

图 4.19   计算机控制系统框图

照采样系统设计,所以用这种方法设计得到的数字控制器与真实情况会有所偏差。而且 $D(s)$ 反映 $e(t)$ 的全部时间过程,而 $D(z)$ 只用到 $e(t)$ 在采样时刻的值 $e(kT)$。当采样周期较大时,系统实际达到的性能可能要比预期的设计指标差,因此,用这种设计方法时对采样周期的选择要倍加注意。

根据 $e(t)$ 在采样点之间不同的假设,存在各种数字化近似方法。下面,我们介绍其中两种,即双线性变换法和零极点匹配法。

4.5.1   双线性变换法

假设我们希望用数字积分方法对一信号 $e(t)$ 进行积分,为此我们采用图 4.20 所示的梯形积分法则。令 $u(kT)$ 为 $e(t)$ 的积分,于

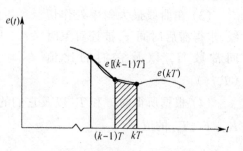

图 4.20   数字积分的梯形法则

是,在 $t = kT$ 时刻的积分值等于 $(k-1)T$ 时刻的积分值加上由 $(k-1)T$ 到 kT 时刻的面积,即

$$u(kT) = u[(k-1)T] + \frac{T}{2}\{e(kT) + e[(k-1)T]\} \tag{4.32}$$

对上式两端取 z 变换,得

$$U(z) = z^{-1}U(z) + \frac{T}{2}[E(z) + z^{-1}E(z)]$$

于是

$$\frac{U(z)}{E(z)} = \frac{T}{2} \frac{z+1}{z-1} \tag{4.33}$$

我们知道,在连续时间域中,纯积分的拉氏变换为

$$\frac{U(s)}{E(s)} = \frac{1}{s} \tag{4.34}$$

比较式(4.33)和式(4.34),若要将 $G_0(s)$ 变换成 $G_0(z)$,只要让

$$s = \frac{2}{T} \frac{z-1}{z+1} = \frac{2}{T}\frac{1-z^{-1}}{1+z^{-1}}. \tag{4.35}$$

即可。这种方法叫做双线性变换法或图斯汀(Tustin)法。

例 4-6 对于图 4.21 所示的系统,采样周期 $T = 0.01\text{s}$,设计数字控制器 $D(z)$,使开环截止频率 $\omega_c > 15$,相位裕度 $\gamma \geqslant 45°$。

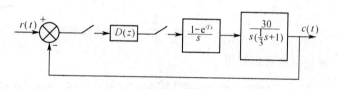

图 4.21　例 4-6 采样离散控制系统

解:先不考虑校正环节,不完全忽略采样保持所引入的附加影响。考虑到离散频谱与连续频谱的幅值相差 $1/T$ 倍,可以将零阶保持器的传递函数简化为一个惯性环节,即

$$G_h(s) \approx \frac{1}{\frac{T}{2}s + 1}$$

于是未校正系统的开环传递函数为

$$G_h(s)G_0(s) = \frac{30}{s(\frac{1}{3}s + 1)(0.005s + 1)}$$

其对数幅频特性用实线画在图 4.22 中,由于采样保持环节的惯性远比对象的惯性小得多,实际上可以忽略。由图 4.22 可以得到截止频率

$$\omega_c \approx 9.5 < 15$$

相位裕度可以算得

$$\gamma = 180° - 90° - \tan^{-1}\frac{9.5}{3} - \tan^{-1}0.005 \times 9.5 \approx 15° < 45°$$

不满足设计要求,为此加超前校正。假设

$$D(s) = \frac{0.2s + 1}{0.02s + 1}$$

校正后系统的对数幅频特性用虚线画在图 4.22 中。由图可得校正后系统的穿越频率
$$\omega_c \approx 18 > 15$$

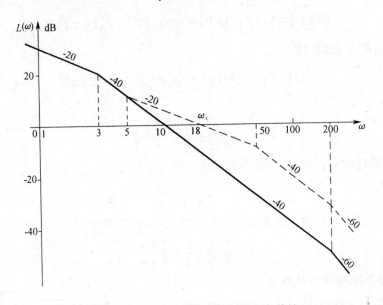

图 4.22　例 4 - 6 控制系统的对数幅频特性

相位裕度可以算得

$$\gamma = 180° - 90° - \tan^{-1}\frac{18}{3} + \tan^{-1}0.2 \times 18 - \tan^{-1}0.02 \times 18 - \tan^{-1}0.005 \times 18 \approx$$

$$59° > 45°$$

校正后满足设计要求。然后用双线性变换将设计好的模拟控制器变成数字控制器,得到
脉冲传递函数为

$$D(z) = D(s)\big|_{s=\frac{2}{T}\frac{1-z^{-1}}{1+z^{-1}}=200\frac{1-z^{-1}}{1+z^{-1}}} = \frac{0.2s+1}{0.02s+1}\bigg|_{s=200\frac{1-z^{-1}}{1+z^{-1}}} = \frac{41-39z^{-1}}{5-3z^{-1}}$$

编程用的差分方程为

$$5u(k) = 3u(k-1) + 41e(k) - 39e(k-1)$$
$$u(k) = 0.6u(k-1) + 8.2e(k) - 7.8e(k-1)$$

最后,对由 $D(z)$ 和 $G_hG_0(z)$ 所构成的闭环系统进行性能检验,看它是否与设计好的
相应连续系统的性能近似。

4.5.2　零极点匹配法

零极点匹配法的基本思想是将 $D(s)$ 的极点和有限零点,都按 $z = e^{Ts}$ 的映射关系,一
一对应地变换为 $D(z)$ 的极点和零点。因为物理系统的极点数通常多于零点数,设极点
数和零点数分别为 n 和 m,则 $D(s)$ 还有 $(n-m)$ 个零点在无穷远处,因此给 $D(z)$ 增加
$(n-m)$ 个 $(1+z^{-1})$ 项。$D(s)$ 和 $D(z)$ 的低频增益应该互相匹配。这样,零极点匹配法
可按下列步骤进行:

(1) 根据 $z = e^{Ts}$ 的关系映射 $D(s)$ 和 $D(z)$ 的极点和有限零点；

(2) 如果 $D(s)$ 的极点数多于零点数，添加 $(1 + z^{-1})^{n-m}$ 项；

(3) 匹配直流或低频增益，在控制系统中最常用的办法是，使 $D(s)$ 和 $D(z)$ 的稳态增益相等。

当 $D(s)$ 为有差环节时，稳态增益表示为

$$\lim_{s \to 0} sD(s)\frac{1}{s} = D(s)\Big|_{s=0}$$

$$\lim_{z \to 1}(z-1)D(z)\frac{1}{z-1} = D(z)\Big|_{z=1}$$

令二者相等，得

$$D(s)\big|_{s=0} = D(z)\big|_{z=1} \tag{4.36}$$

由此式可求得 $D(z)$ 的增益。

当 $D(s)$ 为一阶无差环节时，稳态增益表示为

$$\lim_{s \to 0} sD(s) = sD(s)\big|_{s=0}$$

$$\lim_{z \to 1}(z-1)D(z) = (z-1)D(z)\big|_{z=1}$$

令二者相等，得

$$sD(s)\big|_{s=0} = (z-1)D(z)\big|_{z=1} \tag{4.37}$$

由此式可求得 $D(z)$ 的增益。

当 $D(s)$ 为二阶无差环节时，稳态增益表示为

$$\lim_{s \to 0} s^2 D(s) = s^2 D(s)\big|_{s=0}$$

$$\lim_{z \to 1}(z-1)^2 D(z) = (z-1)^2 D(z)\big|_{z=1}$$

令二者相等，得

$$s^2 D(s)\big|_{s=0} = (z-1)^2 D(z)\big|_{z=1} \tag{4.38}$$

由此式可求得 $D(z)$ 的增益。

例 4-7 某模拟校正装置为 $D(s) = \dfrac{s+1}{0.1s+1}$，已知采样周期 $T = 0.05\text{s}$，试按零极点匹配法求 $D(z)$。

解：
$$D(z) = k\frac{z - e^{-T}}{z - e^{-10T}} = k\frac{z - 0.951}{z - 0.607}$$

由 $D(s)\big|_{s=0} = D(z)\big|_{z=1}$

$$k\frac{1 - 0.951}{1 - 0.607} = 1$$

即 $k = 8.02$，所以

$$D(z) = 8.02\frac{1 - 0.951z^{-1}}{1 - 0.607z^{-1}}$$

需要指出的是，在以上两种离散化设计方法中，$D(z)$ 的分子和分母是等阶次的。这意味着 kT 在采样时刻的输出需要 kT 时刻的输入。欲没有时间滞后地同时采集 $e(kT)$、计算 $u(kT)$ 以及输出 $u(kT)$ 是不可能的，技术上是做不到的。然而，如果方程足够简单，

或者计算机运算速度足够快,那么,由采样 $e(kT)$ 到输出 $u(kT)$ 的时间滞后对系统的实际响应可忽略不计。经验法则是保持时延为系统上升时间的 1/20 左右。当采样频率 ω_s 高于 30 倍系统通频带时,等价离散化方法是绝对可用的。

4.6　对数频率特性设计法

连续系统的对数频率特性法或称伯德(Bode)图设计法有许多优点,并为广大工程技术人员所熟悉。但是,脉冲传递函数不是 ω 的有理函数,而是以 $z=e^{j\omega T}$ 的形式出现,这样伯德图设计法就不能直接在 z 平面中应用。为了将这种实用的设计方法用于计算机控制系统的设计,通过做以下双线性变换

$$z=\frac{1+w}{1-w}$$

将 z 平面上的单位圆映射为 w 平面的虚轴;z 平面上的单位圆内部映射为 w 平面的左半平面;z 平面上的单位圆外部映射为 w 平面的右半平面。这样我们便可以通过伯德图设计计算机控制系统了。

若待设计的计算机控制系统的被控对象和零阶保持器组成的广义对象的脉冲传递函数为 $G_hG_0(z)$,则用伯德图设计法设计计算机控制系统的步骤为

(1) 作双线性变换,将 $G_hG_0(z)$ 变换为 $G(w)$,即

$$G(w)=G_hG_0(z)\big|_{z=\frac{1+w}{1-w}} \tag{4.39}$$

(2) 令 $w=\omega_w$,绘制 $G(w)$ 的幅频特性 $L(\omega_w)$ 和相频特性 $\varphi(\omega_w)$ 伯德图。根据伯德图,用与连续控制系统设计相同的方法,分析校正前系统的性能。

(3) 按给定要求修改 $L(\omega_w)$ 为希望的 $\overline{L}(\omega_w)$,根据 $\overline{L}(\omega_w)$ 可写出相应的闭环系统希望的开环传递函数 $\overline{G}(w)$。

(4) 根据 $G(w)$ 和 $\overline{G}(w)$ 求出校正环节的传递函数 $D(w)$,即

$$D(w)=\frac{\overline{G}(w)}{G(w)} \tag{4.40}$$

(5) 将 $D(w)$ 进行双线性反变换,变成 z 平面上的 $D(z)$,即

$$D(z)=D(w)\big|_{w=\frac{1-z^{-1}}{1+z^{-1}}} \tag{4.41}$$

设计过程需要注意的是,$G(w)$ 常常是非最小相位系统,幅频特性 $L(\omega_w)$ 和相频特性 $\varphi(\omega_w)$ 并不一一对应,所以要特别注意核对相频特性。这时,往往要配合使用根轨迹法,以确保相位校正不会向相反的方向进行。

或许更好的办法是采用另一种变换平面 w' 进行伯德图设计。w' 和 z 的关系为

$$w'=\frac{2}{T}w=\frac{2}{T}\frac{1-z^{-1}}{1+z^{-1}} \tag{4.42}$$

$$z=\frac{1+\dfrac{T}{2}w'}{1-\dfrac{T}{2}w'} \tag{4.43}$$

若记 w' 的虚拟频率为 $\omega_{w'}$,则由式(4.42),当 ωT 较小(采样频率足够高)时,得

$$\omega_{w'} = \frac{2}{T}\tan\frac{\omega T}{2} \approx \omega \tag{4.44}$$

由此可知，w' 和 s 平面，当 ωT 较小时，其频率是近似相等的。

例 4-8 已知计算机控制系统如图 4.23 所示，其中对象的传递函数为

$$G_0(s) = \frac{K}{s(0.1s+1)}$$

保持器 $G_h(s)$ 为零阶保持器，采样周期 $T = 0.1\text{s}$。试确定串联数字控制器 $D(z)$，使系统满足如下要求：

(1) 速度误差系数 $K_v \geqslant 30$；

(2) 相位裕度 $\gamma \geqslant 40°$，幅值裕度 $K_g \geqslant 14\text{dB}$；

(3) 伪穿越频率 $\omega_{wc} \geqslant 0.2$（相当于穿越频率 $\omega_c \geqslant 4$）。

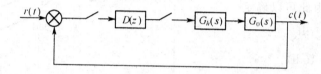

图 4.23　例 4-8 计算机控制系统结构图

解：广义对象的脉冲传递函数为

$$G(z) = Z[G_h G_0(s)] = Z\left[\frac{K(1-\mathrm{e}^{-Ts})}{s^2(0.1s+1)}\right] =$$

$$\frac{K[(0.1\mathrm{e}^{-10T} + T - 0.1)z - (0.1+T)\mathrm{e}^{-10T} + 0.1]}{(z-1)(z-\mathrm{e}^{-10T})}$$

将 $T = 0.1\text{s}$ 代入，得

$$G(z) = \frac{0.1K(0.368z + 0.264)}{(z-1)(z-0.368)}$$

再根据速度误差系数 $K_v \geqslant 30$ 的要求确定 K 的值。由于

$$K_v = \frac{1}{T}\lim_{z\to1}(z-1)G(z) = \frac{1}{0.1}\lim_{z\to1}(z-1)\frac{0.1K(0.368z+0.264)}{(z-1)(z-0.368)} = K \geqslant 30$$

取 $K = 30$，则得未校正系统的开环脉冲传递函数为

$$G'(z) = \frac{3(0.368z + 0.264)}{(z-1)(z-0.368)}$$

然后，对 $G'(z)$ 进行双线性变换，即将 $z = \dfrac{1+w}{1-w}$ 代入上式，并整理得

$$G'(w) = \frac{1.5(1-w)\left(1+\dfrac{1}{6.08}w\right)}{w\left(1+\dfrac{1}{0.462}w\right)}$$

这是一个非最小相位系统。令 $w = \mathrm{j}\omega_w$，可以绘出其伯德图如图 4.24 中虚线所示。由图可以看出，未校正系统是不稳定的（$\gamma < 0°$）。在这种情况下，采用串联超前校正是不合适的。要使系统稳定，而且满足性能要求，必须采用串联滞后校正，设校正装置的传递函数为

$$D(w) = \frac{\alpha T w + 1}{T w + 1}$$

由于要求相位裕度 $\gamma \geqslant 40°$，且考虑到引入滞后校正之后引起的滞后相角，校正后系统的伪穿越频率 ω_{uc} 应满足

$$\gamma = 40° + 10° = 50°$$

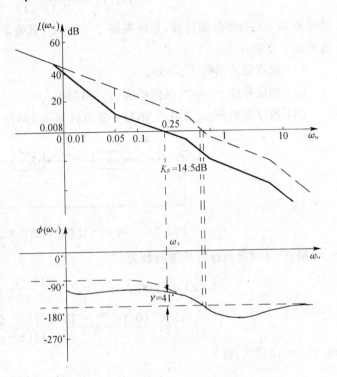

在图 4.24 中未校正系统对数相频特性曲线上找到对应于 $\gamma = 50°$ 的伪频率 $\omega_w = 0.25 >$ 0.2，因此可以选伪穿越频率为

$$\omega_{uc} = 0.25$$

对应于 ω_{uc} 的对数幅频特性为 $L(\omega_{uc}) = 16\text{dB}$，由此可以确定滞后校正的参数。由

$$20\lg \frac{1}{\alpha} = 16\text{dB}$$

求得 $\alpha = 0.16$

如果取 $\frac{1}{\alpha T} = \frac{1}{5}\omega_{uc} = 0.05$

则 $\frac{1}{T} = 0.008$

于是校正装置的 w 域传递函数为

$$D(w) = \frac{1 + \dfrac{w}{0.05}}{1 + \dfrac{w}{0.008}}$$

图 4.24 例 4-8 计算机控制系统伯德图

校正后系统的 w 域开环传递函数为

$$G_2(w) = D(w)G_1(w) = \frac{1.5(1-w)\left[1 + \dfrac{w}{6.08}\right]\left[1 + \dfrac{w}{0.05}\right]}{w\left[1 + \dfrac{w}{0.462}\right]\left[1 + \dfrac{w}{0.008}\right]}$$

绘出其伯德图如图 4.24 中实线所示。由图可以看出，校正后系统的伪穿越频率为 $\omega_{uc} = 0.25$，相位裕度 $\gamma \approx 41°$。因此，采用上述滞后校正装置，可以满足对系统的各项性能指标要求。

最后，将 $w = \dfrac{z-1}{z+1}$ 代入 $D(w)$，可以得到数字控制器的脉冲传递函数为

$$D(z) = \frac{0.167(z - 0.905)}{z - 0.984}$$

复习思考题

1. 什么叫模拟 PID 调节器的数字实现？它对采样周期有什么要求？

2. 试画出准连续数字 P、PI、PID 控制器对阶跃输入的响应曲线？

3. 什么是位置型和增量型数字 PID 控制算法？试比较它们的优缺点。

4. 什么叫做积分饱和作用？是怎样引起的？可采用什么办法消除积分饱和？

5. 试说明几种常用的数字 PID 控制算法的基本思想，它们各有什么优点？

6. 随机干扰对数字 PID 控制有什么影响？在其算法中如何体现出来？可采取什么处理方法减小这种影响？

7. 用双线性变换法(图斯汀法)求

$$G(s) = \frac{\omega_n^2}{s^2 + 2\omega_n \zeta s + \omega_n^2}$$

的差分方程或脉冲传递函数。

8. 设计一计算机组成的控制系统。设被控对象的传递函数为

$$G(s) = \frac{K}{(T_1 s + 1)(T_2 s + 1)} \qquad 其中 \ T_1 \gg T_2$$

(1) 用模拟调节规律离散化方法，求数字控制器的差分方程；

(2) 画出数字控制器的程序框图。

9. 在模拟 PID 控制的数字实现中，对采样周期的选择从理论上和算法的具体实现上各应考虑哪些因素？

10. 设某采样离散控制系统如图 4.22 所示，绘制系统的伯德图，并确定系统的相位裕度和幅值裕度。

11. 已知采样离散控制系统的结构图如图 4.23 所示，试求数字控制器 $D(z)$，要求满足：

(1) 速度误差系数 $K_v = 10$；

(2) 相位裕度 $\gamma \geqslant 40°$。

12. 已知系统结构图如图 4.24 所示，其中

$$G_h(s) = \frac{1 - e^{-Ts}}{s}$$

$$G_0(s) = \frac{K}{s(0.1s + 1)(0.05s + 1)}$$

采样周期 $T = 1$ s，试用根轨迹法求数字控制器 $D(z)$，使闭环系统的阻尼比 $\zeta \approx 0.7$，速度误差系统 $K_v \geqslant 10$。

第五章 数字控制器的直接设计方法

5.1 概 述

上一章讨论了数字控制器的模拟化设计方法,这种方法主要立足于连续系统的 PID 调节器的设计,并在计算机上模拟实现。在被控对象的特性不太清楚的情况下,可以充分利用技术成熟的模拟 PID 调节规律,并把它移植到计算机上加以实现,以达到满意的效果。但是,这种模拟化设计方法通常要求较小的采样周期,也只能实现比较简单的控制算法。

本章将要介绍的数字控制器的直接设计方法,是假定被控对象本身是离散化模型或者是用离散化模型表示的连续对象,直接以采样系统理论为基础,以 z 变换为工具,在 z 域中直接设计出数字控制器 $D(z)$。直接离散化设计比模拟化设计具有更一般的意义,它完全是根据采样系统的特点进行分析和综合,并导出相应的控制规律的。由于所设计出的 $D(z)$ 是依照稳定性、准确性和快速性的指标逐步设计出来的,所以设计结果比模拟化设计方法来得精确,故又称为精确设计法。此时采样周期 T 的选择主要决定于对象特性而不受分析方法的限制,所以,比起模拟化设计方法,采样周期 T 可以选得大一些。

在数字控制器的直接设计法中,通常假定系统为图 5.1 所示的典型采样控制系统结构。其中零阶保持器 $G_h(s)$ 和连续对象 $G_0(s)$ 组成的广义对象 $G(s)$ 为系统的连续部分, $G(s)$ 或其对应的 $G(z)$ 认为是已知的,并将其作为讨论的出发点。

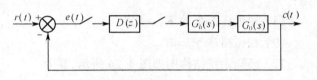

图 5.1 典型计算机控制系统

广义对象 $G(s)$ 的脉冲传递函数为

$$G(z) = Z\left[\frac{1 - e^{-Ts}}{s} G_0(s)\right] \tag{5.1}$$

整个对象的闭环脉冲传递函数为

$$\Phi(z) = \frac{D(z)G(z)}{1 + D(z)G(z)} \tag{5.2}$$

偏差 $E(z)$ 的脉冲传递函数为

$$\Phi_e(z) = \frac{E(z)}{R(z)} = \frac{R(z) - C(z)}{R(z)} = 1 - \Phi(z) = \frac{1}{1 + D(z)G(z)} \tag{5.3}$$

数字控制器的脉冲传递函数为

$$D(z) = \frac{1}{G(z)} \frac{\Phi(z)}{1 - \Phi(z)} = \frac{\Phi(z)}{G(z)\Phi_e(z)} \tag{5.4}$$

若已知 $G(z)$,并根据性能指标要求确定出 $\Phi(z)$,则数字控制器就可唯一确定。因此,我们可以将数字控制器的直接设计过程归纳为如下几步:

(1)根据控制系统的性能指标要求及其他约束条件,确定出所需要的闭环脉冲传递函数 $\Phi(z)$。

(2)根据式(5.4)确定计算机控制器的脉冲传递函数 $D(z)$。

(3)根据 $D(z)$ 编制控制算法程序。

显然,设计过程的第一步是最关键的,下面结合快速系统说明这种方法的设计过程。

5.2 最少拍随动系统的设计

在数字随动系统中,通常要求系统输出值能够尽快地跟踪给定值的变化,最少拍控制就是适应这种要求的一种直接离散化设计方法。

所谓最少拍控制,就是要求闭环系统对某种特定的输入在最少几个采样周期内达到输出无静差的系统。显然,这种系统对闭环脉冲传递函数 $\Phi(z)$ 的性能要求是快速性和准确性。进行设计时,应重点考虑以下几点:

(1)对特定的给定输入信号,在达到稳态后,系统在采样时刻的输出值能准确地跟踪给定信号,不存在静差。

(2)系统准确跟踪给定信号所用的拍数应最少。

(3)数字控制器 $D(z)$ 必须在物理上是可以实现的。

(4)闭环系统必须是稳定的。

5.2.1 特殊系统最少拍闭环脉冲传递函数的确定

一般情况下,控制系统常用的典型输入信号及其 z 变换为

单位阶跃输入函数

$$r(t)=1(t),R(z)=\frac{1}{1-z^{-1}}$$

单位速度输入函数

$$r(t)=t,R(z)=\frac{Tz^{-1}}{(1-z^{-1})^2}(T\ \text{为采样周期})$$

单位加速度输入函数

$$r(t)=\frac{1}{2}t^2,R(z)=\frac{T^2z^{-1}(1+z^{-1})}{2(1-z^{-1})^3}$$

对于时间 t 为幂函数的典型输入信号,即

$$r(t)=A_0+A_1t+\frac{A_2}{2!}at^2+\cdots+\frac{A_{q-1}}{(q-1)!}t^{q-1}$$

查 z 变换表可知,它们有共同的 z 变换形式

$$R(z)=\frac{B(z)}{(1-z^{-1})^q} \tag{5.5}$$

式中,$B(z)$ 是不含 $(1-z^{-1})$ 因子的关于 z^{-1} 的多项式,对于阶跃、等速、加速度输入函数,q 分别等于 $1,2,3$。

由稳态无静差的要求出发有

$$\lim_{k \to \infty} e(kT) = \lim_{z \to 1}(1 - z^{-1})E(z) = \lim_{z \to 1}(1 - z^{-1})[1 - \Phi(z)]R(z) =$$

$$\lim_{z \to 1}(1 - z^{-1})\Phi_e(z)R(z) = \lim_{z \to 1}(1 - z^{-1})\frac{B(z)[1 - \Phi(z)]}{(1 - z^{-1})^q} \qquad (5.6)$$

应为零。由于 $B(z)$ 不含 $z = 1$ 的零点,所以必须要求 $\Phi_e(z)$ 或 $1 - \Phi(z)$ 中至少包含 $(1 - z^{-1})^q$ 的因子,即

$$\Phi_e(z) = 1 - \Phi(z) = (1 - z^{-1})^p F(z) \qquad (5.7)$$

式中 $p \geqslant q$,q 是典型输入函数 $R(z)$ 分母中 $(1 - z^{-1})$ 项的阶次,$F(z)$ 是待定的关于 z^{-1} 的多项式。偏差 $E(z)$ 的 z 变换展开式为

$$E(z) = e(0) + e(T)z^{-1} + e(2T)z^{-2} + \cdots \qquad (5.8)$$

要使偏差尽快为零,应使式(5.8)中关于 z^{-1} 的项数最少。因此式(5.7)中的 p 应选择为

$$p = q$$

因此,从准确性的要求来考虑,为使系统对式(5.5)的典型输入函数无稳态误差,$\Phi_e(z)$ 应满足

$$\Phi_e(z) = 1 - \Phi(z) = (1 - z^{-1})^q F(z) \qquad (5.9)$$

式(5.9)是设计最少拍无差算法的一般公式。但若要使设计的数字控制器形式最简单、阶数最低,必须取 $F(z) = 1$,这就是说,使 $F(z)$ 不含 z^{-1} 的因子,$\Phi_e(z)$ 才能使 $E(z)$ 中关于 z^{-1} 的项数最少。

$$\Phi_e(z) = 1 - \Phi(z) = (1 - z^{-1})^q$$

$$\Phi(z) = 1 - \Phi_e(z) = 1 - (1 - z^{-1})^q \qquad (5.10)$$

在选定好 $\Phi(z)$ 后,最少拍数字控制器可通过式(5.4)确定。表 5.1 列出了对应几种不同典型输入函数的最少拍控制的 $\Phi(z)$。

表 5.1　对典型输入函数的理想最少拍过程

输入函数类型	q	$\Phi(t)$	最快调整时间
单位阶跃	1	z^{-1}	T
单位速度	2	$2z^{-1} - z^{-2}$	$2T$
单位加速度	3	$3z^{-1} - 3z^{-2} + z^{-3}$	$3T$

由表 5.1 所列出的对典型输入信号的最少拍闭环脉冲传递函数,可以计算出相应的输出脉冲序列如下:

对单位阶跃输入信号

$$C(z) = \Phi(z)R(z) = \frac{z^{-1}}{1 - z^{-1}} = z^{-1} + z^{-2} + z^{-3} + \cdots$$

输出脉冲序列如图 5.2 所示。

对等速输入信号

$$C(z) = \Phi(z)R(z) = (2z^{-1} - z^{-2})\frac{Tz^{-1}}{(1 - z^{-1})^2} = 2Tz^{-2} + 3Tz^{-3} + 4Tz^{-4} + \cdots$$

输出脉冲序列如图 5.3 所示。

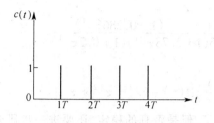

图 5.2　阶跃输入时的输出　　　　图 5.3　等速输入时的输出

以上给出了对于典型输入信号时最少拍无差系统的闭环脉冲传递函数 $\Phi(z)$ 应有的形式。若再已知 $G(z)$，可根据式(5.4)求出数字控制器的脉冲传递函数 $D(z)$。

例 5-1　在图 5.1 中,设 $G_0(s) = \dfrac{10}{s(s+1)}$, $T = 1\mathrm{s}$ 要求针对单位等速输入信号设计最少拍无差系统的数字控制器 $D(z)$。

解:广义对象的脉冲传递函数为

$$G(z) = Z[\mathrm{ZOH} \cdot G_0(s)] = \frac{3.68z^{-1}(1+0.718z^{-1})}{(1-z^{-1})(1-0.368z^{-1})}$$

广义对象稳定,不含单位圆外零点,$G_0(z)$ 不含纯滞后,故查表 5.1 得

$$\Phi(z) = 2z^{-1} - z^{-2}$$

所以

$$D(z) = \frac{1}{G(z)}\frac{1}{1-\Phi(z)} = \frac{0.543(1-z^{-1})(1-0.368z^{-1})}{(1-z^{-1})(1+0.718z^{-1})}$$

以上考虑的最少拍无差系统的设计,实际上针对的是稳定无滞后的特殊控制对象。在对一般对象设计最少拍无差控制时,还要考虑保证控制器的可实现性和控制系统的稳定性。

5.2.2　一般系统最少拍无差系统的稳定性考虑

显然,最少拍无差数字控制器 $D(z)$ 不仅与输入信号的形式有关,也应与广义对象有关。当广义对象 $G(z)$ 中含有单位圆上或圆外的零、极点时,考虑到闭环系统的稳定性,对 $\Phi_e(z)$ 的结构形式还会提出进一步的限制。

首先,我们通过两个具体实例观察一下广义对象单位圆外的零、极点对闭环系统稳定性的影响。

例 5-2　在图 5.1 中,设 $G_0(s) = \dfrac{2.1}{s^2(s+1.252)}$, $T = 1\mathrm{s}$,按前面的方法对单位阶跃输入信号设计最少拍无差系统的数字控制器 $D(z)$。

解:广义对象的脉冲传递函数为

$$G(z) = \frac{0.265z^{-1}(1+2.78z^{-1})(1+0.2z^{-1})}{(1-z^{-1})(1-0.286z^{-1})}$$

按前面的方法,则有

$$\Phi(z) = z^{-1}, \Phi_e(z) = 1 - z^{-1}$$

所以

$$D(z) = \frac{G(z)\Phi(z)}{1 + G(z)\Phi(z)} = \frac{(1 - z^{-1})(1 - 0.286z^{-1})}{0.265(1 + 2.78z^{-1})(1 + 0.2z^{-1})}$$

系统的输出为

$$G(z) = \Phi(z)R(z) = \frac{G(z)D(z)}{1 + G(z)D(z)}R(z) = z^{-1} + z^{-2} + z^{-3} + \cdots$$

从上面计算结果来看,系统似乎一拍后就稳定了,但是否真的稳定,还要进一步研究控制量。由

$$U(z) = \Phi_e(z)R(z)D(z) = \frac{\Phi(z)}{G(z)}R(z) = \frac{(1 - z^{-1})(1 - 0.286z^{-1})}{0.265(1 + 2.78z^{-1})(1 + 0.2z^{-1})} =$$

$$3.774 - 1.61z^{-1} + 46.96z^{-2} - 130.985z^{-3} + \cdots$$

可以看出控制序列是发散的,这是因为 $D(z)$ 中包含了不稳定极点。在不稳定控制量的作用下,被控制量不可能是稳定的。我们再看一个例子。

例 5-3 设广义对象的脉冲传递函数为 $G(z) = \frac{2.2z^{-1}}{1 + 1.2z^{-1}}$,它有一个单位圆外的极点 $z = -1.2$,按前面的方法对单位阶跃输入信号设计最少拍无差系统的数字控制器 $D(z)$。

解: 对单位阶跃输入按前面的方法,有

$$\Phi(z) = z^{-1}, \Phi_e(z) = 1 - z^{-1}$$

所以

$$D(z) = \frac{G(z)\Phi(z)}{1 + G(z)\Phi(z)} = \frac{1 + 1.2z^{-1}}{2.2(1 - z^{-1})})$$

系统的输出为

$$C(z) = \Phi(z)R(z) = \frac{G(z)D(z)}{1 + G(z)D(z)}R(z) = z^{-1} + z^{-2} + z^{-3} + \cdots$$

控制量为

$$U(z) = \Phi_e(z)R(z)D(z) = \frac{\Phi(z)}{G(z)}R(z)$$

$$= 0.4545 + z^{-1} + z^{-2} + z^{-3} + \cdots$$

从上面计算结果来看,输出量和控制量均稳定。是否真的能保持稳定呢?我们假设广义对象的极点由 -1.2 在工作过程中变为 -1.3,则

$$\Phi^*(z) = \frac{D(z)G^*(z)}{1 + D(z)G^*(z)} = \frac{z^{-1}(1 + 1.2z^{-1})}{1 + 1.3z^{-1} - 0.1z^{-2}}$$

这时的输出量为

$$C^*(z) = \Phi^*(z)R(z) = \frac{z^{-1}(1 + 1.2z^{-1})}{(1 + 1.3z^{-1} - 0.1z^{-2})(1 - z^{-1})} =$$

$$z^{-1} + 0.9z^{-2} + 1.13z^{-3} + 0.821z^{-4} + 1.264z^{-5} + \cdots$$

可见广义对象参数变化后,原设计就不再稳定了。

由上述两个例子来看,合理的最少拍无差系统设计,除了应在最少拍内达到稳态外,

还应考虑数字控制器的稳定性。为什么上述两个例子不稳定,我们可以根据式(5.4)来进行分析,由式(5.4)

$$\Phi(z) = \frac{D(z)G(z)}{1 + D(z)G(z)}$$

可以看出,在系统闭环传递函数中,$D(z)$ 和 $G(z)$ 总是成对出现的,但它们的零、极点不允许相互对消。这是因为,简单地利用 $D(z)$ 的零点去对消 $G(z)$ 中的不稳定极点,虽然从理论上来说可以得到一个稳定的闭环系统,但这种稳定是建立在零极点完全对消的基础上的。当系统参数产生漂移,或者辨识的参数有误差时,这种零极点对消不可能准确实现,从而引起闭环系统不稳定。上述具体例子正说明了这一问题。

上述分析说明在单位圆外 $D(z)$ 和 $G(z)$ 不能对消零极点,但并不意味着含有这种对象的系统不能补偿成稳定系统,只是在选择闭环脉冲传递函数 $\Phi(z)$ 时必须多加一个约束条件。这种约束条件称为稳定性条件。

对图 5.1 所示的闭环采样控制系统,广义对象的脉冲传递函数为

$$G(z) = Z\left[\frac{1 - e^{-Ts}}{s}G_0(S)\right] = \frac{z^m(p_0 + p_1 z^{-1} + \cdots + p_u z^{-u})}{a_0 + a_1 z^{-1} + \cdots + a_u z^{-u}}$$

$$= z^{-m}(g_0 + g_1 z^{-1} + g_2 z^{-2} + \cdots)$$

并设 $G(z)$ 有 u 个零点 $b_0, b_1, \cdots, b_u$ 和 v 个极点 $a_0, a_1, \cdots, a_v$ 在 z 平面的单位圆上或圆外,式中 m 表示连续部分 $G_0(z)$ 中含有延迟环节的个数,若不含延迟环节,则 $m = 1$。

设 $G'(z)$ 是 $G(z)$ 中不包含单位圆上或圆外的零点和极点的部分,则广义对象的脉冲传递函数可以写为

$$G(z) = \frac{\prod\limits_{k=1}^{u}(1 - b_k z^{-1})}{\prod\limits_{k=1}^{v}(1 - a_k z^{-1})}G'(z)$$

其中 $\prod\limits_{k=1}^{u}(1 - b_k z^{-1})$ 为广义对象在单位圆上或圆外的零点,$\prod\limits_{k=1}^{v}(1 - a_k z^{-1})$ 为广义对象在单位圆上或圆外的极点。

由 $D(z) = \dfrac{1}{G(z)}\dfrac{\Phi(z)}{1 - \Phi(z)} = \dfrac{\Phi(z)}{G(z)\Phi_e(z)}$ 可以看出,为了避免使 $G(z)$ 在单位圆外或圆上的零、极点与 $D(z)$ 的零、极点对消,同时又能实现对系统的补偿,选择系统的闭环脉冲传递函数时必须满足下面的约束条件:

(1) $\Phi_e(z)$ 的零点中,包含 $G(z)$ 在 z 平面单位圆外或圆上的所有极点。因为 $\Phi_e(z)$ 含有单位圆外或圆上的零点,并不影响 $\Phi_e(z)$ 自身的稳定性,这样 $\Phi_e(z)$ 的零点就可以和 $G(z)$ 的极点相互对消。因此 $\Phi_e(z)$ 应具有如下形式

$$\Phi_e(z) = 1 - \Phi(z) = \left[\prod\limits_{k=1}^{v}(1 - a_k z^{-1})\right]F_1(z)$$

$F_1(z)$ 是关于 z^{-1} 的多项式,且不含 $G(z)$ 中的不稳定极点 a_k。

(2) $\Phi(z)$ 的零点中,包含 $G(z)$ 在 z 平面单位圆外或圆上的所有零点。因为 $\Phi(z)$ 中含有单位圆外或单位圆上的零点并不影响其自身的稳定性,这样,$\Phi(z)$ 中零点就可以

和 $G(z)$ 的零点对消。因此 $\Phi(z)$ 应具有如下形式

$$\Phi(z) = \Big[\prod_{k=1}^{u} (1 - b_k z^{-1}) \Big] F_2(z)$$

$F_2(z)$ 是关于 z^{-1} 的多项式,且不含 $G(z)$ 中的不稳定零点 b_k。

考虑上述约束条件后,设计的数字控制器 $D(z)$ 不再包含 $G(z)$ 的单位圆外与圆上的零极点:

$$D(z) = \frac{1}{G(z)} \frac{\Phi(z)}{1 - \Phi(z)} = \frac{1}{G'(z)} \frac{F_2(z)}{F_1(z)}$$

综合考虑闭环系统的稳定性、快速性、准确性,闭环传递函数 $\Phi(z)$ 必须选择为

$$\Phi(z) = z^{-m} \prod_{k=1}^{u} (1 - b_k z^{-1})(\varphi_0 + \varphi_1 z^{-1} + \cdots + \varphi_{q+v-1} z^{-q-v+1}) \tag{5.11}$$

$$\Phi_e(z) = \prod_{k=1}^{v} (1 - a_k z^{-1})(1 - z^{-1})^q (1 + f_1 z^{-1} + \cdots + f_{u+m-1} z^{-u-m+1}) \tag{5.12}$$

q 值为输入函数的阶次,对阶跃、等速、等加速度输入,q 值分别取 1,2,3。各待定系数 φ_1 和 f_1 可由关系式 $\Phi(z) = 1 - \Phi_e(z)$ 中各 z^{-i} 项对应系数相等的方程组确定。

应该指出,$G(z)$ 中有 z 平面单位圆上(即 $z = 1$)的极点时,稳定性条件(即 $1 - \Phi(z)$ 中必须包含 $G(z)$ 在 z 平面单位圆上的极点)与准确性条件是一致的。因此,在统计 $\Phi(z)$ 中待定系数的数目,不必将 $z = 1$ 的极点统计在内,这个问题将在下面的例子中加以说明。

例 5-4 如图 5.1 所示的计算机控制系统,设被控对象的传递函数为

$$G_0(z) = \frac{K}{s(T_m s + 1)}$$

已知:$K = 10s^{-1}$,$T = T_m = 0.025s$,试针对等速输入信号设计快速有纹波系统,画出数字控制器和系统输出的波形。

解:
$$G(s) = \frac{1 - e^{-Ts}}{s} \frac{K}{s(T_m s + 1)}$$

将 $G(s)$ 展开得

$$G(s) = K(1 - e^{-Ts}) \Big[\frac{1}{s^2} - T_m \Big[\frac{1}{s} - \frac{T_m}{T_m s + 1} \Big] \Big]$$

$$G(z) = K(1 - z^{-1}) \Big[\frac{Tz^{-1}}{(1 - z^{-1})^2} - \frac{T_m}{1 - z^{-1}} + \frac{T_m}{1 - e^{-T/T_m} z^{-1}} \Big]$$

代入 $K = 10s^{-1}$,$T = T_m = 0.025s$,得

$$G(z) = \frac{0.092z^{-1}(1 + 0.718z^{-1})}{(1 - z^{-1})(1 - 0.368z^{-1})}$$

可以看出,$G(z)$ 的零点为 -0.718(单位圆内),极点为 1(单位圆上)、0.368(单位圆内),故 $u = 0$,$v = 1$,$m = 1$。根据稳定性要求,$G(z)$ 中 $z = 1$ 的极点应包含在 $\Phi_e(z)$ 的零点中,由于系统针对等速输入进行设计,$q = 2$。为满足准确性条件,另有 $\Phi_e(z) = (1 - z^{-1})^2$,显然准确性条件已经满足了稳定性要求,于是有

$$\Phi(z) = z^{-1}(\varphi_0 + \varphi_1 z^{-1})$$

$$\Phi_e(z) = (1 - z^{-1})^2$$

由关系式 $\Phi(z) = 1 - \Phi_e(z)$ 解得，$\varphi_0 = 2$，$\varphi_1 = -1$，所以闭环脉冲传递函数为

$$\Phi(z) = z^{-1}(1 - z^{-1}) = 2z^{-1} - z^{-2}$$

$$D(z) = \frac{1}{G(z)} \frac{\Phi(z)}{1 - \Phi(z)} = \frac{21.8(1 - 0.5z^{-1})(1 - 0.368z^{-1})}{(1 - z^{-1})(1 + 0.718z^{-1})}$$

这就是计算机要实现的数字控制器的脉冲传递函数。

由图 5.1 可知，$C(z) = R(z)\Phi(z)$，另外 $C(z) = U(z)G(z)$，求得

$$U(z) = \frac{C(z)}{G(z)} = \frac{R(z)\Phi(z)}{G(z)}$$

系统的输出脉冲序列为

$$C(z) = \frac{Tz^{-1}}{(1 - z^{-1})^2}(2z^{-1} - z^{-2}) = T(2z^{-2} + 3z^{-3} + 4z^{-4} + \cdots)$$

数字控制器的输出序列为

$$U(z) = \frac{Tz^{-1}}{(1 - z^{-1})^2}(2z^{-1} - z^{-2})\frac{(1 - z^{-1})(1 - 0.368z^{-1})}{0.09z^{-1}(1 + 0.718z^{-1})}$$

$$= 0.54z^{-1} - 0.316z^{-2} + 0.4z^{-3} - 0.115z^{-4} + 0.25z^{-5} + \cdots$$

数字控制器和系统的输出波形如图 5.4 和图 5.5 所示。

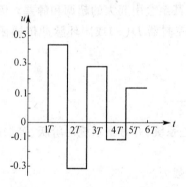

图 5.4　数字控制器的输出波形

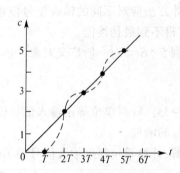

图 5.5　系统的输出波形

例 5-5　仍以例 5-3 为例，设广义对象的脉冲传递函数为 $G(z) = \dfrac{2.2z^{-1}}{1 + 1.2z^{-1}}$，它有一个单位圆外的极点 $z = -1.2$，要求针对单位阶跃输入信号设计最少拍无差系统的数字控制器 $D(z)$。

解：可以看出，$G(z)$ 有一个单位圆外的极点 $z = -1.2$，无圆上和圆外零点，故 $u = 0$，$v = 1, m = 1$。根据稳定性要求，$G(z)$ 中 $z = 1$ 的极点应包含在 $\Phi_e(z)$ 的零点中，由于系统针对等速输入进行设计，$q = 1$。于是有

$$\Phi(z) = z^{-1}(\varphi_0 + \varphi_1 z^{-1})$$

$$\Phi_e(z) = 1 - \varphi(z) = (1 - z^{-1})(1 + 1.2z^{-1})$$

解得，$\varphi_0 = -0.2, \Phi_1 = 1.2$，进而求得

$$D(z) = \frac{1}{(G(z))} \frac{\Phi(z)}{1 - \Phi(z)} = \frac{-0.091(1 - 65z^{-1})}{1 - z^{-1}}$$

$$U(z) = \frac{\Phi(z)}{G(z)} R(z) = -0.091 + 0.345z^{-1} + z^{-2} + z^{-3} + \cdots$$

$$C(z) = \Phi(z) R(z) = -0.2z^{-1} + z^{-2} + z^{-3} + \cdots$$

可见系统是稳定的。

若 $G(z)$ 的极点由 -1.2 变成 -1.3，则

$$\Phi^*(z) = \frac{D(z)G^*(z)}{1 + D(z)G^*(z)} = \frac{-0.2z^{-1}(1 - 6z^{-1})}{1 + 0.1z^{-1} - 0.1z^{-2}}$$

$$Y(z) = \Phi^*(z) R(z) =$$
$$-0.2z^{-1} + 1.02z^{-2} + 0.878z^{-3} + 1.0142z^{-4} + 0.986z^{-5} + 1.0028z^{-6} \cdots$$

可见，模型参数变化时，系统仍然是稳定的。

5.3　最少拍无差系统的局限性

5.3.1　最少拍无差系统对输入信号类型的适应性

最少拍无差控制器 $D(z)$ 的设计使得系统对某一类输入信号的响应为最少拍，但这种设计方法对其他类型的输入信号的适应性较差，甚至会引起大的超调和静差。因此，这种设计方法应对不同的输入信号使用不同的数字控制器 $D(z)$ 或闭环脉冲传递函数，否则，就得不到最佳性能。

例 5-6　对一阶广义对象

$$G(z) = \frac{0.5z^{-1}}{1 - 0.5z^{-1}}$$

取 $T = 1\text{s}$。针对单位等速输入信号设计最少拍无差系统，并考察系统对阶跃、等加速度输入信号的响应。

解：针对单位速度输入信号的闭环脉冲传递函数为

$$\Phi(z) = 2z^{-1} - z^{-2}$$

数字控制器的脉冲传递函数为

$$D(z) = \frac{4(1 - 0.5z^{-1})^2}{(1 - z^{-1})^2}$$

它对单位速度信号的响应为最少拍，两拍后进入稳态无静差，系统输出序列为

$$C(z) = \Phi(z) R(z) = \frac{z^{-1}(2z^{-1} - z^{-2})}{(1 - z^{-1})^2} = 2z^{-2} + 3z^{-3} + 4z^{-4} + \cdots$$

如果保持控制器不变，而当输入信号变为单位阶跃信号时，则系统的输出响应变为

$$C(z) = \frac{2z^{-1} - z^{-2}}{1 - z^{-1}} = 2z^{-1} + z^{-2} + z^{-3} + \cdots$$

即两拍后达到稳态无静差，显然已不是最少拍，而且在第一拍具有严重（达 100%）的超调。

用同样的控制器，系统对单位加速度输入信号的输出响应为

$$C(z) = (2z^{-1} - z^{-2})\frac{z^{-1}(1 + z^{-1})}{2(1 - z^{-1})^3} = z^{-2} + 3.5z^{-3} + 7z^{-4} + 11.5z^{-5}\cdots$$

期望值 $r(t) = \frac{1}{2}t^2$ 在各采样点的值为 $0, 0.5, 2, 4.5, 8, 12.5, \cdots$ 可见稳态误差为 $e_{ss} = 1$。
这时，既不是最少拍，也不是无静差的。以上情况如图 5.6 所示。

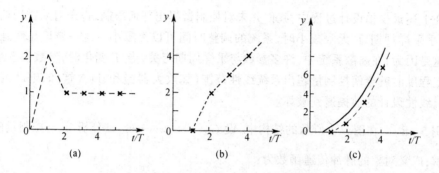

图 5.6　按等速输入设计的最少拍误差系统对不同输入的响应
(a)阶跃输入；(b)速度输入；(c)加速度输入

一般来说，针对一种典型的输入 $R(z)$ 进行设计，得到的系统闭环脉冲传递函数 $\Phi(z)$，用于次数较低的输入函数 $R(z)$ 时，系统将出现较大的超调，响应时间也会增加，但在采样时刻的误差为零。而当其用于次数较高的输入函数时，输出将不能完全跟踪输入，以致产生稳态误差。由此可见，一种典型的最少拍无差闭环脉冲传递函数 $\Phi(z)$ 只适应一种特定的输入而不能适应多种不同类型的输入。实际上，在一个系统中，可能有几种典型的输入，在这种情况下，应采用适当的方法进行处理。

5.3.2　对参数变化敏感

最少拍系统的闭环脉冲传递函数中含有多重极点 $z = 0$。从理论上可以证明，这一多重极点对系统参数变化的灵敏度可以达到无穷。因此，如果系统参数发生变化，或在计算机中存入的参数与设计参数略有差异，将使实际输出严重偏离期望状态。

例 5-7　在例 5-6 中，令所设计的数字控制器参数不变，而广义对象的脉冲传递函数 $G(z) = \dfrac{0.5z^{-1}}{1 - 0.5z^{-1}}$ 变为 $G^*(z) = \dfrac{0.6z^{-1}}{1 - 0.4z^{-1}}$ 时，求系统对单位速度输入的响应。

解： 参数变化后，系统的闭环脉冲传递函数变为

$$\Phi^*(z) = \frac{D(z)G^*(z)}{1 + D(z)G^*(z)} = \frac{2.4z^{-1}(1 - 0.5z^{-1})^2}{1 - 0.5z^{-2} + 0.2z^{-3}}$$

对单位速度输入信号的响应为

$$Y^*(z) = \frac{2.4z^{-2}(1 - 0.5z^{-1})^2}{(1 - z^{-1})^2(z - 0.6z^{-2} + 0.2z^{-3})} =$$

$$2.4z^{-2} + 2.4z^{-3} + 4.44z^{-4} + 4.56z^{-5} + 6.384z^{-6} + 6.648z^{-7} + \cdots$$

即输出脉冲序列为 $0,0,2.4,2.4,4.44,\cdots$ 与期望值 $1,2,3,4,\cdots$ 有较大的偏差。实际上，当对象参数变化以后，实际闭环系统的极点已变为 $z_1 = -0.906, z_{2,3} = 0.453 \pm j0.12$ 偏离原点较远。系统响应要经过长时间的振荡才能接近期望值，显然已不再具有最少拍响应的性质了。

5.3.3 控制作用容易超出限制范围

在上述最少拍设计过程中，我们并未对控制量提出任何限制，也未对采样周期提出下限，似乎采样周期 T 无限减小时，系统的调整时间可以无限小。这一结论显然是不实际的。这是因为，在离散系统中，许多参数与采样周期有关，当 T 变化时，参数也发生变化，到一定程度时就会使控制量超出系统线性范围(如放大器饱和、D/A 饱和、电动机转速限制等)，线性设计的前提遭到破坏。

例 5-8 在图 5.1 所示的结构中，设 $G_0(s) = \dfrac{1}{T_1 s + 1}$，试分析 T 与控制量的关系。

解： 广义对象的脉冲传递函数为：

$$G(z) = Z[G_h(s)G_0(s)] = \frac{(1 - e^{\frac{-T}{T_1}})z^{-1}}{1 - e^{\frac{T}{T_1}}z^{-1}}$$

令 $e^{-\frac{T}{T_1}} = \sigma$，则

$$G(z) = \frac{(1 - \sigma)z^{-1}}{1 - \sigma z^{-1}}$$

控制量为：

$$U(z) = \frac{\Phi(z)}{G(z)}R(z)$$

当 T 减小，则 σ 增大，$1 - \sigma$ 减小，$|G(z)|$ 减小，$|U(z)|$ 增大。如果 $U(z)$ 通过功放驱动电动机，则当 $U(z)$ 增大到一定程度时，必然引起放大器饱和或达到电动机的极限转速。因此，在设计过程中，必须恰当选择 T。根据经验，T 应比对象惯性时间常数 T_m 小一个数量级或 $T/T_m \leqslant 1/16$。

5.3.4 在采样点之间存在纹波

从例 5-5 中控制器的输出脉冲序列可以看出，最少拍有纹波系统的无稳态误差是指在最少几个采样周期之后，系统输出在采样时刻上没有误差，而在非采样时刻还是有纹波存在。纹波存在的原因在于，虽然系统的误差 $e(k)$ 在采样时刻消失了，但数字控制器的输出序列 $u(k)$ 并未达到稳态的常值或零，而是振荡收敛的，致使对象的输出继续波动。从完全跟踪输入的角度来看，上述最少拍系统的过渡过程并未"真正"在最少拍内结束。非采样时刻的纹波现象不仅造成系统在非采样时刻有偏差，而且增加了执行机构的功率损耗和机械磨损。

由于上述原因，最少拍无差控制在工程上的应用受到很大限制，但是人们可以针对其局限性，对其设计加以改进，选择更为合理的期望闭环响应 $\Phi(z)$，就可以获得较为满意的控制效果。

5.4 最少拍无纹波系统设计

快速有纹波系统的输出在非采样时刻存在的纹波,是由控制量脉冲序列 $u(k)$ 的波动引起的,而 $u(k)$ 波动的根源在于控制量的 z 变换 $U(z)$ 中含有左半单位圆内的极点。根据 z 平面上极点分布与瞬态响应的关系,有左半单位圆内的极点虽然是稳定的,但对应的时域响应是振荡收敛的。此外,从前面快速无纹波系统的设计过程可以看出,$U(z)$ 的这种极点是由 $G(z)$ 的相应零点引起的。弄清了纹波产生的根源之后,我们便可以着手讨论如何消除非采样时刻纹波的具体方法了。

1. 设计无纹波系统的必要条件

如图 5.7 所示,为了在到达稳态时获得无纹波的平滑输出,被控对象 $G_0(s)$ 必须有能力给出与系统输入 $r(t)$ 相同的、平滑的输出 $c(t)$。例如,针对等速输入函数进行设计,那么对于等速输出函数,稳态过程中 $G_0(s)$ 的输出也必须是等速函数。为了产生这样的等速输出,$G_0(s)$ 的传递函数中必须至少有一个积分环节,使得在常值(包括零)的控制信号作用下,其稳态输出也是所要求的等速变化量。同理,若针对等加速度输入函数设计无纹波系统,则 $G_0(s)$ 中必须至少含有两个积分环节。

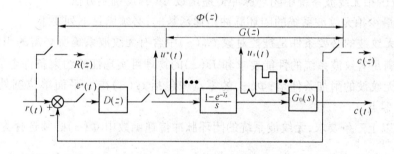

图 5.7 无纹波系统分析

在下面的讨论中,假定被控对象 $G_0(s)$ 中含有无纹波系统所必需的积分环节数。

2. 最少拍无差无纹波系统中确定闭环脉冲传递函数 $\Phi(z)$ 的附加条件

由于有纹波系统纹波存在的原因在于系统进入稳态后,控制信号还存在波动。因此要使系统在稳态过程中无纹波,就要求稳态时的控制信号 $u^*(t)$ 为零或常值。

采样控制信号 $u^*(t)$ 的 z 变换幂级数展开式为

$$U(z) = \sum_{k=0}^{\infty} u(k)z^{-k} = u(0) + u(1)z^{-1} + \cdots + u(l)z^{-1} + u(l+1)z^{-(l+1)} + \cdots$$

如果系统经过 l 个采样周期到达稳态,无纹波要求 $u(l), u(l+1), \cdots$ 或为零,或相等。由于

$$\frac{C(z)}{R(z)} = \Phi(z) \qquad \frac{C(z)}{U(z)} = G(z)$$

把上面两式相除,得到控制信号 $U(z)$ 对输入信号 $R(z)$ 的脉冲传递函数为

$$\frac{U(z)}{R(z)} = \frac{\Phi(z)}{G(z \cdot)} \tag{5.13}$$

设广义对象 $G(z)$ 是关于 z^{-1} 的有理分式

$$G(z) = \frac{P(z)}{Q(z)}$$

将上式代入式(5.13),得

$$\frac{U(z)}{R(z)} = \frac{\Phi(z)Q(z)}{P(z)} \tag{5.14}$$

要使控制信号 $u^*(t)$ 在稳态过程中或为零或为常值,那么它的 z 变换 $U(z)$ 对输入 $R(z)$ 的脉冲传递函数之比 $\frac{U(z)}{R(z)}$ 只能是关于 z^{-1} 的有限项多项式。因此,式(5.14)中闭环脉冲传递函数 $\Phi(z)$ 中必须包含 $G(z)$ 的分子多项式 $P(z)$。即

$$\Phi(z) = P(z)A(z)$$

式中 $A(z)$ 是关于 z^{-1} 的多项式。

综上所述,确定最少拍无纹波系统闭环脉冲传递函数 $\Phi(z)$ 的附加条件是:$\Phi(z)$ 必须包含广义对象 $G(z)$ 的所有零点,即 $\Phi(z)$ 不仅包含 $G(z)$ 在 z 平面单位圆外或圆上的零点,而且还必须包含 $G(z)$ 在 z 平面单位圆内的零点。这样处理后,无纹波系统比有纹波系统的调整时间要增加若干拍,增加的拍数等于 $G(z)$ 在单位圆内的零点数。

3. 最少拍无纹波系统中闭环脉冲传递函数 $\Phi(z)$ 的确定方法

确定最少拍无纹波系统的闭环脉冲传递函数时,必须满足下列要求:

(1) 无纹波的必要条件是被控对象 $G_0(z)$ 中含有无纹波系统所必需的积分环节数。

(2) 满足有纹波系统的性能要求和 $D(z)$ 的物理可实现性的约束条件全部适用。

(3) 无纹波的附加条件是,$\Phi(z)$ 的零点中包括 $G(z)$ 在 z 平面单位圆外、圆上和圆内的所有零点。

根据以上三条要求,无纹波系统的闭环脉冲传递函数中 $\Phi(z)$ 必须选择为

$$\Phi(z) = z^{-m} \prod_{i=1}^{w} (1 - b_i z^{-1})(\varphi_0 + \varphi_1 z^{-1} + \cdots + \varphi_{q+v-1} z^{-q-v+1}) \tag{5.15}$$

$$\Phi_e(z) = \prod_{i=1}^{v} (1 - a_i z^{-1})(1 - z^{-1})^q (f_0 + f_1 z^{-1} + \cdots + f_{m+v-1} z^{-m-w+1}) \tag{5.16}$$

式中:m——广义对象 $G(z)$ 的瞬变滞后;

q——典型输入函数 $R(z)$ 分母的 $(1 - z^{-1})$ 因子的阶次;

b_i——$G(z)$ 的所有 w 个零点;

v——$G(z)$ 在 z 平面单位圆外或圆上的极点数,这些极点为 $a_1, a_1, \cdots a_v$。

待定系数 φ_i 和 f_i 可由关系式 $\Phi(z) = 1 - \Phi_e(z)$ 各 z^{-1} 项的对应系数相等得到的方程组求得。

例 5-9 在例 5-5 中,试针对等速输入函数设计快速无纹波系统,并绘出数字控制器和系统的输出序列波形图。

解:被控对象的传递函数 $G_0(s) = \dfrac{K}{s(1 + T_m s)}$,其中有一个积分环节,说明它有能力平滑地产生等速输出响应,满足无纹波系统的必要条件。

由例 5-5 可知,零阶保持器和被控对象组成的广义对象的脉冲传递函数为

$$G(z) = \frac{0.092z^{-1}(1 + 0.718z^{-1})}{(1 - z^{-1})(1 - 0.368z^{-1})}$$

可以看出,$G(z)$ 的零点为 -0.718(单位圆内),极点为 1(单位圆上)和 0.368(单位圆内),故 $w=1, v=1, m=1, q=2$。与有纹波系统相同,统计 v 时,$z=1$ 的极点不包括在内。

根据最少拍无纹波系统对闭环脉冲传递函数 $\Phi(z)$ 的要求,得到闭环脉冲传递函数为

$$\Phi(z) = z^{-1}(1 + 0.718z^{-1})(\varphi_0 + \varphi_1 z^{-1})$$

$$\Phi_e(z) = (1 - z^{-1})^2(f_0 + f_1 z^{-1})$$

根据关系式 $\Phi(z) = 1 - \Phi_e(z)$,求得各待定系数分别为 $\varphi_0 = 1.407$ 和 $\varphi_1 = -0.826$,得到最少拍无纹波系统的闭环脉冲传递函数为 $\Phi(z)$ 为

$$\Phi(z) = z^{-1}(1 + 0.718z^{-1})(1.407 - 0.826z^{-1})$$

最后,求得数字控制器的脉冲传递函数为

$$D(z) = \frac{1}{G(z)} \frac{\Phi(z)}{1 - \Phi(z)} = \frac{15.29(1 - 0.368z^{-1})(1 - 0.587z^{-1})}{(1 - z^{-1})(1 + 0.592z^{-1})}$$

闭环系统的输出序列为

$$C(z) = R(z)\Phi(z) = \frac{Tz^{-1}}{(1 - z^{-1})^2}(1 + 0.718z^{-1})(1.407 - 0.826z^{-1}) =$$

$$1.41Tz^{-2} + 3Tz^{-3} + 4Tz^{-4} + 5Tz^{-5} + \cdots$$

数字控制器的输出序列为

$$U(z) = \frac{C(z)}{G(z)} = \frac{Tz^{-1}}{(1 - z^{-1})^2}(1 + 0.718z^{-1})(1.407 - 0.826z^{-1})\frac{(1 - z^{-1})(1 - 0.368z^{-1})}{0.092z^{-1}(1 + 0.718z^{-1})} =$$

$$0.38z^{-1} + 0.02z^{-2} + 0.09z^{-3} + 0.09z^{-4} + \cdots$$

无纹波系统数字控制器和系统的输出波形如图 5.8 所示。

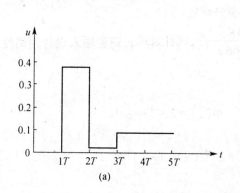
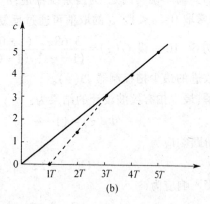

图 5.8　输出序列波形图

(a) 数字控制器输出波形;(b)系统的输出波形

对比例 5-5 和例 5-9 的输出序列波形图,可以看出,有纹波系统的调整时间为两个采样周期($2T$),系统输出跟随输入函数后,由于数字控制器的输出仍然波动,所以系统的

输出在非采样时刻有纹波。无纹波系统的调整时间为三个采样周期（$3T$），系统输出跟随输入函数所需时间比无纹波系统增加了一个采样周期。由于系统中数字控制器的输出经 $3T$ 后为常值，所以无纹波系统在采样点之间不存在纹波。

5.5　最少拍设计的改进

最少拍系统是针对某一种特定输入函数而设计的，所以它只适用于特定的输入类型，而对其他输入类型不能得到满意的效果。本节将介绍最少拍控制器的改进方法，其基本思想是以牺牲有限拍无差的性质为代价，换取系统对不同的输入类型皆能获得比较满意的控制效果。

5.5.1　惯性因子法

这时的误差脉冲传递函数 $\Phi_e(z) = 1 - \Phi(z)$ 不再是有限多项式 $(1 - z^{-1})^q F(z)$，而是将其修改为

$$1 - \Phi^*(z) = \frac{1 - \Phi(z)}{1 - \alpha z^{-1}} \tag{5.17}$$

即针对某一种典型输入设计的最少拍闭环脉冲传递函数 $\Phi(z)$ 中加入惯性因子（或称阻尼因子）项 $1 - \alpha z^{-1}$。这样，闭环系统的脉冲传递函数

$$\Phi^*(z) = \frac{\Phi(z) - \alpha z^{-1}}{1 - \alpha z^{-1}} \tag{5.18}$$

也不再是 z^{-1} 的有限项多项式。也就是说，加入惯性因子项后，系统已不可能在有限个采样周期内到达稳态无差了，而只能渐近地趋近于稳态了，但是，系统对输入类型的敏感程度却因此降低了。通过合理地选择参数 α，可以对不同类型的输入均获得比较满意的响应。

需要简单说明的是，为使系统稳定，α 的取值范围应满足 $|\alpha| < 1$。为使响应能单调衰减，通常取 $0 < \alpha < 1$。α 的取值可通过反复试凑来确定。

例 5-10　设 $G(z) = \dfrac{3.68 z^{-1}(1 + 0.718 z^{-1})}{(1 - z^{-1})(1 - 0.368 z^{-1})}$，试针对单位速度输入设计用惯性因子法改进的最少拍控制器 $D(z)$。

解：最少拍有纹波设计的结果为：

$$\Phi_e(z) = (1 - z^{-1})^2 \qquad \Phi(z) = 2z^{-1} - z^{-2}$$

单位阶跃响应为

$$C(z) = 2z^{-1} + z^{-2} + z^{-3} + z^{-4} + \cdots$$

等速输入响应为

$$C(z) = 2z^{-2} + 3z^{-3} + 4z^{-4} + \cdots$$

等加速度输入响应及其稳态误差为

$$C(z) = z^{-2} + 3.5z^{-3} + 7z^{-4} + 11.5z^{-5}\cdots$$

$$e(\infty) = \lim_{z \to 1}(1 - z^{-1})\Phi_e(z)R(z) = T^2$$

可见，单位阶跃输入时，输出两拍后到达稳态，但 $t = T$ 时有 100% 的超调。加速度输入

时有稳态误差 T^2。用惯性因子法改进如下：

取 $\alpha = 0.5$，则

$$\Phi^*(z) = \frac{\Phi_e(z)}{1 - 0.5z^{-1}} = \frac{(1 - z^{-1})^2}{1 - 0.5z^{-1}}$$

$$\Phi^*(z) = 1 - \Phi_e^*(z) = \frac{1.5z^{-1} - z^{-2}}{1 - 0.5z^{-1}}$$

$$D^*(z) = \frac{\Phi^*(z)}{G(z)\Phi_e^*(z)} = \frac{2.717(1.5 - z^{-1})(1 - 0.368z^{-1})}{(1 + 0.718z^{-1})(1 - z^{-1})}$$

等速输入响应为

$$C(z) = 1.5z^{-2} + 2.75z^{-3} + 3.875z^{-4} + 4.938z^{-5} + \cdots$$

单位阶跃响应为

$$C(z) = 1.5z^{-1} + 1.25z^{-2} + 1.125z^{-3} + 1.063z^{-4} + \cdots$$

等加速度输入的稳态误差为

$$e(\infty) = \lim_{z \to 1}(1 - z^{-1})\Phi_e^*(z)R(z) = 2T^2$$

与最少拍相比，对单位速度响应的过渡过程长了一些，而阶跃输入时超调降低了50%，但对加速度输入，静差却增大了一倍。所以惯性因子法并不能改善所有输入的响应。因此，这种方法只适用于输入类型不多的情况。如果要使控制系统适应范围广，则可针对各种输入类型分别设计，在线换接。

5.5.2　非最少的有限拍控制

如果我们在最少拍设计的基础上，把闭环脉冲传递函数 $\Phi(z)$ 中 z^{-1} 的幂次适当提高一到两阶，闭环系统的脉冲响应将比最少拍时多持续一到两拍才归于零。显然这样做已不是最少拍系统了，但仍是一有限拍系统。不过这样来设计系统，在选择 $\Phi(z)$ 或 $1 - \Phi(z)$ 中的若干待定系数时的自由度就会大一些。一般来讲，这有利于降低系统对参数变化的敏感性，并减小控制作用。

例如，针对例5-7中数字控制器的设计，如果这样来确定 $\Phi(z)$ 和 $1 - \Phi(z)$，

$$\Phi(z) = z^{-1}(\varphi_0 + \varphi_1 z^{-1} + \varphi_2 z^{-2})$$

$$1 - \Phi(z) = (1 - z^{-1})^2(1 + 0.5z^{-1})$$

其中 $(1 + 0.5z^{-1})$ 中的 $f = 0.5$ 是自由选取的，可以解出 $m_1 = 1.5, m_2 = 0, m_3 = -0.5$。相应的有限拍控制器为

$$D(z) = \frac{(1 - 0.5z^{-1})(3 - z^{-2})}{1 - 1.5z^{-2} + 0.5z^{-3}}$$

对单位速度输入的响应为

$$C(z) = \frac{0.5z^2(3 - z^{-2})}{(1 - z^{-1})^2} = 1.5z^{-2} + 3z^{-3} + 4z^{-4} + \cdots$$

系统在三拍后准确跟踪单位速度变换，比例5-7的最少拍控制增加了一拍。

当系统参数变化引起对象脉冲传递函数变为 $G^*(z) = \dfrac{0.6z^{-1}}{1 - 0.4z^{-1}}$ 时，闭环脉冲传递

函数变为

$$\Phi(z) = \frac{0.6z^{-1}(1-0.5z^{-1})(3-z^{-1})}{1-0.1z^{-1}-0.3z^{-2}-0.1z^{-3}+0.1z^{-4}}$$

对单位速度输入信号的响应为

$$C(z) = \frac{0.6z^{-2}(1-0.5z^{-1})(3-z^{-1})}{(1-0.1z^{-1}-0.3z^{-2}-0.1z^{-3}+0.1z^{-4})(1-z^{-1})^2} =$$
$$1.8z^{-2} + 2.88z^{-3} + 3.828z^{-4} + 5.0268z^{-5} + 5.9591z^{-6} + \cdots$$

与最少拍控制相比,对参数变化的敏感程度显然降低了。

5.6 达林算法

大多数的工业对象都存在着纯滞后,它们对系统的稳定性有较大的影响,会使系统产生大的超调和振荡。解决这类系统的控制问题,达林(Dahlin)提出了一种控制算法——达林算法。

5.6.1 达林算法数字控制器的形式

设被控对象 $G_0(s)$ 是带有纯滞后的一阶或二阶惯性环节,其传递函数分别为

$$G_0(s) = \frac{Ke^{-\tau s}}{1+T_1 s} \tag{5.19}$$

或

$$G_0(s) = \frac{Ke^{-\tau s}}{(1+T_1 s)(1+T_2 s)} \tag{5.20}$$

其中 τ 为系统的纯滞后时间,T_1、T_2 为时间常数,K 为放大系数。

达林算法主要解决系统的超调问题,而调节时间可以相对长一些,因此所设计的系统的闭环传递函数应具有惯性性质,使输出平滑一些。又考虑闭环传递函数的物理可实现性,应使其分子含有纯滞后环节。即达林算法的设计目标是使整个系统的闭环传递函数具有如下形式

$$\Phi(s) = \frac{1}{T_\tau s + 1} e^{-\tau s} \tag{5.21}$$

并期望闭环系统的纯滞后时间和被控对象 $G_0(s)$ 的纯滞后时间 τ 相同。上式中 T_τ 为闭环系统的时间常数,纯滞后时间 τ 与采样周期 T 一般按整数倍处理,即 $\tau = lT$。设计计算机控制系统结构图如图5.1所示。设计目标是使该计算机控制系统的闭环脉冲传递函数 $\Phi(z)$ 对应闭环传递函数 $\Phi(s)$。

$$\Phi(z) = \frac{C(z)}{R(z)} = Z\left[\frac{1-e^{-Ts}}{s} \cdot \frac{e^{-\tau s}}{T_\tau s + 1}\right]$$

代入 $\tau = lT$,并进行 z 变换

$$\Phi(z) = \frac{(1-e^{-T/T_\tau})z^{-l-1}}{1-e^{-T/T_\tau}z^{-1}} \tag{5.22}$$

由式(5.4)有

$$D(z) = \frac{1}{G(z)}\frac{\Phi(z)}{1-\Phi(z)} =$$

$$\frac{1}{G(z)}\frac{z^{-l-1}(1-e^{-T/T_\tau})}{1-e^{-T/T_\tau}z^{-1}-(1-e^{-T/T_\tau})z^{-l-1}} \tag{5.23}$$

若已知被控对象的脉冲传递函数,则可以根据式(5.23)求出数字控制器的脉冲传递函数 $D(z)$。

若被控对象为带纯滞后的一阶惯性环节,其脉冲传递函数为

$$G(z)=Z\left[\frac{1-e^{-Ts}}{s}\cdot\frac{Ke^{-\tau s}}{T_1 s+1}\right] \tag{5.24}$$

代入 $\tau=lT$,并进行 z 变换得

$$G(z)=Z\left[\frac{1-e^{-Ts}}{s}\cdot\frac{Ke^{-lTs}}{T_1 s+1}\right]=Kz^{-l-1}\frac{1-e^{-T/T_1}}{1-e^{-T/T_1}z^{-1}} \tag{5.25}$$

将式(5.25)代入式(5.23)得到数字控制器的算式为

$$D(z)=\frac{(1-e^{-T/T_\tau})(1-e^{-T/T_1}z^{-1})}{K(1-e^{-T/T_1})[1-e^{-T/T_\tau}z^{-1}-(1-e^{-T/T_\tau})z^{-l-1}]} \tag{5.26}$$

若被控对象为带纯滞后的二阶惯性环节,其脉冲传递函数为

$$G(z)=Z\left[\frac{1-e^{-Ts}}{s}\cdot\frac{Ke^{-\tau s}}{(T_1 s+1)(T_2 s+1)}\right] \tag{5.27}$$

代入 $\tau=lT$,并进行 z 变换得

$$G(z)=\frac{K(C_1+C_2 z^{-1})z^{-l-1}}{(1-e^{-T/T_1}z^{-1})(1-e^{-T/T_2}z^{-1})} \tag{5.28}$$

其中

$$\begin{cases} C_1=1+\dfrac{1}{T_2-T_1}(T_1 e^{-T/T_1}-T_2 e^{-T/T_2}) \\ C_2=e^{-T(1/T_1+1/T_2)}+\dfrac{1}{T_1+T_2}(T_1 e^{-T/T_2}-T_2 e^{-T/T_1}) \end{cases} \tag{5.29}$$

将式(5.29)代入式(5.23)得数字控制器的脉冲传递函数

$$D(z)=\frac{(1-e^{-T/T_\tau})(1-e^{-T/T_1}z^{-1})(1-e^{-T/T_2}z^{-1})}{K(C_1+C_2 z^{-1})[1-e^{-T/T_\tau}z^{-1}-(1-e^{-T/T_\tau})z^{-l-1}]} \tag{5.30}$$

5.6.2 振铃现象及其消除

达林控制器设计比较简单,得到的计算机控制系统的闭环特性整体上能够逼近要求的连续闭环特性。但它有一个严重的缺点,就是数字控制器 $D(z)$ 的输出 $u(k)$ 会产生以 $2T$ 为周期的大幅度的波动,这对执行机构是非常不利的。这个现象称为振铃(Ringing)现象。

振铃现象的产生,是由于控制量的 z 变换 $U(z)$ 中含有单位圆内接近 $z=-1$ 的极点。离 $z=-1$ 越近,振铃现象越严重,振铃幅度也越大。单位圆内右半平面上的零点会加剧振铃现象,而右半平面上的极点会削弱振铃现象。

消除振铃现象的办法是设法找出 $D(z)$ 中引起振铃现象的极点($z=-1$ 附近的极点),然后令其中的 z 等于1。根据终值定理,这样处理不影响数字控制器的稳态输出。

对带有纯滞后环节的一阶惯性环节控制对象,其达林算法的数字调节器式(5.26)可以改写为

$$D(z) = \frac{(1-e^{-T/T_\tau})(1-e^{-T/T_1}z^{-1})}{K(1-e^{-T/T_1})(1-z^{-1})[1+(1-e^{-T/T_\tau})(z^{-1}+z^{-2}+\cdots+z^{-l})]} \quad (5.31)$$

由上式可见,可能引起振铃现象的因子为

$$[1+(1-e^{-T/T_\tau})(z^{-1}+z^{-2}+\cdots+z^{-l})]$$

当 $l=0$ 时,不存在振铃因子,不会产生振铃现象。

当 $l=1$ 时,则有一极点 $z = -(1-e^{-T/T_\tau})$,若时 $T_\tau \ll T$ 时,$z \approx -1$,存在严重的振铃现象。

当 $l=2$ 时,有极点 $z = -\frac{1}{2}(1-e^{-T/T_\tau}) \pm j\frac{1}{2}\sqrt{4(1-e^{-T/T_\tau})-(1-e^{-T/T_\tau})^2}$,当 $T_\tau \ll T$ 时,$z \approx -\frac{1}{2} \pm j\frac{\sqrt{3}}{2}$,$|z| \approx 1$,所以存在振铃现象。

根据前述消除振铃的办法,对于 $l=2$ 时的振铃极点,令 $z=1$ 代入式(5.31)可得

$$D(z) = \frac{(1-e^{-T/T_\tau})(1-e^{-T/T_1}z^{-1})}{K(1-e^{-T/T_1})(1-z^{-1})[1+(1-e^{-T/T_\tau})(1+1)]} =$$
$$\frac{(1-e^{-T/T_\tau})(1-e^{-T/T_1}z^{-1})}{K(1-e^{-T/T_1})(3-2e^{-T/T_\tau})(1-z^{-1})} \quad (5.32)$$

对带有纯滞后环节的二阶惯性环节控制对象,达林算法的数字调节器式(5.30)中含有一个极点在 $z = -\frac{C_2}{C_1}$。当 $T \to 0$ 时,$\lim\limits_{T \to 0}\left(-\frac{C_2}{C_1}\right) = -1$,说明可能出现负实轴上与 $z = -1$ 相近的极点,这一极点将引起振铃现象。

按照前面所述消除振铃极点的办法,令 $(C_1+C_2z^{-1})$ 中的 $z=1$,就可消除 $z = -\frac{C_2}{C_1}$ 的振铃极点。由式(5.29)可得

$$C_1 + C_2 = (1-e^{-T/T_1})(1-e^{-T/T2})$$

这样,消除振铃极点后数字控制器的形式变为

$$D(z) = \frac{(1-e^{-T/T_\tau})(1-e^{-T/T_1}z^{-1})(1-e^{-T/T_2}z^{-1})}{K(1-e^{-T/T_1})(1-e^{-T/T_2})[1-e^{-T/T_\tau}z^{-1}-(1-e^{-T/T_\tau})z^{-l-1}]} \quad (5.33)$$

对于式(5.30)中 $[1-e^{-T/T_\tau}z^{-1}-(1-e^{-T/T_\tau})z^{-l-1}]$ 的极点分析,可以得到如式(5.31)中的振铃因子,若把式(5.33)中可能的振铃因子全部消除,则可得

$$D(z) = \frac{(1-e^{-T/T_\tau})(1-e^{-T/T_1}z^{-1})(1-e^{-T/T_2}z^{-1})}{K(1-e^{-T/T_1})(1-e^{-T/T_2})[1+l(1-e^{-T/T_\tau})](1-z^{-1})} \quad (5.34)$$

式(5.34)和式(5.33)相比,是一种更安全的算法。显然,式(5.34)数字调节器构成的计算机控制系统的过渡过程将会变慢,调节时间将会加长。

复习思考题

1. 设最少拍系统如图5.9,试设计单位阶跃输入时的最少拍有纹波和无纹波调节器 $D(z)$。

2. 设最少拍系统如图5.10,试针对以下受控对象设计单位阶跃输入时的有限拍有纹波调节器 $D(z)$。

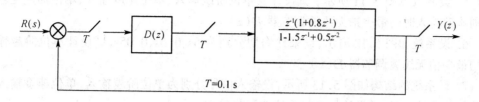

$$T=0.1\text{ s}$$

图 5.9 习题 1 图

(1)$G(s)=\dfrac{1}{(s+2)^2}$ (2)$G(s)=\dfrac{1}{s(s+3)}$ (3)$G(s)=\dfrac{s+1}{s(s+5)}$ (4)$G(s)=\dfrac{3}{s(s+1)(s+3)}$

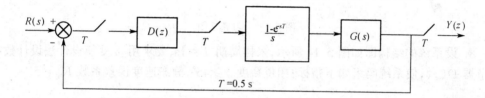

$$T=0.5\text{ s}$$

图 5.10 习题 2 图

3. 设最少拍系统如图 5.11,试设计在各种典型输入时的有限拍有纹波调节器 $D(z)$ 。

(1)单位阶跃输入;(2)单位速度输入;(3)单位加速度输入。

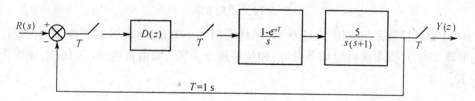

$$T=1\text{ s}$$

图 5.11 习题 3 图

4. 设有限拍系统如图 5.12,试设计在单位阶跃输入时,不同采样周期的有限拍有纹波调节器 $D(z)$ 。

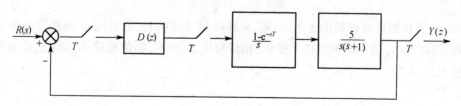

图 5.12 习题 4 图

$$T=10\text{s} \quad T=1\text{s} \quad T=0.1\text{s} \quad T=0.01\text{s}$$

5. 设系统如图 5.11 所示，试设计在单位阶跃输入、单位速度输入、单位加速度输入不同典型输入时的最少拍无纹波调节器 $D(z)$。

6. 设系统如图 5.12 所示，设采样周期分别为 5s、0.5s、0.05s，试设计单位阶越输入时的最少拍无纹波调节器 $D(z)$。

7. 设系统的结构如图 5.13 所示，设输入信号分别为单位阶越输入、单位速度输入和单位加速度输入时，试设计最少拍无纹波调节器 $D(z)$。

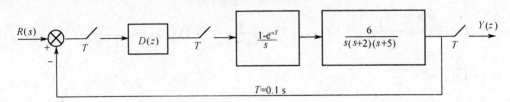

图 5.13　习题 7 图

8. 设系统的结构图如图 5.14 所示，采样周期 $T=1s$，要求用 ω 变换设计法设计数字调节器 $D(z)$，使系统吗组如下指标：相位裕度 $\gamma \geqslant 45°$，静态速度误差系数 $K_V \geqslant 5$。

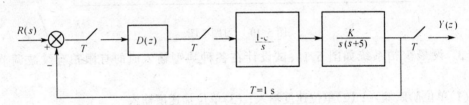

图 5.14　习题 8 图

9. 计算机控制系统如图 5.15 所示，采样周期 $T=0.1s$，要求用 ω 变换设计法设计数字调节器 $D(z)$，使系统吗组如下指标：相位裕度 $\gamma \geqslant 50°$，幅值裕度 $K_g \geqslant 16dB$，速度误差系数 $K_v \geqslant 3$。

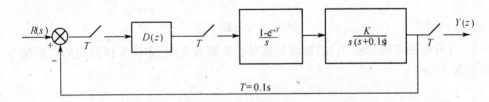

图 5.15　习题 9 图

10. 计算机控制系统如图 5.16 所示，采样周期 $T=0.1s$，要求用 ω 变换设计法设计数字调节器 $D(z)$，使系统吗组如下指标：相位裕度 $\gamma \geqslant 45°$，幅值裕度 $K_g \geqslant 10dB$，速度误差系数 $K_v \geqslant 4$。

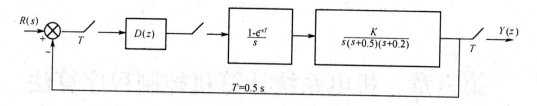

图 5.16   习题 10 图

第六章　机电系统计算机控制程序算法

许多自动化机电设备,如数控机床、数控加工中心、工业机器人等,其运动的速度和轨迹都是可以编程的,即有关的运动信息多数都是计算机程序产生的。这些机电控制系统中,执行机构只有沿着精确定义的路径协调动作,才能完成由计算机程序编制的任务。因此,计算机控制指令信号的生成是机电控制系统的一个重要组成部分,它的优劣反映了机电系统的智能化程度。

对工业中常见的数控机床和工业机器人等机电系统,按所完成的任务种类的不同,可分为点位控制和连续路径控制两大类。点位控制是在允许的最大加速度条件下,尽可能以最大速度由源坐标位置运动到目标位置。这类系统对两点之间的运动轨迹是没有精度要求的。连续路径控制则对于运动路径的每一点坐标都有一定的精度要求,因而它比点位控制要复杂,需要用插补技术生成控制指令信号。

在计算机控制系统中,应用程序主要还包括数字 PID 等数字控制器、数字滤波、标度变换、线性化处理、越限报警、数据采集、自诊断等程序,其中数字 PID 控制算法在有关章节中已作了详细讨论,本章只介绍计算机控制指令的生成方法和数字滤波方法,而其他功能程序原理均比较简单,也就不再赘述了。

6.1　逐点比较法插补原理

数字程序控制系统的插补算法就是按照给定的基本数据,如直线的终点坐标、圆弧的起点和终点坐标等信息,插补中间坐标数据,从而把曲线形状描绘出来。数控机床和工业机器人等最常用的插补算法是逐点比较法插补和数字积分法插补。近年来又出现了一些新的插补算法,如时间分割插补和样条法插补等。首先我们介绍逐点比较插补算法。

所谓逐点比较插补,就是执行机构每走一步都要和给定运动轨迹上相应的坐标值相比较,从而决定下一步的进给方向。实质上这是一种用阶梯折线来逼近直线或曲线的一种算法,它与规定运动轨迹之间的最大误差为一个脉冲当量(每走一步移动的距离),因此只要把脉冲当量设计得足够小,就可以达到运动精度的要求。

6.1.1　逐点比较法直线插补

直线插补时,以直线起点为原点,给出终点坐标(x_e, y_e),直线方程为

$$yx_e - xy_e = 0 \tag{6.1}$$

以第一象限的直线插补为例,如图 6.1 所示,直线插补时偏差可能有三种情况,插补点位于直线上方(A)、下方(B)和直线上(C),对于这三种情况分别有

$$y_a x_e - x_a y_e > 0$$
$$y_b x_e - x_b y_e < 0$$

$$y_c x_e - x_c y_e = 0$$

因此可以取判别函数为

$$F = y x_e - x y_e \tag{6.2}$$

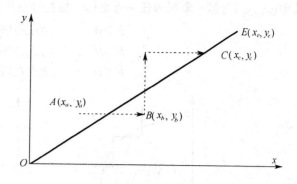

用以判别插补点和直线的偏差。$F>0$ 时，应向 x 方向走一步；$F<0$ 时，应向 y 方向走一步，以使插补点总是趋向直线。当 $F=0$ 时，为了继续运动可归入 $F>0$ 的情况。整个插补工作，从原点开始，走一步，判断一次 F，再趋向直线，直到走到终点坐标。

为了便于计算机计算，可对式(6.2)进行简化。设第一象限中(x_i, y_j)的点 F 的值为$F_{i,j}$

图 6.1　直线插补原理

$$F_{i,j} = y_j x_e - x_i y_e \tag{6.3}$$

若沿 x 方向走一步，则

$$
\begin{aligned}
x_{i+1} &= x_i + 1 \\
F_{i+1,j} &= y_j x_e - (x_i + 1) y_e = F_{i,j} - y_e
\end{aligned}
\tag{6.4}
$$

若沿 y 方向走一步，则

$$
\begin{aligned}
y_{j+1} &= y_j + 1 \\
F_{i,j+1} &= (y_j + 1) x_e - x_i y_e = F_{i,j} + x_e
\end{aligned}
\tag{6.5}
$$

直线插补的终点判别，可采用两种办法。一是每走一步判断最大坐标的终点坐标值(绝对值)与该坐标累计步数坐标值之差是否为零，若等于零，插补结束。二是把每个程序段中的总步数求出来，即 $n = x_e + y_e$，每走一步，进行 $n-1$，直到 $n=0$ 时为止。因而第一象限直线插补过程可归纳如下：

当 $F \geq 0$ 时，沿 $+x$ 方向走一步，然后计算新的偏差和终点判别计算

$$
\begin{aligned}
F &\leftarrow F - y_e \\
n &\leftarrow n - 1
\end{aligned}
\tag{6.6}
$$

当 $F < 0$ 时，沿 $+y$ 方向走一步，然后计算新的偏差和终点判别计算

$$
\begin{aligned}
F &\leftarrow F + x_e \\
n &\leftarrow n - 1
\end{aligned}
\tag{6.7}
$$

关于其他象限的直线插补方法与此类似，读者可根据上述过程自行推导。

6.1.2　逐点比较法圆弧插补

逐点比较法圆弧插补，一般以圆心为坐标原点，给出圆弧的起点坐标(x_0, y_0)和终点坐标(x_e, y_e)，如图 6.2 所示。

设圆弧上任一点坐标(x, y)，则下式成立

$$(x^2 + y^2) - (x_0^2 + y_0^2) = 0$$

选择判别函数为

$$F = (x_i^2 + y_j^2) - (x_0^2 + y_0^2) = 0 \tag{6.8}$$

其中(x_i , y_j)为第一象限内任一点坐标。根据动点所在区域的不同,有下列三种情况

$$F>0 \qquad 动点在圆弧外$$
$$F=0 \qquad 动点在圆弧上$$
$$F<0 \qquad 动点在圆弧内$$

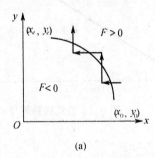 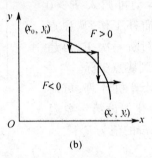

图 6.2 圆弧插补原理

(a) 第一象限逆圆;(b)第一象限顺圆

我们把 $F>0$ 和 $F=0$ 合并在一起考虑,按下述规则,就可以实现第一象限逆圆方向的圆弧插补。

$F \geq 0$ 时,向 $-x$ 方向走一步;

$F<0$ 时,向 $+y$ 方向走一步。

每走一步后,计算一次判别函数,作为下一次运动的判别标准,同时进行一次终点判别。F 值可用递推计算法由加、减运算得到。设动点当前坐标为(x_i , y_i),其 F 值为 $F_{i,j}$

$$F_{i,j} = (x_i^2 + y_j^2) - (x_0^2 + y_0^2) \tag{6.9}$$

动点在 $-x$ 方向走一步后,

$$F_{i+1,j} = (x_i - 1)^2 + y_j^2 - (x_0^2 + y_0^2) = F_{i,j} - 2x_i + 1 \tag{6.10}$$

动点在 $+y$ 方向走一步后,

$$F_{i,j+1} = x_i^2 + (y_j + 1)^2 - (x_0^2 + y_0^2) = F_{i,j} + 2x_j + 1 \tag{6.11}$$

终点判断可采用与直线插补相同的方法。归纳起来,$F \geq 0$ 时,向 $-x$ 方向走一步。其偏差计算、坐标值计算和终点判断计算公式如下:

$$\left. \begin{array}{l} F_{i+1,j} = F_{i,j} - 2x_i + 1 \\ x_{i+1} = x_i - 1 \\ y_j = y_j \\ n \leftarrow n - 1 \end{array} \right\}$$

$F<0$ 时,向 $+y$ 方向走一步。其偏差计算、坐标值计算和终点判断计算公式如下:

$$\left.\begin{array}{l} F_{i,j+1} = F_{i,j} - 2y_j + 1 \\ x_i = x_i \\ y_{j+1} = y_j + 1 \\ n \leftarrow n - 1 \end{array}\right\} \tag{6.12}$$

关于第一现象顺圆和其他象限圆弧插补的算法与上述方法类似,请读者自行推导。

6.2 数字积分法插补原理

6.2.1 数字积分法原理

数字积分法又称数字微分分析法或 DDA (Digital Differential Analyzer)法。数字积分法具有运算速度快、脉冲分配均匀、易于实现多轴联动及描绘平面各种函数曲线的特点,应用比较广泛。其缺点是速度调节不便,插补精度需要采取一定措施才能满足要求。由于计算机有较强的运算能力和灵活性,上述缺点易于克服。

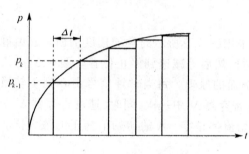

图 6.3 数值积分近似

令符号 s_k 表示 $t = k\Delta t$ 时刻的 s 值,则根据积分的原理,函数 $p = f(t)$ 在 $0 \sim t$ 区间的积分就是该函数曲线下的面积(如图 6.3 所示),并可以近似看成是该曲线下许多小矩形面积之和,即

$$s = \int_0^t p \, \mathrm{d}t \approx \sum_{i=1}^{k} P_i \Delta t \tag{6.13}$$

$$s_k = \sum_{i=1}^{k-1} P_i \Delta t + P_k \Delta t = s_{k-1} + \Delta s_k \tag{6.14}$$

其中

$$\Delta s_k = P_k \Delta t \tag{6.15}$$

数值积分可分三步实现:首先,在原坐标值上加减增量 ΔP_k,计算出坐标

$$P_k = P_{k-1} \pm \Delta P_k \tag{6.16}$$

然后,根据式(6.15)计算积分增量 Δs_k;最后,根据方程(6.14)将 Δs_k 加到上 s_{k-1},获得积分值 s_k。

DDA 积分器以迭代方式工作,迭代频率 f 由外部时钟提供,其中

$$f = \frac{1}{\Delta t} \tag{6.17}$$

6.2.2 数字积分法生成常速度剖面

采用 DDA 法生成速度剖面指令信号的原理如图 6.4 所示。对于每一种速度,必须产生等频率的参考脉冲序列。为此,时钟信号由 0 到 1 转换一次,速度寄存器 V 中存储的

数便加到位置寄存器 P 中一次。由 P 发生的溢出脉冲的速率与 V 的数值和时钟频率 f 有关。当时钟频率固定时,输出参考脉冲的速率可由 V 的数值改变。图 6.4(a)为常速度剖面,图 6.4(b)为生成该速度剖面的方法。

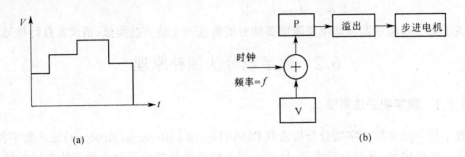

图 6.4　常速度剖面的生成
(a) 常速度剖面;　(b) 生成方法

6.2.3　数字积分法生成常加速度剖面

考虑到电动机加速度的限制,经常需要采用图 6.5 所示的常加速度剖面。先由静止状态加速到电动机的额定转速,维持等速运行,然后等减速到停止位置。图 6.5(a)表示等加速度剖面,图 6.5(b)为生成等加速度剖面的原理。每当时钟信号由 0 到 1 转换一次,加速度寄存器 A 中存储的数便加到速度寄存器 V 中一次,同时,速度寄存器 V 中存储的数加到位置寄存器 P 中。V 和 P 的初始值都是零。A 的初始值为正的最大值。在 t_1 时刻,V 达到它的极限值。

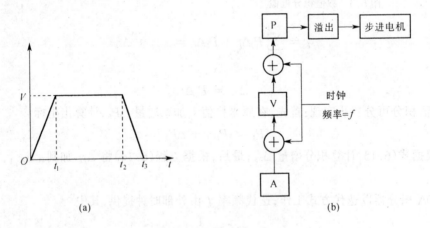

图 6.5　常加速度剖面生成
(a) 常加速度剖面;　(b) 生成原理

这里 t_1 与加速度寄存器 A 的内容有关。在等加速段,寄存器 P 的溢出速率是均匀增长的。在加速终点,加速度寄存器 A 置零;在常速度终点,A 置负的绝对值最大值,并继续进行加法,直至 t_3 时刻速度为零。加速度、速度以及步进脉冲数可以剖面图决定。

6.2.4 数字积分法生成直线运动

DDA法可以推广到双轴或多轴系统,用以完成连续路径的控制。为了在 xy 平面生成直线运动,设直线的起点为坐标原点,终点坐标为 (x_e, y_e),如图6.6所示。则直线的方程为

$$y = \frac{y_e}{x_e}x \qquad (6.18)$$

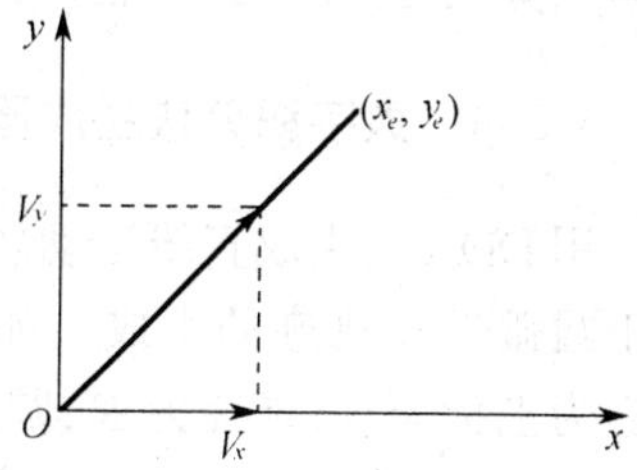

微分上式得

$$\frac{\mathrm{d}y}{\mathrm{d}x} = \frac{y_e}{x_e} \qquad (6.19)$$

$$\frac{\mathrm{d}y/\mathrm{d}t}{\mathrm{d}x/\mathrm{d}t} = \frac{y_e}{x_e} \qquad (6.20)$$

图 6.6　DDA 法直线插补

将 x、y 化为对时间 t 的参量方程。根据式(6.20),有

$$\begin{cases} V_x = \dfrac{\mathrm{d}x}{\mathrm{d}t} = kx_e \\[2mm] V_y = \dfrac{\mathrm{d}y}{\mathrm{d}t} = ky_e \end{cases} \qquad (6.21)$$

式中 k 为比例系数,V_x、V_y 分别代表 x、y 轴方向的运动速度。x、y 的位移量为

$$x = \int_0^i kx_e \mathrm{d}t = kx_e \sum_{i=1}^n \Delta t = V_x \sum_{i=1}^n \Delta t$$

$$y = \int_0^i ky_e \mathrm{d}t = ky_e \sum_{i=1}^n \Delta t = V_y \sum_{i=1}^n \Delta t \qquad (6.22)$$

式(6.22)说明,可用两个图6.5所示两个等速度剖面的生成方法来完成平面直线的插补运算,如图6.7所示。两个位置寄存器 P_x 和 P_y 分别以 Δt 的时间间隔对速度寄存器 V_x 和 V_y 的内容同时累加。累加器每溢出一个脉冲,表明相应的坐标值变化一个脉冲当量。因此,只要给出直线的终点坐标和运动速度,根据前面对常速度剖面的讨论,很容易实现常速度剖面的直线运动控制。

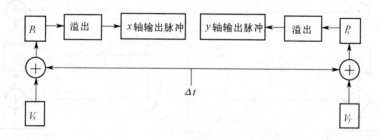

图 6.7　DDA 法生成直线运动原理

取 $\Delta t = 1$,则式(6.22)可写成

$$\begin{cases} x = V_x \sum_{i=1}^{n} 1 = V_x n = x_e \\ y = V_y \sum_{i=1}^{n} 1 = V_y n = y_e \end{cases} \qquad (6.23)$$

即当积分到终点时，x、y 轴所走的总步数正好等于各轴的终点坐标 x_e、y_e。

6.2.4 数字积分法生成圆弧运动轨迹

用 DDA 法生成直线运动轨迹的物理意义是使动点沿速度矢量的方向运动，这同样适用于圆弧运动轨迹的生成。如右图所示，以圆心为坐标原点，半径为 R，圆弧运动的方程为

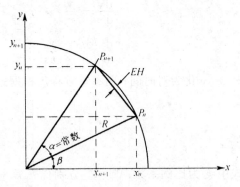

$$x = R\cos\theta \qquad (6.24)$$

$$y = R\sin\theta \qquad (6.25)$$

x、y 轴方向的运动速度分别为

$$V_x = -\frac{\mathrm{d}\theta}{\mathrm{d}t}y \qquad (6.26)$$

$$V_y = \frac{\mathrm{d}\theta}{\mathrm{d}t}x \qquad (6.27)$$

圆弧运动生成

生成圆弧运动的方法如图 6.8 所示。速度寄存器必须在位置寄存器每次溢出时改变其数值，以服从式(6.26)和(6.27)所定义的速度。即 x 轴每前进一步，必须将这一步与角速度 $\mathrm{d}\theta/\mathrm{d}t$ 的乘积加到 y 轴速度寄存器 V_y，y 轴每前进一步，必须将这一步与角度 $\mathrm{d}\theta/\mathrm{d}t$ 速度的乘积从 x 轴速度寄存器 V_x 中减去。因为每一步的值为 ±1，所以乘法运算是没有必要的，只需要由相应的速度寄存器直接加减 $\mathrm{d}\theta/\mathrm{d}t$。

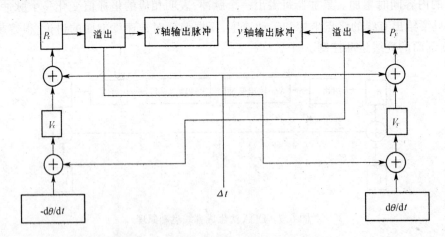

图 6.8　在 xy 平面内圆弧运动的生成

6.3 数据采样插补原理

直流伺服,特别是交流伺服控制的计算机闭环数字控制系统为目前数字控制的主流。在这些系统中,插补原理一般都采用不同类型的数据采样方法。这里我们只介绍其中的直线函数法的插补原理。

6.3.1 数据采样插补原理

数据采样插补是根据编程的进给速度,将轮廓曲线分割为插补采样周期的进给段—即轮廓步长。在每一插补周期中,插补程序被调用一次,计算下一周期各坐标轴位移增量(而不是单个脉冲)Δx 和 Δy,然后再计算出相应动点的坐标值。数据采样插补的核心问题是计算出插补周期的瞬时进给量。

插补周期虽然不直接影响进给速度,但对插补误差及更高速运行有影响。插补周期与插补运算时间有密切关系,而插补运算时间由具体插补算法决定。显然,由于计算机除进行插补运算外,还要完成实时性工作,所以插补周期必须大于插补运算时间。插补周期与位置反馈采样周期有一定关系,它们可以相同,也可以不同。如果不同,则应选插补周期为采样周期的整数倍。

对于直线插补,用插补所形成的步长子线段逼近给定直线,与给定直线重合,不会造成轨迹误差。对圆弧插补,用切线、弦线或割线逼近圆弧,常用弦线或割线,如图 6.9 所

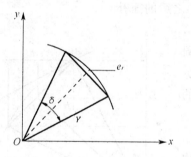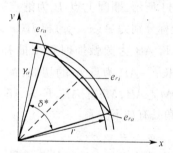

图 6.9 用弦线、割线逼近圆弧

示。这种逼近必然造成轨迹误差,对内接弦线,最大半径误差 e_r 与步距角 δ 的关系为

$$e_r = r\left[1 - \cos\frac{\delta}{2}\right] \text{或} \cos\frac{\delta}{2} = 1 - \frac{e_r}{r} \tag{6.28}$$

若 e_r 为允许的最大半径误差,则最大允许步距角为

$$\delta_{\max} = 2\cos^{-1}\left[1 - \frac{e_r}{r}\right] \text{或} \cos\frac{\delta_{\max}}{2} = 1 - e_r \tag{6.29}$$

用轮廓进给步长 l 代替弧长,有

$$\delta = l/r \tag{6.30}$$

设插补周期为 T,轮廓进给速度为 V,则有

$$l = TV \tag{6.31}$$

将式(6.28)中的 $\cos\dfrac{\delta}{2}$ 用泰勒级数展开,并忽略微小项得

$$e_r = r\left\{1 - \left[1 - \dfrac{(\delta/2)^2}{2!} + \dfrac{(\delta/2)^2}{4!} - \cdots\right]\right\} \approx \dfrac{\delta^2}{8}r$$

将式(6.30)代入上式得

$$e_r = \dfrac{l^2}{8r} = \dfrac{(TV)^2}{8r} \qquad\qquad (6.32)$$

由式(6.32)可以看出,在圆弧插补时,插补周期 T 分别与精度 e_r、半径 r 和速度 V 有关。如果以弦线误差作为最大允许的半径误差,要得到尽可能大的速度,则插补周期要尽可能的小;当 e_r 一定,小半径时比大半径时的插补周期小。

6.3.2　直线函数法

1. 直线插补

如图 6.10 所示,设直线的终点坐标为(x_e, y_e),直线 x 与轴的夹角为 α,插补进给步长为 l,则

$$\begin{cases} \Delta x = l\cos\alpha \\[2mm] \Delta y = \dfrac{y_e}{x_e}\Delta x \end{cases} \qquad (6.33)$$

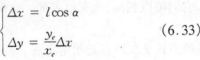

图 6.10　直线插补

2. 圆弧插补

如图 6.11 所示,顺圆上点 B 为继点 A 之后的插补瞬时点,其坐标分别为 $A(x_i, y_i)$ 和 $B(x_{i+1}, y_{i+1})$。所以弦 AB 为圆弧插时每个插补周期的进给步长 l。AP 为点 A 的切线,M 为弦的中点,$OM \perp AB$,$ME \perp AF$,E 为 AF 的中点。圆心角具有如下关系

$$\varphi_{i+1} = \varphi_i + \delta$$

式中 δ 为进给步长 l 对应的角增量,称为角步距。因为 $OA \perp AP$,所以 $\triangle AOC$ 相似于 $\triangle PAF$,所以 $\angle AOC = \angle PAF = \varphi_i$。因为 AP 为切线,所以

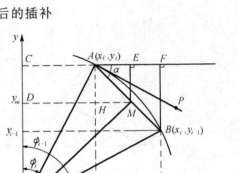

图 6.11　圆弧插补

$$\angle BAP = \dfrac{1}{2}\angle AOB = \dfrac{1}{2}\delta$$

$$\alpha = \angle PAF + \angle BAP = \varphi_i + \dfrac{1}{2}\delta$$

在 $\triangle OAD$ 中 $\qquad\qquad \tan\left(\varphi_i + \dfrac{1}{2}\delta\right) = \dfrac{DH + HM}{OC - CD}$

将 $DH = x_i$,$OC = y_i$,$HM = \dfrac{1}{2}l\cos\alpha = \dfrac{1}{2}\Delta x$ 和 $\dfrac{1}{2}l\sin\alpha = \dfrac{1}{2}\Delta y$ 代入上式,则有

$$\tan \alpha = \tan \left[\varphi_i + \frac{1}{2} \delta \right] = \frac{x_i + \frac{1}{2} l \cos \alpha}{y_i - \frac{1}{2} l \sin \alpha} \qquad (6.34)$$

又因为 $\tan \alpha = FB/FA = \Delta y/\Delta x$,由此可以推出 (x_i, y_i) 与 Δx、Δy 的关系式

$$\frac{\Delta y}{\Delta x} = \frac{x_i + \frac{1}{2} \Delta x}{y_i + \frac{1}{2} y} = \frac{x_i + \frac{1}{2} l \cos \alpha}{y_i - \frac{1}{2} l \sin \alpha} \qquad (6.35)$$

上式反映了圆弧上任意相邻的两插补点坐标之间的关系。只要找到计算 Δx 或 Δy 的方法,就可以求出新的插补点坐标。

$$\begin{cases} x_{i+1} = x_i + \Delta x \\ y_{i+1} = y_i + \Delta y \end{cases}$$

现在关键是 Δx 或 Δy 的求解。在式(6.34)中,$\cos \alpha$ 和 $\sin \alpha$ 都是未知数,难以求解,所以采用了近似算法。用 $\cos 45°$ 和 $\sin 45°$ 来代替,即

$$\tan \alpha = \frac{x_i + \frac{1}{2} l \cos \alpha}{y_i - \frac{1}{2} l \sin \alpha} \approx \frac{x_i + \frac{1}{2} l \cos 45°}{y_i - \frac{1}{2} l \sin 45°} \qquad (6.36)$$

这样处理将造成 $\tan \alpha$ 的偏差,在 $\alpha = 0°$ 处,且进给速度较大时偏差大。如图 6.12 所示,由于近似计算 $\tan \alpha$,使 α 角(在 $0 \sim 45°$ 之间 $\alpha' < \alpha$),使 $\cos \alpha'$ 变大,因而影响到的 Δx 值,使之成为 $\Delta x' = l \cos \alpha' = AF'$。但这种偏差不会使插补点离开圆弧轨迹,这是由式(6.35)保证的。因为圆弧上任意相邻两点必须满足

$$\Delta y = \frac{(x_i + \frac{1}{2} \Delta x) \Delta x}{y_i - \frac{1}{2} \Delta y} \qquad (6.37)$$

因此,当已知 (x_i, y_i) 和 $\Delta x'$ 时,若按式(6.37)求出 $\Delta y'$,那么这样确定的 B' 一定在圆弧上。采用近似计算引起的偏差仅仅是 $\Delta x \to \Delta x'$,$\Delta y \to \Delta y'$,$AB \to AB'$,即 $l \to l'$。亦即只造成每次进给量 l 的微小变化,实际进给速度变化小于指令进给速度的 1%,这种变化在加工中是允许的,完全可以认为插补的速度是均匀的。

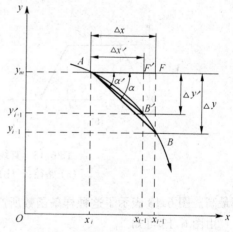

图 6.12 速度偏差

在圆弧插补中,由于是以直线(弦)逼近圆弧,因此插补误差主要表现在半径的绝对误差。该误差取决于进给速度的大小,进给速度越高,则一个插补周期进给的弦长越长,误差就越大。为此,当加工的圆弧半径确定后,为了使径向绝对误差不致过大,应对进给速度提出限制。由式(6.32)可以求出

$$V \leq \sqrt{8e_r/T} \qquad (6.38)$$

此外,还有扩展 DDA 法数据采样插补、双 DDA 法插补、角度逼近圆弧插补以及直接函数计算法等算法。读者如有需要或兴趣,可参阅有关参考书籍。

6.4 点位控制指令信号

由于一切机电传动控制系统的执行机构都是有限功率的,传动比也是固定的,因此,在负载惯性和摩擦的作用下,系统执行机构的加速度和速度都是有一定限制的。点位控制指令就是在满足加速度和速度的限制下,寻求由源点到终点的最快运动速度或最短运动时间。根据运动距离的不同,常用两种算法,现分别讨论如下。

6.4.1 抛物线–直线–抛物线样条函数(LSPB)

假设执行机构由 t_0 时刻的 x_0 运动到 t_f 时刻的 x_f,运动速度在运动前后都为零。采用抛物线–直线–抛物线样条函数进行点位控制,第一段为抛物线样条函数,以最大加速度 A_x 加速到最大速度 V_x;接着,第二段样条函数保持最大速度 V_x 不变;第三段样条函数以最小减速度 $-A_x$ 减速,直到速度为零。显然,这种算法使系统的运行时间最短,生产

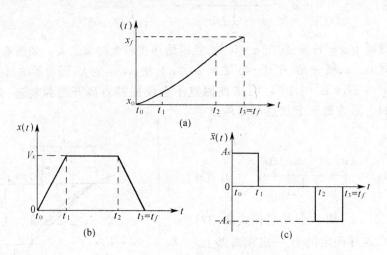

图 6.13 直线加抛物线样条函数
(a)路径; (b)速度; (c)加速度

率最高。图 6.13 表示了这种样条函数所产生的路径、速度及加速度的时间曲线。

由图 6.13 可知

$$\Delta t_1 = t_1 - t_0 = \frac{V_x}{A_x}$$

$$\Delta t_2 = t_2 - t_1 = \frac{x_f - x_0}{V_x} - \Delta t_1 = \frac{x_f - x_0}{V_x} - \frac{V_x}{A_x}$$

$$\Delta t_3 = t_3 - t_2 = \Delta t_1$$

因此,总的运动时间为

$$t_f - t_0 = \Delta t_1 + \Delta t_2 + \Delta t_3 = \frac{x_f - x_0}{V_x} + \frac{V_x}{A_x} \tag{6.39}$$

各段的边界条件为

$$x(t_0) = x_0 \qquad\qquad \dot{x}(t_0) = 0$$

$$x(t_1) = x_0 + \frac{1}{2} A_x \Delta t^2 \qquad\qquad \dot{x}(t_1) = A_x \Delta t_1$$

$$x(t_2) = x_f - \frac{1}{2} A_x \Delta t^2 \qquad\qquad \dot{x}(t_2) = A_x \Delta t_1$$

$$x(t_f) = x_f \qquad\qquad \dot{x}(t_f) = 0$$

第一段，$t_0 \leqslant t \leqslant t_1$，设抛物线样条函数为

$$x(t) = \alpha + \beta(t - t_0) + \gamma(t - t_0)^2 \tag{6.40}$$

$$\dot{x}(t) = \beta + 2\gamma(t - t_0) \tag{6.41}$$

将边界条件 $x(t_0) = x_0$ 和 $\dot{x}(t_0) = 0$ 代入式(6.40)和(6.41)可解得 $\alpha = x_0$，$\beta = 0$。进一步利用 $\dot{x}(t_1) = A_x \Delta t_1$，并代入式(6.41)，可解得 $\gamma = \dfrac{A_x}{2}$。因此第一段抛物线样条函数可表示为

$$x(t) = x_0 + \frac{A_x}{2}(t - t_0)^2 \tag{6.42}$$

第二段，$t_1 \leqslant t \leqslant t_2$，利用边界条件 $x(t_1) = x_0 + \dfrac{1}{2} A_x \Delta t_1^2$ 和常速度 $\dot{x}(t) = Ax\Delta t_1$，可得直线段样条函数为

$$x(t) = x_0 + \frac{1}{2} A_x \Delta t_1^2 + A_x \Delta t_1 (t - t_1) =$$

$$x_0 + \frac{1}{2} A_x \Delta t_1^2 + A_x \Delta t_1 (t - t_0 - \Delta t_1) =$$

$$x_0 - \frac{1}{2} A_x \Delta t_1^2 + A_x \Delta t_1 (t - t_0) \tag{6.43}$$

第三段，$t_2 \leqslant t \leqslant t_f$，设抛物线样条函数为

$$x(t) = \xi + \eta(t - t_2) + \zeta(t - t_2)^2 \tag{6.44}$$

$$x(t) = \eta + 2\zeta(t - t_2) \tag{6.45}$$

将边界条件 $x(t_2) = x_f - \dfrac{1}{2} A_x \Delta t_1^2$ 及 $\dot{x}(t_2) = A_x \Delta t_1$ 及代入式(6.44)和(6.45)，可解得 $\xi = x_f - \dfrac{1}{2} A_x \Delta t_1^2$ 和 $\eta = A_x \Delta t_1$。进一步，将 $\dot{x}(t_f) = 0$ 代入式(6.45)，解得 $\zeta = \dfrac{\eta}{2(t_f - t_2)} = -\dfrac{A_x}{2}$。所以，第三段抛物线样条函数为

$$x(t) = x_f - \frac{1}{2} A_x \Delta t_1 + A_x \Delta t_1 (t - t_2) - \frac{A_x}{2}(t - t_2)^2 = x_f - \frac{A_x}{2}(t_f - t)^2$$

$$\tag{4.46}$$

其中第二式利用了$(t - t_2) = \Delta t_1 - (t_f - t)$。

注意,在计算 Δt_2 时可能出现负数,说明运动距离不够长,不允许加速到最高速度 V_x。在遇到这种情况时,应去掉常速度段,采用两段抛物线样条函数。

6.4.2 两段抛物线样条函数(BBPB)

采用两段抛物线样条函数时,各段的运行时间为 $\Delta t_1 = \sqrt{\dfrac{x_f - x_0}{A_x}}$、$\Delta t_2 = 0$、$\Delta t_3 = \Delta t_1$。于是有

$$t_f - t_0 = 2\Delta t_1 = 2\sqrt{\frac{x_f - x_0}{A_x}} \tag{6.47}$$

同时,样条函数由式(6.42)和(6.46)决定,即

$$x(t) = x_0 + \frac{A_x}{2}(t - t_0)^2 \tag{6.48}$$

及

$$x(t) = x_f - \frac{A_x}{2}(t_f - t)^2 \tag{6.49}$$

对于两段抛物线样条函数,路径、速度及加速度时间曲线如图 6.14 所示。

对于具有 n 个自由度的多轴系统,在利用抛物线-直线-抛物线(或两段抛物线)样条函数产生参考指令信号时,为了协调运动,如图 6.15 所示,第 i 轴以极限加速度 A_i 加速到比它的极限速度低的速度;同时第 j 轴以小于其极限加速度的加速度加速到它的最大速度 V_j。然后,两根轴以常速度运动,直到它们同时减速到零。采用与单轴类似的分

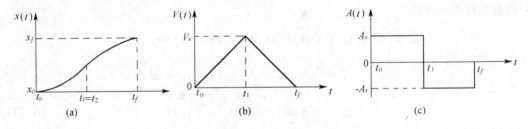

图 6.14 两段抛物线样条函数
(a) 路径; (b) 速度; (c) 加速度

析方法,为了第 i 轴以最大加速度 A_i 加速和第 j 轴能达到最大速度 V_j,需要下列关系式:

第一段,$\Delta t_{1i,j} = \dfrac{V_i}{A_i} = \dfrac{V_j}{A_j}$,利用协调运动比例关系

$$V_i = \frac{\mid x_f - x_0 \mid_i}{\mid x_f - x_0 \mid_j} V_j, \quad A_j = \frac{\mid x_f - x_0 \mid_j}{\mid x_f - x_0 \mid_i} A_i$$

则有

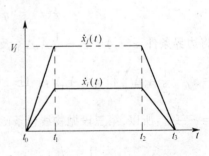

图 6.15 多自由度协调运动速度剖面

$$\Delta t_{1j,i} = \frac{|x_f - x_0|_i}{|x_f - x_0|_j} \cdot \frac{V_j}{A_i} \tag{6.50}$$

第二段,由 $V_j \Delta t_{2i,j} = |x_f - x_0|_j - \dfrac{V_j^2}{A_j}$,可得

$$\Delta t_{2i,j} = \frac{|x_f - x_0|_j}{V_j} - \Delta t_{1i,j} \tag{6.51}$$

第三段, $$\Delta t_{3i,j} = \Delta t_{1i,j} \tag{6.52}$$

式中,$i,j = 1,2,\cdots,n$(注意这里包括 $i = j$ 的情况)。如果由式(6.51)计算出的 $\Delta t_{2i,j}$ 为负值,则这些时间变量必须修正,使得常速段的时间区间为零,即

$$\Delta t_{1i,j} = \sqrt{\frac{(x_j - x_0)_i}{A_j}} \tag{6.53}$$

$$\Delta t_{2i,j} = 0 \tag{6.54}$$

$$\Delta t_{3i,j} = \Delta t_{1i,j} \tag{6.55}$$

于是,在给定第 i 轴加速度极限和 j 轴速度极限的条件下,可得

$$(t_f - t_0)_{i,j} = \Delta t_{1i,j} + \Delta t_{2i,j} + \Delta t_{3i,j} \tag{6.56}$$

因此,既能保证 n 个轴协调运动,又能满足所有速度和加速度极限的最短运动时间应为

$$\Delta t = t_f - t_0 = \max_{i=1\to n} \left[\max_{j=1\to n} (t_f - t_0)_{i,j} \right] \tag{6.57}$$

6.5 数字滤波方法

对计算机控制系统中的常态干扰,可以用数字滤波的方法加以抑制或滤除。所谓数字滤波,就是通过一定的软件程序降低干扰在有用信号中的比重,故实质上是一种程序滤波。与模拟滤波器相比,数字滤波有以下几个优点:

(1) 数字滤波是用软件来实现的,故不需要增加硬件,而且多个通道可以共用一个滤波子程序。

(2) 由于不需要硬设备,故可靠性高,且无阻抗匹配问题。

(3) 可以对频率很低的信号进行滤波,克服了模拟滤波器的缺陷,而且通过改写滤波程序可以实现不同的滤波方法或改变滤波参数。

由于数字滤波的上述优点,使其得到了广泛的应用。下面我们简单介绍几种常用的数字滤波方法。

1. 程序判断滤波

程序判断滤波分为限幅滤波和限速滤波两种。限幅滤波是根据具体控制对象的情况,确定出两次采样值可能出现的最大偏差 Δx_{max},若超过该规定值,则认为该次输入信号受到了严重干扰,应该去掉;反之,该次采样信号有效。所以滤波算法表示如下:

若 $|x_k - x_{k-1}| \leq \Delta x_{max}$,则本次采样值有效;

若 $|x_k - x_{k-1}| > \Delta x_{max}$,则本次采样值无效,而以上次的采样值作为本次的采样值有效。

限速滤波的基本思想是,设采样时刻 t_1,t_2,t_3 的采样值分别为 x_1,x_2,x_3

若 $|x_2-x_1|<\Delta x_{max}$,则以 x_2 作为本次采样的真实信号;

若 $|x_2-x_1|\geq\Delta x_{max}$,则 x_2 不采用,但先保留,再取第三次采样值;

若 $|x_3-x_2|<\Delta x_{max}$,则以 x_3 作为本次采样的真实信号;

若 $|x_3-x_2|\geq\Delta x_{max}$,则以 $(x_2+x_3)/2$ 作为本次采样的真实信号。

限速滤波比较折衷,即照顾了采样的实时性,也照顾了采样值变化的连续性。但这种方法也有明显的缺点,首先在于 Δx_{max} 要根据现场测试后而定,对不同的过程变量,要不断给计算机提供新的信息,不够灵活;其次,限速滤波不能反映采样点数大于 3 时各采样值受干扰的情况,因而其应用受到一定的限制。

程序判断滤波适用于变化比较缓慢的参数,如温度、液位等,关键在于最大允许偏差 Δx_{max} 的选取。

2. 算术平均滤波

算术平均滤波就是用 n 次采样的算术平均值作为本次的采样值,即

$$y=\frac{1}{n}\sum_{i=1}^{n}x_i \qquad (6.58)$$

算术平均滤波主要适用于压力、流量等周期性脉动信号的平滑加工,这类信号的特点是信号往往在某一数值范围附近上下波动,即干扰是周期性的,平均次数 n 的选取决定于平滑度和灵敏度;n 增大,平滑度提高而灵敏度降低;n 减小,在平滑度降低而灵敏度提高。根据经验,对压力,n 一般取 4;对流量,n 一般取 12。

3. 加权平均滤波

在算术平均滤波中,n 次采样值在结果中所占的比重是相同的,即每次的采样值具有相等的加权因子 $1/n$。有时为了提高滤波效果,往往对不同时刻的采样值赋以不同的加权因子,这就是所谓的加权平均滤波,其算法为

$$y_n=\sum_{i=1}^{n}a_i x_i \qquad (6.59)$$

其中 $0\leq a_i\leq1$,且 $\sum_{i=1}^{n}a_i=1$。加权因子的选取可视具体情况而定,一般采样值越靠后,加权因子越大,以增加新的采样值在平均值中的比例,系统对正常变化的灵敏度也可提高,当然对干扰的灵敏度也要大些。

加权平均滤波适用于系统纯滞后时间较大,而采样周期较短的过程。

4. 中值滤波

中值滤波是在三个采样周期内,连续采样读入三个检测信号 x_1,x_2,x_3,从其中选择一个大小居中的数据作为有效信号。其算法表示为,若 $x_1<x_2<x_3$,则 x_2 作为本次采样的有效信号。中值滤波能有效地滤除由于偶然因素引起的波动或采样器不稳定造成的误码等引起的脉冲干扰,对缓慢变化的过程变量有良好的效果。中值滤波对于采样点多于三个的过程不宜采用,它同样不宜用于快速变化的过程参数,这是中值滤波的缺点。

5. 防止脉冲干扰的平均值滤波

算术平均值滤波和中值滤波都有一些缺点,但从这两种滤波方法削弱干扰的原理可

以得到启发,即如果先用中值滤波原理滤除由于脉冲性干扰引起误差的采样值,然后再把剩下的采样值进行算术平均,这就是所谓的防止脉冲干扰的平均值滤波。其原理可表示为:$x_1 \leqslant x_2 \leqslant \cdots x_n$,且 $3 \leqslant n \leqslant 14$,则 $y = (x_2 + x_3 + \cdots + x_{n-1})/(n-2)$。

可以肯定,这种方法兼容了算术平均值滤波和中值滤波的优点,当采样点数不多时优点尚不明显,但在快、慢速系统中它却都能削弱干扰,提高控制质量。

6. 惯性滤波

在模拟量输入通道中,常用一阶低通 RC 模拟滤波器来削弱干扰。但用这种方法实现对低频干扰的滤波时,困难在于大时间常数及高精度的 RC 网络不易制作,因为电阻 R 和电容 C 都不能取得很大,否则体积和漏电流都很大。数字滤波就不存在这样的问题,而惯性滤波就是一种实现低通滤波的动态滤波方法。

模拟低通滤波器的传递函数为

$$G(s) = \frac{Y(s)}{X(s)} = \frac{1}{T_f s + 1} \tag{6.60}$$

若其中 $T_f = RC$ 为滤波时间常数。将上式离散化,可得

$$y(k) = (1-\alpha)y(k-1) + \alpha x(k) \tag{6.61}$$

式中,$\alpha = 1 - e^{-T/T_f}$,T 为采样周期。从物理意义上讲,$T \ll T_f$,因而可取

$$\alpha \approx \frac{T}{T_f} \tag{6.62}$$

实际应用时,α 通过实验确定,只要使滤波器不产生明显的纹波即可。

式(6.61)对应的脉冲传递函数为

$$G_F(z) = \frac{\alpha}{[1 - (1-\alpha)z^{-1}]} \tag{6.63}$$

将 $z = e^{j\omega T}$ 代入式(6.63)得

$$G_F(j\omega) = \frac{\alpha}{1 + (\alpha-1)\cos\omega T - j(\alpha-1)\sin\omega T}$$

其幅频特性曲线如图 6.16 所示。

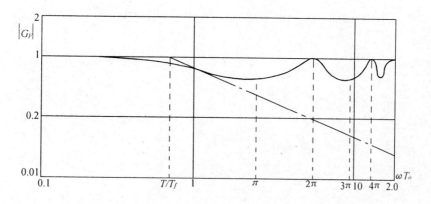

图 6.16 一阶低通模拟滤波器(虚线)和离散滤波器(实线)的幅频特性

由图 6.16 可见,离散低通滤波器在低频段能很好地继承模拟低通滤波的特性,它在

$k\pi(k$ 为大于 0 的奇数)处达到极小值$(|G_F(j\omega))|_{\omega T}=k\pi)$，在 $k\pi(k$ 为大于 0 的偶数)处达到极大值$(|G_F(j\omega))|_{\omega T}=1)$。由此可见，这种离散滤波器不能有效地对频率高于采样定理的信号滤波，在采样定理的频率范围之外应采用模拟滤波器。

惯性滤波法适用于波动频繁的工艺参数滤波，它能很好地消除周期性干扰，但也带来了相位滞后，滞后角的大小与 α 的大小有关。实用中可将惯性滤波法预先归入到 PID 算式中。

7. 数字滤波小结

一般来说，对于变化缓慢的参数，如温度等，可选用程序判断滤波及惯性滤波；而对于变化较快的信号，则可选用算术平均滤波或加权平均滤波；要求较高的系统可选用防止脉冲干扰的平均滤波。在滤波效果相同的条件下，应选用执行时间短的滤波方法。

不适当地应用数字滤波，例如将真实的参数波动也滤掉了，反而会降低控制效果，以至适得其反，造成控制系统不稳定，因此必须加以注意。

数字滤波方法并不局限于以上介绍的几种，而且每种滤波方法的滤波效果又与实际系统使用的具体程序编排、采样点的选择以及采样频率有关。因此，使用时应根据实际系统的情况加以分析和实验，再选择使用。

第七章　机电系统参数及动力学基础

机电系统的输出都包含有某种形式的机械环节和元件,它们是控制系统的重要组成部分,其性能和动力学特性对控制系统的品质有着直接的影响。这些机械环节和元件一旦制造好之后,就很难作大的更改,远不如电子部件那样灵活易变。因此,机械与控制系统的设计人员,都必须明确了解机械环节和元件的参数对系统性能的影响,将系统作为一个有机的整体综合考虑,相互间密切配合,在设计阶段,就仔细考虑和明确相互间的各种要求,采取措施减小它们的不利影响,作出合理的设计。所需考虑的内容,从机械参数来看,包括有关的负载大小、转动惯量、驱动力或驱动力矩、摩擦力或摩擦力矩、死区大小、传动系统的间隙、刚度、固有频率等。

7.1　摩　　擦

7.1.1　摩擦的分类和性质

摩擦力的形式和大小取决于相互接触两物体表面的质量和结构、两面间的压力、相对速度、润滑情况以及其他一些因素,因此,准确地用数学模型进行描述是很困难的。关于摩擦的详细论述和研究属于摩擦学的研究范畴,这里仅作一些定性的描述。理论上摩擦力一般可分成三类:粘滞摩擦力、库仑摩擦力和静摩擦力。

粘滞摩擦力是和物体运动速度成正比的摩擦力,即为 Bdx/dt,其方向与速度的方向相反。类似的粘滞摩擦力矩 $M_f = Bd\theta/dt$。其中 B 为摩擦系数。粘滞摩擦力与速度的关系见图 7.1(a)。

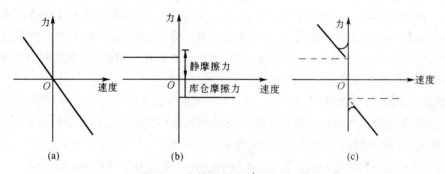

图 7.1　摩擦力与速度的关系

(a) 粘滞摩擦情况;　(b) 库仑摩擦情况;　(c) 实际摩擦情况

库仑摩擦力是物体运动时接触面对运动物体所呈现的阻力(或阻力矩),它是一个常数;静摩擦力是相互接触物体间有相对运动趋势但仍处于静止时所呈现的摩擦阻力,其最大值发生在开始运动的瞬间,一旦开始运动,静摩擦力即消失而代之以较小的动摩擦力,见图 7.1(b)所示。实际的摩擦特性比较复杂,且不易获得精确的数学描述,可近似地表示为图 7.1(c)。

7.1.2　摩擦对系统误差的影响

以图 7.2 所示的位置伺服系统为例。若不考虑负载的惯性力矩,仅考虑摩擦力矩的影响,由图可知,执行电动机的转矩 M_m 与偏转角的关系为

$$M_m = K_a K_m e(t) = Ke(t) \tag{7.1}$$

式中,K_m 为电动机的转矩系数,$K = K_a K_m$。

显然,为使负载轴运动,必须使电动机的启动转矩 M_0 大于驱动系统(电动机—传动装置—负载系统)的最大静摩擦力矩 M_s(折算到电动机轴上的驱动系统总静摩擦力矩)。这就要求

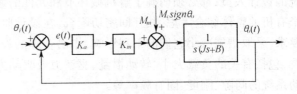

图 7.2　位置伺服系统

$$e(t) \geq M_s/K \tag{7.2}$$

若输出轴初始处于静止状态,则当输入轴以一定角速度转动,而在输入角 $|\theta_i(t)| \leq M_s/K$ 的范围内时,输出轴将仍处于静止状态,也就是存在 $\pm M_s/K$ 的死区,使系统对 $\theta_i(t) \leq M_s/K$ 的输入信号无响应,因而造成误差,这是静摩擦的影响。系统的稳态误差与粘滞摩擦力矩和库仑摩擦力矩成正比,与系统的增益成反比。增大系统增益可减小系统的稳态误差,但对系统的稳定性不利。

7.1.3　摩擦引起低速爬行

机械系统在低速运行时,可能出现时启时停、时快时慢的不稳定运动,或跳跃式运动,这种现象称为爬行。产生爬行的机理目前在认识方面还不完全统一,通常认为是由于系统的动、静摩擦系数不一致或摩擦系数存在非线性以及系统的刚度不足所致。系统由静止开始运动的瞬间,最大静摩擦力迅速转变为相对较小的滑动摩擦力,对系统低速运行的平稳性产生极为不利的影响。在机电控制系统中,要求较小的动、静摩擦力的差值较之要求低的摩擦系数更为重要。下面对此作一些定性分析。

现在考虑图 7.2 所示的位置伺服系统。设系统输入恒速信号 $\theta_i(t) = \omega t$,如图 7.3 所示,在 $t = t_1$ 以前,因为输入与输出的误差角很小,电动机的输出转矩不足以克服输出轴的静摩擦力矩,故输出保持静止状态。$t = t_1$ 时,误差角为 $e(t) = \theta_i(t_1) - \theta_o(t_1) = \theta_i(t_1) = \omega t_1 = M_s/K$,作用在电动机轴上的驱动力矩为 $Ke(t) = M_s$,电动机开始克服静摩擦力矩而转动。一经转动,摩擦力矩马上降为库仑摩擦力矩 M_c,故 $t = t_1^+$ 时输出轴上的净加速力矩为 $M_a = M_s - M_c$,输出轴在此加速力矩作用下加速运动,误差角 $e(t) = \theta_i(t) - \theta_o(t)$ 将逐渐减小,放大器的输出电压跟着减小,使执行电动机的输出转矩减小。当 $\theta_o(t) = \omega t - M_c/K$,误差角变为 $e(t) = \theta_i(t) - \theta_o(t) = \theta_i(t) = \omega t = M_c/K$,电动机的输出转矩等于库仑摩擦转矩 M_c,加

速转矩变为零，输出轴角加速度也为零，角速度到了最大值。此后，由于误差角 $e(t) < M_c/K$，$\theta_o(t)$ 作减速运动，当 $\mathrm{d}\theta_o(t)/\mathrm{d}t = 0$ 时（相应于 b 点），误差角绝对值 $|e(t)| < M_s/K$，电动机转矩不足以克服静摩擦力矩，输出轴将停止不动。此时输入信号虽然继续以恒速 ω 增加，输出轴却因非线性摩擦的影响而"滞住"不动，$\theta_o(t)$ 保持不变，直至 $e(t) > M_s/K$（相当于 c 点），电动机又将克服静摩擦力矩而启动，使负载又加速运行，重复上述过程。

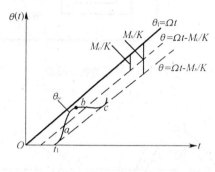

图 7.3　低速爬行示意图

由以上讨论可知，系统需要克服静摩擦的"粘滞"作用才能启动运行，一旦运动开始，摩擦系数降低，维持运动所需的驱动力迅速减小，负载由于惯性和迅速释放能量所导致的弹簧效应而向前滑行，当驱动力小于动摩擦力时又将停止。这样，在低速时，由于静摩擦力和动摩擦力的交替作用而可能出现"爬行"现象。该爬行现象在系统速度较高时并不明显，或者并不出现，因为高速运行时，输入信号增长较快，能发生"停滞"的时间很短。同时输出轴的能量较大，这种不平稳性被系统的惯性所平滑。

应当指出，动静摩擦系数的差值越小，或系统的刚度越大，发生爬行现象的速度越低，即减小动静摩擦系数之差，对减小爬行有利，理论上若动静摩擦系数之差为零，或系统的刚度为无穷大，则不会发生爬行现象。

7.1.4　摩擦引起系统的失动

失动这一术语用来表示命令位置没有达到的情况。在评价系统的失动时，通常把它折合成直线运动，即把从左边和右边向同一点定位时平均值之差定义为失动量。失动可以是由于驱动系统中传动齿轮或丝杠的间隙、传动链的扭转变形或负载构件的挠曲等因素所引起，实际上总的失动量是这些因素的综合。而摩擦则以间接的方式助长系统的失动，由于摩擦力的存在，必须用更大的力来克服它才能使系统运动，因而使驱动元件的扭转变形也增大。

失动量的大小在开环系统中直接影响到系统的精度。在闭环系统中，过大的失动量将造成伺服系统不稳定，至少会使系统品质下降。

总之，为了提高精度和消除爬行，减小摩擦是很必要的，但摩擦过度减小也不一定理想，因为适当大小的摩擦能给振动以足够的阻尼。对系统而言，要求动、静摩擦的变化小比摩擦系数低更重要，即摩擦力应尽量保持恒定。

7.2　间　　隙

在齿轮副或丝杠副或其他类似的传动链中，两啮合面之间总要留出一定大小的活动量，这就是"间隙"。间隙的存在对于工作在可逆运转的传动装置将造成回差，其输入输出关系具有如图 7.4 所示的滞环特性，是非单值的非线性关系。一般说，带间隙的机械链的动态特性取决于输出构件的惯量与摩擦力的大小。为了说明输入和输出构件间的关系,现将间隙的物理模型示于图7.5,并假设输入位移随时间作正弦变化。

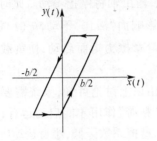

图 7.4　间隙造成的输入输出关系

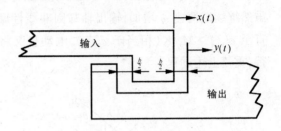

图 7.5　间隙的物理模型

若输出构件的惯量比输入构件的惯量小得多时,运动显然被摩擦所控制,其输出输入关系如图7.6所示。图中假设运动开始时输入构件与输出构件在右侧接触,故 $x(0)=0$, $y(0)=-b/2$。两构件的参考位置系按图7.5规定,即输入构件起始位置在总间隙中心。可见,当输出被输入驱动时,两构件保持接触并以相同速度一起移动直到输入构件反向为止。反向后,输出构件保持原状态(静止不动)直到输入构件与另一面接触,间隙消失为止。

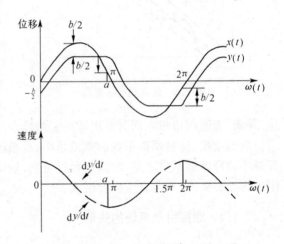

图 7.6　高摩擦时间隙的输入输出模型

从另一个极端情况来说,若输出构件的摩擦小到可以忽略时,则惯量成为机械链动态特性的决定因素,在此情况下输入与输出构件的位移和速度波形如图7.7所示。输入构件在越过间隙后保持与输出构件接触,驱动输出构件以相同速度运动,直至输入构件达到最大速度为止,这时输出构件以等于输入构件所能达到的最大速度恒速滑行,并与输入构件脱离接触。输入构件反向后,当输出构件相对于输入构件已移过一等于死区的距离时,它将重新被输入构件另一侧阻止,此时,输出构件将再度承担输入构件的速度。

事实上,具有间隙的机械链的输出元件总有摩擦和惯性,故输出波形对应输入位移为正弦时的图形介于图7.6和图7.7

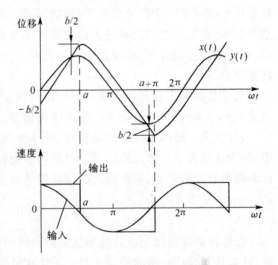

图 7.7　低摩擦时间隙的输入输出波形

之间。不管哪种情况,输出位移相对输入位移均产生动态滞后,幅值也有变化。动态滞后增加了系统的振荡倾向,在大多数情况下,间隙都容易使系统不稳定,产生自振荡,特别是图 7.7 所示的系统,如果间隙存在于电动机轴和负载轴之间,则在通过间隙造成的空程范围内,电动机基本上是空载状态,电动机具有很大动能,当空程结束时,主动轮与从动轮产生冲击,并带动负载轴以比无间隙时大得多的加速度运转,当系统增益较大时就易产生振荡。在有摩擦存在时,它所产生的阻尼作用有助于消除间隙所引起的自振荡。间隙只有在其大小超过某一由驱动系统参数所决定的临界值时,才会发生自振荡。

应该指出,间隙在系统中存在的位置不同,它对系统性能的影响也不尽相同。输出轴和位置反馈元件间的间隙,不但影响系统的稳定性,还会影响系统的精度,因为它使位置反馈元件不能真实反映输出轴的实际位置;如果执行电动机和反馈测速装置之间的传动装置存在间隙,则在间隙内相当于反馈断开,若系统在柔性反馈存在时,闭环是稳定的,而在柔性反馈断开时,闭环是不稳定的,间隙的存在就将使系统产生自振荡。因此,间隙的存在将严重影响系统的性能。为使系统稳定工作,不致产生自振荡,系统的带宽就不能取得太宽,开环增益也不能取得太大。此外,间隙还将产生失动量并导致机械构件磨损。

7.3　刚度与扭转谐振

7.3.1　机械系统的刚度

机械系统的刚度是指弹性体引起单位变形时所需要的作用力或力矩,即

$$K = F/x \text{ 或 } K = M/\theta \tag{7.3}$$

式中,F 为作用力,M 为作用力矩,x 为线位移形变,θ 为角位移形变。

如果引起弹性变形的作用力是静力,则此力和变形关系所决定的刚度称为静刚度;如果引起弹性变形的作用力是交变力,则由该力和变形关系所决定的刚度称为动态刚度。若刚度不足,则在重力和摩擦力等静动载荷的作用下,机械系统就会产生弹性变形,影响系统的性能。

在机电伺服驱动系统中,当转矩作用到并非绝对刚体的机械传动链中时,将产生不同程度的弹性变形,并引起机械振动。在转动过程中,轴的角变形在传动链的各部分均不相同,相应的角变形量取决于驱动力矩的大小和激振频率以及系统的其他一些参数,在某些频率下,可能发生两部分相位相反的角变形,这种情况使机械系统储存和释放动能,结果使角变形增大,这种现象称为扭转谐振,引起谐振的频率称为谐振频率。一个良好的伺服系统,其谐振频率通常远落于系统的带宽之外,结构的扭转谐振问题并不突出。

但对于高性能的伺服系统,对精度和快速性等关键指标的要求很高,因而要求伺服系统的增益与带宽的乘积大,或者受结构和空间的限制,机械系统的刚度和固有频率很难设计得很高,这就导致机械系统谐振频率与伺服系统的带宽靠拢,甚至回落入系统带宽以内,激起机械系统谐振,造成系统不稳定而无法工作,并使机械系统造成损害。实践表明,主要变形出现在伺服驱动系统的机械传动链中,故下面主要讨论传动链弹性变形所引起的扭转谐振问题。

7.3.2 伺服系统中的扭转谐振

图 7.8 所示为伺服驱动系统的简化模型。图中：J_m 和 J_1 分别表示电动机和负载的转动惯量；θ_m 和 θ_1 分别表示两者的角位移。设两者连接轴的转动惯量为零，刚度为 K_1。注意：由于电动机和轴之间角速度不同，用 B_1 表示轴的阻尼，B_m 表示由电动机转速引起的阻尼。显然，阻尼产生在系统的各个部分，但为简化起见，假定阻尼是集中的。

为写出系统的动态方程，设电动机产生的转矩是 M_m，施加于轴上的转矩是 M_1。得动态方程为

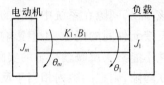

图 7.8　伺服驱动系统的简化模型

$$M_m = J_m \dot{\theta}_m + B_m \dot{\theta}_m + M_1 \qquad (7.4)$$
$$M_1 = J_1 \dot{\theta}_1$$

转矩 M_1 所引起的轴角偏移由下述方程决定：

$$M_1 = K_1(\theta_m - \theta_1) + B_1(\dot{\theta}_m - \dot{\theta}_1)$$

为导出转矩 M_m 与角偏移 θ_1 之间的传递函数，设初始条件为零，对上三式进行拉氏变换，整理并消去 M_1 后，得

$$M_m(s) = (s^2 J_m + s B_m)\Theta_m(s) + s^2 J_1 \Theta_1(s)$$
$$s^2 J_1 \Theta_1(s) = (s^2 B_1 + K_1)\Theta_m(s) - (s B_1 + K_1)\Theta_1(s)$$

上两式联立求解，可得

$$\frac{\Theta_1(s)}{M_m(s)} = \frac{s B_1 + K_1}{(s^2 J_m + s B_m)(s^2 J_1 + s B_1 + K_1) + s^2 J_1(s B_1 + K_1)} \qquad (7.5)$$

如果确定转矩 M_m 和角速度 ω_1 之间的传递函数，注意 $\Omega_1(s) = s\Theta_1(s)$，得

$$\frac{\Omega_1(s)}{M_m(s)} = \frac{s B_1 + K_1}{(s J_m + B_m)(s^2 J_1 + s B_1 + K_1) + s J_1(s B_1 + K_1)} \qquad (7.6)$$

如果轴的刚度无限大，则式(7.6)变成

$$\lim_{K_1 \to \infty} \frac{\Omega_1(s)}{M_m(s)} = \lim_{K_1 \to \infty} \frac{K_1}{(s J_m + B_m)K_1 + s J_1 K_1} = \frac{1}{s(J_m + J_1) + B_m} \qquad (7.7)$$

比较(7.6)和(7.7)两式，可见扭转谐振使传递函数增加一个实数零点和两个极点，现对极点进行估算。系统的极点为下述特征方程的根：

$$(s J_m + B_m)(s^2 J_1 + s B_1 + K_1) + s J_1(s B_1 + K_1) = 0 \qquad (7.8)$$

式(7.8)有三个根，为确定第一个根，考虑到低频时有 $K_1 \gg |s B_1|$ 和 $K_1 \gg |s^2 J_1|$，因此式(7.8)简化为

$$(s J_m + B_m)K_1 + s J_1 K_1 = 0 \qquad (7.9)$$

所以

$$s = s_1 = -\frac{B_m}{J_m + J_1} = -\frac{B_m}{J} \qquad (7.10)$$

式中 $J = J_m + J_1$。

极点 s_1 由机械量 J_1、B_m 决定，为机械极点，即刚度为无穷大时的极点。另两个根由扭转谐振引起，其值远大于 s_1。为确定谐振极点，假定在系统频率接近谐振频率时，

$|sJ_m| \gg B_m$，则可把式(7.8)近似写成

$$sJ_m(s^2 J_1 + sB_1 + K_1) + sJ_1(sB_1 + K_1) = 0 \tag{7.11}$$

然后，将式(7.11)除以 s，表示消去低频极点 s_1，则

$$s^2 J_m J_1 + sB_1(J_1 + J_m) + K_1(J_1 + J_m) = 0 \tag{7.12}$$

定义等效惯量 $J_e = J_1 J_m/(J_1 + J_m)$，式(7.12)写成

$$s^2 J_e + sB_1 + K_1 = 0 \tag{7.13}$$

由于 $4K_1 J_e \gg B_1^2$，上式两根为复数，将上式写成

$$s_2 + 2\xi\omega_o s + \omega_o^2 = 0 \tag{7.14}$$

式中

$$\omega_o = \sqrt{K_1/J_e}, \quad \xi = \frac{B_1}{2}\sqrt{\frac{1}{J_e K_1}} \tag{7.15}$$

综上所述，式(7.6)的传递函数可近似写成

$$\frac{\Omega_1(s)}{M_m(s)} = \frac{K'(s+z)}{(s+s_1)(s^2 + 2\xi\omega_0 s + \omega_0^2)} \tag{7.16}$$

式中 s_1, ξ, ω_0 分别由式(7.10)和式(7.15)给出，$K' = B_1/J_m J_1$，$z = -K_1/B_1$。可见，扭转谐振引进的复数极点和实数零点的值均和刚度有关，刚度越小，极点的谐振峰越向低频移动；由于 ξ 值一般较小，故极点的谐振峰值较高；二阶极点还引进相位滞后，这些都影响系统的稳定性。设原系统不考虑刚度时的频率特性如图 7.9 所示，则扭转谐振将使频率特性如虚线所示，在 ω_0 附近隆起（ω_0 处增加的峰值为 $1/(2\xi)$，在谐振频率 $\omega_p = \omega_0\sqrt{1-2\xi^2}$ 处增加的峰值为 $1/(2\xi\sqrt{1-\xi^2})$）。系统设计应保证峰值在零分贝线以下，并有一定裕度。如果传动链的刚度太小，ω_0 向低频方向移动，就必须

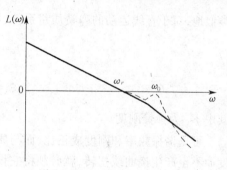

图 7.9　扭转谐振对幅频特性的影响

压缩 ω_c，或采取其他措施，否则就可能使 ω_c 处得到负相位裕度，或使 ω_p 处幅频特性峰值超过零分贝线（该处的相位通常小于 $-\pi$），造成系统不稳定，故要稳定一个刚度小的系统就必须付出代价。扭转谐振限制了系统带宽的增大和开环增益的提高，故提高刚度是重要的。

实数零点虽然有反谐振的作用，但因 B_1 远小于 K_1，零点的数值很大，其影响甚微。在电动机—负载—测速机系统中，常将测速机连接在电动机轴上，而将位置传感器连在负载轴上，这种系统的扭转谐振问题可用上述同样的方法进行分析。这时，其速度输出传递函数中，将增加一对复数极点和一对复数零点。系统的频率特性具有图 7.10 的形式。ω_{c1} 和 ω_{c3} 主要由电动机和负载的参数决定，ω_{c2} 主要由测速机和它的连接器决定。

总而言之，刚度不足引起的扭转谐振会导致系统的不稳定，限制系统带宽的增大。刚度不足还会引起系统失动，使定位不准确。

为减小系统谐振对伺服系统的性能影响,应合理进行机械结构设计。对系统极点公式的分析表明,谐振频率有一个通用的形式:$\omega = \sqrt{K/J}$,其中 K 为轴的刚度。光滑圆轴的刚度可表示为 $K = GJ_p/L$,其中 G 是剪切弹性模量,L 是惯量元件之间的距离,J_p 是极惯性矩;结构设计应尽量紧凑,减小惯性元件之间的距离;减小机械部分的转动惯量;选择

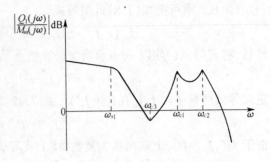

图 7.10　系统的频率特性

弹性模量高的轻型材料,提高机械系统的刚/惯比(刚度与转动惯量的比值)等,都可以提高扭转谐振频率。质量和惯量是机电伺服系统的重要参数,电动机—传动装置—负载组成的拖动系统,可看成是一个弹簧—质量系统,它具有一定的谐振频率,上面推导的旋转系统的谐振频率和阻尼系数分别表示为

$$f_o = \frac{1}{2\pi}\sqrt{K/J} \tag{7.17}$$

$$\xi = \frac{B}{2\pi}\sqrt{\frac{1}{JK}} \tag{7.18}$$

类似地,对于直线运动的弹簧质量系统,可证明其谐振频率和阻尼系数分别为

$$f_o = \frac{1}{2\pi}\sqrt{K_s/m} \tag{7.19}$$

$$\xi = \frac{B}{2\pi}\sqrt{\frac{1}{mK_s}} \tag{7.20}$$

其中 K_s 为弹簧刚度。

可见谐振频率和刚度成正比,而与质量或惯量成反比。要使基本部件具有较高的刚度而不至产生挠曲或扭转,就必须将它设计得很坚固,这样尺寸和质量(惯量)也就跟着增大,而质量的增大往往引起摩擦力的增大,因而驱动系统各传动件的尺寸也相应的增大。刚度和质量(惯量)的影响表现为谐振频率的变化,因此在不影响刚度的条件下,应尽量降低各部件的质量和惯量,这样成本也将下降。

此外,系统的时间响应主要取决于驱动系统运动部件的惯量(对质量可作类似的讨论),小惯量系统要求伺服电动机的功率小,对加速度的响应快。因为任何电动机或液压马达所能提供的转矩都有一个极限值,当忽略摩擦力矩时,可认为执行电机的输出转矩全部用于负载的加速,这时最大角加速度可表示为:

$$\varepsilon_M = M_p/J \quad (\text{rad/s}^2) \tag{7.21}$$

其中 M_p 为电动机的峰值转矩(N·m),J 为折算到电动机轴上的总的转动惯量 kg·m²。可见减小转动惯量对提高伺服系统的快速性能具有很大作用。

7.4 机械传动系统的动力学模型

7.4.1 机械转动系统

机械转动系统的简化模型可由图7.11表示,其中 J 表示电动机轴和负载总的转动惯量,B 表示系统的阻尼系数,K 表示系统的扭转刚度,假设驱动转矩 $M(t)$ 直接加在负载上,于是,可列出该系统的力矩平衡方程为

$$J\frac{\mathrm{d}^2\theta(t)}{\mathrm{d}t^2} = M(t) - B\frac{\mathrm{d}\theta(t)}{\mathrm{d}t}$$

$$(7.22)$$

其中 θ 表示系统的输出转角。

将方程(7.22)两端进行拉氏变换,则得系统的传递函数为

$$\frac{\Theta(s)}{M(s)} = \frac{1}{Js^2 + Bs + K} \quad (7.23)$$

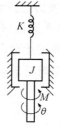

图 7.11 机械转动系统简化模型

7.4.2 机械传动机构

机械传动机构是许多伺服系统必不可少的重要机械部件。通常具有各种形式的传动机构,如齿轮传动、齿轮齿条传动、丝杠螺母传动、同步齿形带传动、连杆传动等。在建立这些类型机械系统的数学模型时,需要采用一定的折算方法,将复杂的传动系统加以等效简化。

在运动控制问题中,经常需要将旋转运动转化为直线移动,如采用旋转电动机和丝杠螺母副控制负载沿直线运动,图7.12(a)所示;采用齿轮齿条传动,图7.12(b)所示;或通过同步齿形带,由旋转的主动轮控制负载运动,图7.12(c)所示。

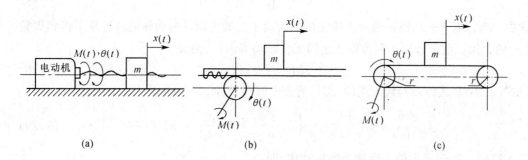

图 7.12 由旋转到直线的机械传动

图7.12所示的三种传动系统都可以用等价的转动惯量直接连接到电动机的简单系统来表示。例如,对7.12(c)的情况,负载可以看作一个质点环绕半径为 r 的皮带轮转动。若忽略皮带轮的惯量,那么,折合到电动机轴上的转动惯量为

$$J = mr^2$$

$$(7.24)$$

115 ·

如果图 7.12(b)的齿轮半径为 r,那么,折合到电动机轴上的等效转动惯量亦由方程 (7.24)确定。对于图 7.12(a)的情况,设丝杠的螺距为 L。从基本原理上讲,图 7.12(a) 和图 7.12(b)的两个系统是等价的。在 7.12(b)所示的系统中,齿轮每转一周,负载平移 的距离为 $2\pi r$。令 $2\pi r = L$,那么,图 7.12(a)的等效转动惯量可表示为

$$J = m\left(\frac{L}{2\pi}\right)^2 \tag{7.25}$$

齿轮系或同步齿形带等都是传递能量的机械装置。它们将能量从系统的这一部分传 递到另一部分,以改变力、力矩、速度及位移的方向和大小。这些机械装置亦可看作为达 到最大功率传输的匹配装置,使得驱动电动机在额定工作条件下达到最大功率输出。图 7.13 表示了一对齿轮的传动系统,主动轮 1 和从动轮 2 的转角分别为 θ_1 和 θ_2,转动惯量 分别为 J_1 和 J_2,粘滞阻尼系数分别为 B_1 和 B_2,主动轴上的驱动力矩为 M_i,从动轴上的

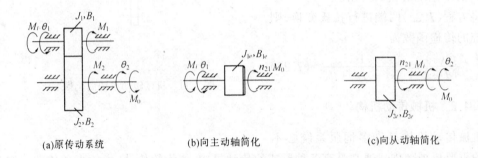

(a)原传动系统   (b)向主动轴简化   (c)向从动轴简化

图 7.13 齿轮传动系统及其简化

负载力矩为 M_0。现在,我们分别对主动轴和从动轴列出旋转运动方程

$$J_1 \frac{\mathrm{d}^2\theta_1}{\mathrm{d}t^2} + B_1 \frac{\mathrm{d}\theta_1}{\mathrm{d}t} + M_1 = M_i \tag{7.26}$$

$$J_2 \frac{\mathrm{d}^2\theta_2}{\mathrm{d}t^2} + B_2 \frac{\mathrm{d}\theta_2}{\mathrm{d}t} + M_0 = M_2 \tag{7.27}$$

式中,M_1,M_2——从动轴通过齿轮 2 传到齿轮 1 上的力矩及主动轴通过齿轮 1 传到齿轮 2 上的力矩。假定齿轮 1 和齿轮 2 之间无传动功率消耗,则有

$$\dot{\theta}_1 M_1 = \dot{\theta}_2 M_2 \tag{7.28}$$

将式(7.26)和式(7.27)代入式(7.28),消去中间变量 M_1,M_2 可得

$$J_1 \frac{\mathrm{d}^2\theta_1}{\mathrm{d}t^2} + B_1 \frac{\mathrm{d}\theta_1}{\mathrm{d}t} + \frac{\dot{\theta}_2}{\dot{\theta}_1}\left(J_2 \frac{\mathrm{d}^2\theta_2}{\mathrm{d}t_2} + B_2 \frac{\mathrm{d}\theta^2}{\mathrm{d}t} + M_o\right) = M_i \tag{7.29}$$

引入符号 n_{12},表示由轴 1 到轴 2 的传动比,即,

$$n_{12} = \frac{\dot{\theta}_2}{\dot{\theta}_1} = \frac{\theta_2}{\theta_1} \tag{7.30}$$

将式(7.27)代入式(7.26),可得

$$(J_1 + n_{12}^2 J_2) \frac{\mathrm{d}^2\theta_1}{\mathrm{d}t^2} + (B_1 + n_{12}^2 B_2) \frac{\mathrm{d}\theta^1}{\mathrm{d}t} + n_{12} M_0 = M_i \tag{7.31}$$

引入符号

$$J_{1e} = J_1 + n_{12}^2 J_2$$
$$B_{1e} = B_1 + n_{12}^2 B_2$$
$$M_{oe} = n_{12} M_0$$

于是,式(7.28)可以改写为

$$J_{1e} \frac{\mathrm{d}^2 \theta_1}{\mathrm{d}t^2} + B_{1e} \frac{\mathrm{d}\theta_1}{\mathrm{d}t} + M_{oe} = M_i \tag{7.32}$$

式中,J_{1e},B_{1e} 分别为折算到轴 1 上的等效转动惯量和等效阻尼系数。折合后的等效系统如图 7.13(b)所示。

同样,该传动系统也可向轴 2 简化。将式(7.26)的两边乘以轴 2 到轴 1 的传动比

$$n_{21} = \frac{\dot{\theta}_1}{\dot{\theta}_2} = \frac{\theta_1}{\theta_2} \tag{7.33}$$

于是可得

$$(J_2 + n_{21}^2 J_1) \frac{\mathrm{d}^2 \theta_2}{\mathrm{d}t^2} + (B_2 + n_{21}^2 B_1) \frac{\mathrm{d}\theta^2}{\mathrm{d}t} + M_0 = n_{21} M_i \tag{7.34}$$

或者改写为

$$J_{2e} \frac{\mathrm{d}^2 \theta_2}{\mathrm{d}t^2} + B_{2e} \frac{\mathrm{d}\theta^2}{\mathrm{d}t} + M_0 = n_{21} M_i \tag{7.35}$$

式中

$$J_{2e} = J_2 + n_{21}^2 J_1$$
$$B_{2e} = B_2 + n_{21}^2 B_1$$

这样得到的等效系统如图 7.13(c)所示。

7.5　传动比的选择和分配原则

传动比的选择,实质上就是寻求伺服电动机与负载的最佳匹配,而最佳匹配要根据负载的性质和对系统性能的要求来确定。在工程实践中,常遇到的伺服系统的典型情况有以下几种。

7.5.1　按最大输出速度选择传动比

这一原则适合于系统经常处于近似恒速或加速度很小的情况。设电动机和负载的粘滞摩擦系数分别为 μ_1、μ_2,传动比为 i,效率为 η,电动机额定转矩 M_e,负载转速为 ω_L,忽略加速度的影响,根据力平衡关系有

$$M_e = \left(\mu_1 i + \frac{\mu_2}{\eta i} \right) \omega_L \tag{7.36}$$

$$\omega_L = \frac{\eta i M_e}{\mu_1 \eta i^2 + \mu_2} = f(i) \tag{7.37}$$

对式(7.37)求极值,令 $\mathrm{d}\omega_L/\mathrm{d}t = 0$,则得最佳传动比

$$i_{opt} = \sqrt{\mu_2/(\eta\mu_1)} \qquad (7.38)$$

7.5.2 按最大加速度选择传动比

当系统变化剧烈,且有很大的加速度要求,应按最大加速度选择传动比。这时,可以忽略负载摩擦,只考虑影响加速度的惯性负载。

设负载转动惯量为 J_L,电机转子转动惯量为 J_M,负载轴的角加速度为 $\dot{\omega}_L$,则负载端的运动方程为

$$\dot{\omega}_L = \frac{\eta i M_e}{\eta i^2 J_M + J_L} \qquad (7.39)$$

将上式对 i 求导,并令 $\mathrm{d}\dot{\omega}_L/\mathrm{d}i = 0$,则获得最大加速度的最佳传动比 i_{opt}

$$i_{opt} = \sqrt{\frac{J_L}{\eta J_M}} \qquad (7.40)$$

式(7.40)即为"转动惯量匹配"的传动比。当 $\eta \approx 1$ 时,电动机的输出转矩一半用于加速负载,一半用于加速转子本身。

7.5.3 按输出一定的速度和加速度的要求选择传动比

这一原则适合于系统要求同时满足一定的速度和加速度指标的情况。

设输出轴的摩擦力矩为 M_{Lf},则负载端的运动方程为

$$\eta i M_e - M_{Lf} = (\eta i^2 J_M + J_L)\dot{\omega}_L$$

则

$$\dot{\omega}_L = \frac{\eta i^2 J_M - M_{Lf}}{\eta i^2 J_M + J_L} \qquad (7.41)$$

令

$$\frac{\mathrm{d}\dot{\omega}_L}{\mathrm{d}t} = \frac{\eta M_e(i^2 \eta J_M + J_L) - 2i\eta J_M(i\eta M_e - M_{Lf})}{(\eta i^2 J_M + J_L)^2} = 0$$

得到

$$i_{opt} = \frac{M_{Lf}}{\eta M_e} + \sqrt{\left(\frac{M_{Lf}}{\eta M_e}\right)^2 + \frac{J_L}{\eta J_M}} \qquad (7.42)$$

将 i_{opt} 代入式(7.41),可以求得对应的负载最大角加速度 $\dot{\omega}_{L\cdot max}$ 为

$$\dot{\omega}_{L\cdot max} = \frac{M_e}{2 J_M i_{opt}} \qquad (7.43)$$

另外 i_{opt} 还必须满足

$$\omega_e \geq i_{opt}\omega_{L\cdot max} \qquad (7.44)$$

式中 ω_e 为电动机的额定转速,$\omega_{L\cdot max}$ 为负载要求的最高转速。式(7.44)最佳传动比 i_{opt} 是电机输出额定转矩 M_e 时,使系统输出角加速度达到最大。当然,也可以不用电机的额定转矩 M_e,而用电机的短时最大过载转矩 λM_e 来建立上述关系,即电机输出 λM_e 时,使负载达到最大角加速度的最佳传动比。

7.5.4 按"折算方均根转矩最小"选择传动比

这一原则适合于系统经常连续地处于周期性运动(或增量运动)的情况。

设系统作正弦运动,其输出角为 $\theta_L = A\sin \omega_i t$,角速度 $\omega_L = A\omega_i\cos \omega_i t$,角加速度 $\dot{\omega}_L = -A\omega_i^2\sin \omega_i t$,令

$$\begin{cases} \omega_{L\cdot\max} = A\omega_i \\ \dot{\omega}_{L\cdot\max} = A\omega_i^2 \end{cases} \tag{7.45}$$

则等效正弦运动的角频率 ω_i、振幅 A、和周期 T 分别为

$$\omega_i = \frac{\dot{\omega}_{L\cdot\max}}{\omega_{L\cdot\max}} \tag{7.46}$$

$$A = \frac{\omega_{L\cdot\max}^2}{\dot{\omega}_{L\cdot\max}} \tag{7.47}$$

$$T = \frac{2\pi}{\omega_i} = \frac{2\pi\omega_{L\cdot\max}^2}{\dot{\omega}_{L\cdot\max}} \tag{7.48}$$

假定系统主要承受摩擦力矩 M_{Lf} 和惯性转矩$(J_M + J_G)i^2\dot{\omega}_L$、$J_L\dot{\omega}_L$,系统作正弦运动时,折算到电动机轴上的等效转矩 M_{MR} 可用一个周期的方均根值表示,即

$$M_{MR} = \sqrt{\frac{1}{T}\int_0^T \left(\frac{M_{Lf}}{i\eta}\right)\mathrm{d}t + \frac{1}{T}\int_0^T \left(J_M + J_G + \frac{J_L}{i^2\eta}\right)^2 i^2 \dot{\omega}_{L\cdot\max}^2 \sin^2\frac{2\pi}{T}t\,\mathrm{d}t} =$$

$$\sqrt{\frac{M_{Lf}^2}{i^2\eta^2} + \left(J_M + J_G + \frac{J_L}{i^2\eta}\right)^2 i^2 \dot{\omega}_{LR}^2} \tag{7.49}$$

式中 $\dot{\omega}_{LR} = \dot{\omega}_{L\cdot\max}/\sqrt{2}$ 为负载轴上的方均根角加速度。令 $\mathrm{d}M_{MR}/\mathrm{d}t = 0$,得

$$i_{opt} = 4\sqrt{\frac{M_{Lf}^2 + (J_L\dot{\omega}_{LR})^2}{[(JL + JG)\dot{\omega}_{LR}\eta]^2}} \tag{7.50}$$

式(7.50)即为"折算负载方均根转矩最小"的最佳传动比。

在满足一定的负载转速要求的前提下,当按照"折算负载方均根转矩最小"的总传动比进行匹配时,电动机克服方均根转矩所消耗的功率就最小。从这个意义上讲,按此原则选择传动比 i 可实现功率的最佳传递,或者说实现了能量的最佳传递。

显然,还可以建立许多不同观点的表达式,分别就不同参数对 i 求极值,便可以得出不同条件下的最佳传动比。

在选定总传动比之后,进一步的问题是合理选择传动级数和分配各级的速比。一般来说,传动装置的设计是由伺服系统的机械设计人员负责,但电气设计人员必须掌握与系统性能有关的传动装置的特性。通常,传动比的分配与级数的多少,应本着尽可能减小传动装置总转动惯量为原则。

在小功率伺服系统中,电动机和负载的转动惯量都很小,而传动装置的转动惯量则往往占很大的比重,所以要尽量设法减小它。减小减速器转动惯量的办法很多,如采用轻质合金、改进结构等。但传动比分配是其中一个重要的方面。下面简单说明一下传动比分配的一般原则。

在多级传动中,靠近电动机一端即输入轴的转动惯量对总的转动惯量的影响相对大一些。这是因为该轴转动惯量折算到电动机轴上时,是和电动机转子转动惯量直接相加的关系,而其余部分的转动惯量都要除以速比的平方。从减小转动惯量的角度来讲,应使前级的转动惯量越小越好。但齿轮的最少齿数和模数都有一定限制,所以较好的办法是减小前级的传动比。通常,传动装置的转动惯量折算到电动机轴上后应为电机本身转动惯量的 10% ~30% 为宜。近年来一种新型的传动装置——谐波减速器已得到较为广泛的应用,它具有传动精度高、运行平稳、过载能力强、传动比大、效率高等特点。但需要注意的是,谐波减速器的转动惯量大,通常应采取在输入轴前串联一级齿轮减速,以减小折算到电动机轴上的转动惯量。

7.6 直流拖动系统的传递函数

数控机床和工业机器人中广泛采用直流伺服系统,在这些系统中,需要知道直流电动机输出的机械量与输入给电枢两端电压信号之间的函数关系,也就是要知道直流电动机及其拖动的执行机构的传递函数。

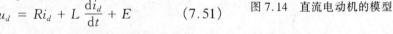

图 7.14 是直流电动机的模型,激磁为它激式,激磁电压为恒定电压,以求得到恒定磁通。显然这一模型同样也适合于永磁式直流电动机。

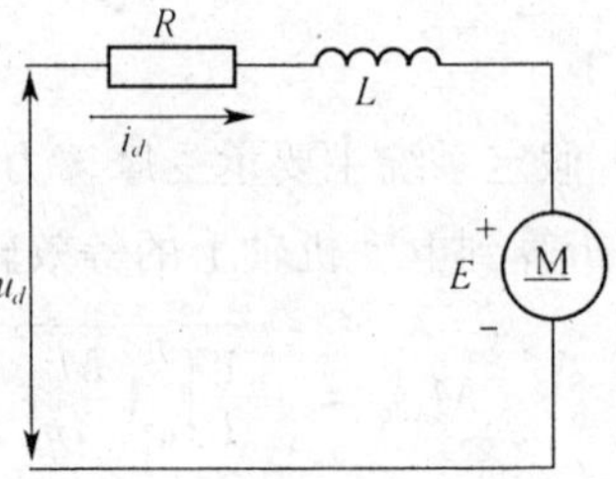

对电枢回路,可以列出如下电压平衡方程

图 7.14 直流电动机的模型

$$u_d = R i_d + L \frac{\mathrm{d}i_d}{\mathrm{d}t} + E \qquad (7.51)$$

$$E = K_e n \qquad (7.52)$$

式中:u_d—— 电枢两端的电压,单位为 V;

R—— 电枢回路的总电阻,单位为 Ω;

L—— 电枢回路的电感,单位为 H;

i_d—— 电枢电流,单位为 A;

E—— 直流电动机的反电动势,单位为 V;

K_e—— 电动机结构所决定的反电动势常数,单位为 V·min/r;

n——电动机转速,单位为 r/min。

由电枢电流建立起的电磁转矩为

$$M = K_m i_d \qquad (7.53)$$

其中为电动机的转矩常数。

在电动机的运行过程当中,转矩的平衡方程为:

$$M = M_L + J \frac{\mathrm{d}n}{\mathrm{d}t} \qquad (7.54)$$

$$M_L = K_m i_L \qquad (7.55)$$

式中:M_L—— 负载转矩;

J—— 折算到电机轴上的等效转动惯量;

i_L—— 为负载电流。

将式(7.53)和式(7.55)代入式(7.54),并在零初始条件下取拉氏变换,得

$$U_d(s) = (R + Ls)I_d(s) + E(s)$$

$$E(s) = K_e N(s)$$

$$[I_d(s) - I_L(s)]K_m = sJN(s)$$

令 $T_m = \dfrac{JR}{K_e K_m}$ —— 系统的机电时间常数;

$T_l = \dfrac{L}{R}$ —— 电枢回路的电气时间常数。

则以上三式可以改写为

$$\frac{I_d(s)}{U_d(s) - E(s)} = \frac{1/R}{T_l s + s} \tag{7.56}$$

$$\frac{E(s)}{I_d(s) - I_L(s)} = \frac{R}{T_m s} \tag{7.57}$$

$$N(s) = \frac{1}{K_e} E(s) \tag{7.58}$$

以上三式即为直流电动机的传递函数。如用结构图表示是非常有利的,这样可以非常清楚的看出各变量之间的关系,通过结构图,也可以非常容易地求出任意变量之间的关系。结构图如图 7.15 所示。

图 7.15 所示直流伺服电动机的结构图,常用于转速电流双闭环直流调速系统的分析与设计,若采用转速单闭环调速,即无电流反馈,则无需暴露电枢电流,这样,直流电动机的传递函数简化为

$$\frac{N(s)}{U_d(s)} = \frac{1/K_e}{T_m T_l s^2 + T_m s + 1} \tag{7.59}$$

相应的结构图可以简化为图 7.16 所示。

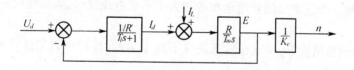

图 7.15 直流电动机结构图

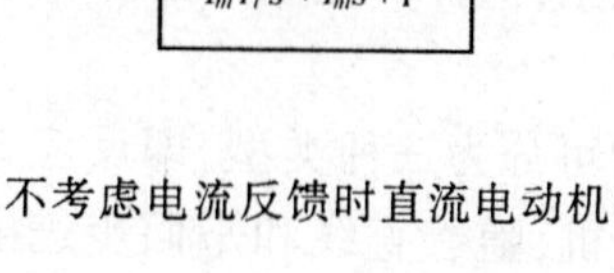

$$\boxed{\begin{array}{c} \frac{1/K_e}{T_m T_l\,s^2 + T_l s + 1} \end{array}} \quad U_d(s) \rightarrow \rightarrow N(s)$$

图 7.16 不考虑电流反馈时直流电动机的结构图

第八章 步进电机传动控制系统

步进电机是一种将电脉冲信号变换成相应的角位移或直线位移的机电执行元件。每当对其施加一个电脉冲时，其输出轴便转过一个固定的角度，称为一步，当供给连续电脉冲时就能一步一步地连续转动，这种电机的运行方式与普通匀速旋转的电机有一定的差别，是步进式运动，因此命名为步进电机。

步进电机的位移量与输入脉冲数严格成正比，其转速与脉冲频率和步进角有关，控制输入脉冲数量、频率及电机各相绕组的接通顺序，可以得到各种需要的运行特性。尤其与数字系统配套时，体现出更大的优越性，因此广泛用于数字控制系统中。从广义上讲，步进电机是一种受电脉冲信号控制的无刷式直流电机，也可以看作是在一定频率范围内转速与控制脉冲频率同步的同步电机。

8.1 步进电机工作原理

8.1.1 步进电机的特点与分类

步进电机是一种把脉冲激励的变化变换成为精确的转子位置增量运动的执行机构，与能够实现类似功能的其他元件相比，步进电机有以下几个明显的特点：

1. 可以开环方式控制而无需反馈就能对位置和速度进行控制，也可在要求精度更高时组成闭环控制系统。

2. 控制性能好，能快速启动、制动和反转，无稳定问题，且有自锁能力。

3. 位移与输入脉冲数相对应，位置误差不会长期积累。

4. 步距角选择范围大，可以从几十分至几十度大范围内选择。转速可以在相当宽的范围内平滑调整。步进电机的步距角和转速大小不受电压波动、负载变化的影响，仅与脉冲频率有关。

5. 在小步距角情况下，可以在很低速度下稳定运行，往往可以不经减速器直接驱动负载。

6. 若用同一频率的脉冲电源控制几台步进电机，可以实现多个电机同步运行。

尽管步进电机与具备类似功能的执行元件相比具有上述优点，但也存在一些不足：运动增量和步距角固定，步进分辨率缺乏灵活性；单步响应时有过冲量和震荡；承受大惯性负载能力差；尽管位置误差不积累，但开环控制时摩擦负载增加了定位误差；控制线路复杂，成本高。

步进电机的种类很多，通常可分为三种类型，即反应式(VR)步进电机、永磁式(PM)步进电机和混合式(HB)步进电机，随着直线和平面步进电机的出现，作为步进电机的一种新类型，越来越受到人们的重视。

8.1.2 反应式步进电机

反应式步进电机又叫可变磁阻式步进电机,是利用磁阻转矩使转子转动的。

反应式步进电机的结构形式通常分为单段式和多段式两种。目前使用最多的一种结构形式是单段式结构,如图 8.1所示,在定子磁极的极面上以及转子的圆周上均匀地开有齿形和齿距完全相同的小齿,定子铁心一般用硅钢片迭压而成,转子铁心可用硅钢片迭成亦可使用块状电工纯铁,定转子铁心都必须用高导磁率材料制成,属于同一相的两个齿可以是同极性,也可为异极性,视具体情况而定。多段式结构由于磁路的不同,又具有多种形式,图 8.2 为一种典型的结构,定转子铁心沿电机轴向按相数分段,每段定子铁心的磁极上放置同一相控制绕组,定子的磁极数最多可与转子齿数相同,少则可为二极、四极、六极等,定转子圆周上有齿形和齿距完全相同的齿槽,每一段铁心上的定子齿和转子齿处于相同的位置。转子齿沿圆周均布并为定子极数的倍数,定子铁心或转子铁心每相邻两段错开 $1/m$ 齿距,m 为控制绕组的相数。

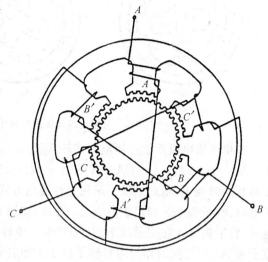

图 8.1 单段式步进电机结构示意图

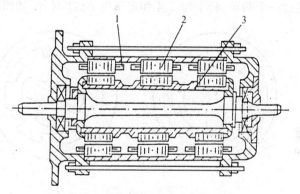

图 8.2 多段式步进电机结构示意图
1—线圈;2—定子;3—转子

步进电机可以做成二相、三相、四相、五相或更多的相数。图 8.3为三相反应式步进电机的工作原理图。其定子上有六个极,每个极上装有控制绕组,每相对的两极组成一相。转子上有四个均匀分布的齿,其上没有绕组,当 A 相控制绕组通电时,转子在磁场力的作用下与定子齿对齐,即转子齿 1、3 和定子齿 A、A′ 对齐,如图 8.3(a)所示。若切断 A 相,同时接通 B 相,在磁场力作用下转子转过 30°,转子齿 2、4 与定子齿 B、B′ 对齐,如图 8.3(b)所示,转子转过一个步距角。如再使 B 相断电,同时 C 相控制绕组通电,转子又转过 30°,使转子齿 1、3 与定子齿 C、C′ 对齐,如图 8.3(c)所示。如此循环往复,并按 $A - B - C - A$ 顺序通电,步进电机便按一定方向转动。电机的转速取决于控制绕组接通和断开的变化频率。若改变通电顺序,即 $A - C - B - A$,则电机反向转动。上述通电方式称为三相单三拍,这里"拍"指定子控制绕组每改变一次通电方式,为一拍;"单"指每次只有一相控制绕组通电;"三拍"指经过三次切换控制绕组的通电状态为一个循环。

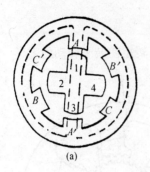 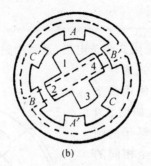 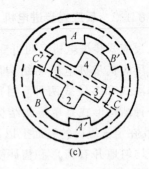

(a)　　　　　　　　　(b)　　　　　　　　　(c)

图 8.3　三相反应式步进电机单三拍方式时工作原理图

　　三相步进电机除上述通电方式外,还存在一种三相单、双六拍通电方式,通电顺序为 $A-AB-B-BC-C-CA-A$ 或 $A-AC-C-CB-B-BA-A$,这里"AB"表示 A、B 两相同时通电,依此类推。采用这种通电方式时,如图 8.4 所示,当 A 相控制绕组单独通电时,转子齿 1、3 和定子齿 A、A' 对齐,如图 8.4(a)所示。当 A、B 相控制绕组同时通电时,转子齿 2、4 在定子极 B、B' 的吸引下使转子沿逆时针方向转动,直至转子齿 1、3 和定子极 A、A' 之间的作用力与转子齿 2、4 和定子极 B、B' 之间的作用力相平衡为止,如图 8.4(b)所示。当断开 A 相控制绕组而由 B 相控制绕组通电时,转子将继续沿逆时针方向转过一个角度,转子齿 2、4 和定子极 B、B' 对齐,如图 8.4(c)所示,依此类推。

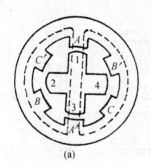 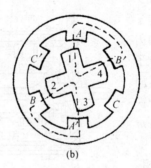 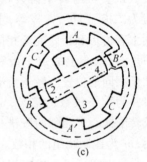

(a)　　　　　　　　　(b)　　　　　　　　　(c)

图 8.4　三相反应式步进电机六拍方式时工作原理图

　　由上述可见,同一步进电机由于通电方式不同,运行的步距角也是不同的。采用单三拍通电方式时,步距角为 30°,而采用六拍通电方式时,步距角为 15°,因为该方式下转子在两相定极同时通电时存在一个中间状态。可见采用单、双拍通电方式时,步距角要比单拍通电方式时减小一半。

　　步进电机的步距角 θ_s 的大小是由转子的齿数、控制绕组的相数和通电方式所决定,之间存在以下关系

$$\theta_s = \frac{360°}{mZ_rC} \tag{8.1}$$

式中 C 为通电状态系数,当采用单拍方式时,$C=1$;而采用单、双拍方式时,$C=2$;m 为步进电机的相数;Z_r 为步进电机转子齿数。若步进电机通电的脉冲频率为 f(每秒的拍数),则步进电机的速度为

$$n = \frac{60f}{mZ_rC} \qquad (8.2)$$

式中 f 的单位为 Hz; n 的单位为 r/min。

由式(8.1)和(8.2)可知,电机的相数和转子的齿数越多,则步距角 θ_s 就越小,电机在脉冲频率一定时转速也越低。

8.1.3 永磁式步进电机

一般将转子使用永磁材料的步进电机称作永磁式步进电机。典型的原理结构图见图8.5,转子为一对极或几对极的星形磁钢,定子上绕有二相或多相绕组,定子每相的轴线对应于转子的轴线,这类电机要求电源提供正负脉冲。以图8.5为例,当定子绕组 A 相正向通电时,在定子 A 相的 $A(1)$、$A(3)$ 端产生 S 极,而 $A(2)$、$A(4)$ 产生 N 极,由磁极同性相斥异性相吸原理,转子位于图8.5(a)的位置上;当 A 相断电 B 相正向通电时,定子 B 相的 $B(1)$、$B(3)$ 端产生 S 极,$B(2)$、$B(4)$ 产生 N 极,转子顺时针旋转45°至图8.5(b)位置;当 B 相断电 A 相负向通电时,定子 A 相的 $A(1)$、$A(3)$ 端产生 N 极,$A(2)$、$A(4)$ 产生

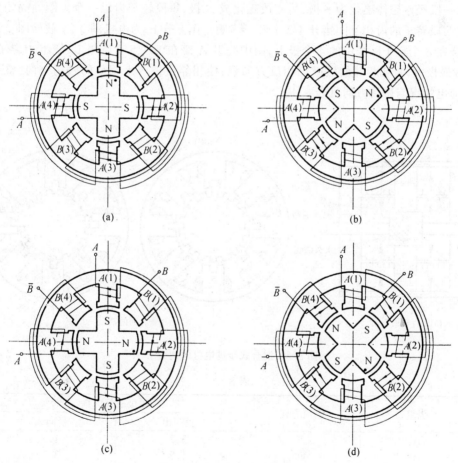

图8.5 永磁式步进电机工作原理图

S极,转子再顺时针旋转$45°$至图8.5(c)位置;当A相断电B相负向通电时,定子B相的$B(1)$、$B(3)$端产生N极,$B(2)$、$B(4)$产生S极,转子再顺时针旋转$45°$至图8.5(d)位置。依次按上述$A - B - \bar{A} - \bar{B}$单四拍方式通电,转子便连续旋转,也可按双四拍方式$AB - B\bar{A} - \bar{A}\bar{B} - \bar{B}A$通电,步距角均为$45°$。若按$A - AB - B - B\bar{A}$……八拍方式通电,则旋转步距角为$22.5°$。

要减小步距角,可以增加转子的磁极数及定子的齿数,但转子要制成N—S相间的多对磁极是较困难的,同时定子极数及绕组线圈数也必须相应增加,这将受到定子空间的限制,因此永磁式步进电机的步距角都较大。

8.1.4　混合式步进电机

混合式步进电机是在永磁和变磁阻原理共同作用下运转的,故称为混合式或永磁感应子式步进电机。

图8.6(a)为典型的混合式步进电机轴向剖面图,结构形式通常为电机转子装有一个轴向磁化永磁体用以产生一个单向磁场,图8.6(a)给出了永磁体的磁通路径,转子包括两段,一段经永磁体磁化为S极,另一段磁化成N极,每段转子齿以一个齿距间隔均匀分布,但两段转子的齿相互间错开1/2个转子齿距。图8.6(b)为电机的x,y截面图。每相绕组绕在8个定子磁极中的4个极上,图中绕组A绕在1、3、5、7磁极上,绕组B绕在2、4、6、8磁极上,每相相邻的磁极以相反方向绕,使相邻磁极产生相反的磁场方向,整个电机的通电情况与磁场方向见表8.1。

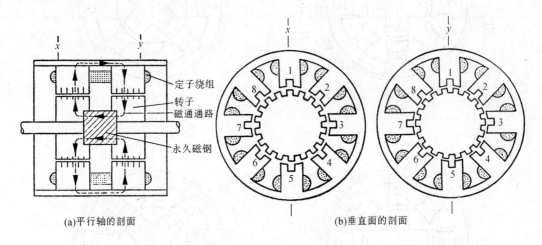

(a)平行轴的剖面　　　　　　　　　　　　(b)垂直面的剖面

图8.6　混合式步进电机的剖面图

表8-1

绕组	电流方向	磁极磁场方向	
		径向出	径向入
A	正	3,7	1,5
A	负	1,5	3,7
B	正	4,8	2,6
B	负	2,6	4,8

图 8.7 为四相混合式步进电机沿圆周展开的剖面图,上图为转子 S 极所处的剖面,下图为 N 极剖面。图中定子的齿距和转子的齿距相同。首先考虑磁极 Ⅰ 和磁极 Ⅲ 下面的磁场,定子线圈通电时,磁极 Ⅰ 产生 N 极,磁极 Ⅲ 产生 S 极,其构成的磁场分布情况如实线所示,同一图中的虚线表示永久磁钢产生的磁通通路。上图中,因为 N 极这段的转子齿和 S 极转子齿相互错开半个齿,所以仅靠定子电流磁场并不能像反应式电机那样产生有意义的转矩,但把永久磁钢产生的磁场叠加上去,磁极 Ⅰ 下面的两个磁场相互增强,产

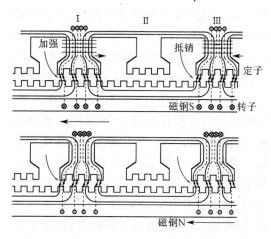

图 8.7　混合式步进电机工作原理的剖面展开图

生向左的驱动力,而磁极 Ⅲ 下面的两个磁场相互抵消,向右的力大大削弱;下图中,磁极 Ⅲ 下面的定子磁场和转子磁场方向相同,磁极 Ⅰ 下面的磁场方向相反,所以也产生同样方向的力。最终得到向左的合力,转子在驱动力的作用下,将转过 1/4 齿距,驱动力降为零,达到平衡位置。如果切断磁极 Ⅰ、Ⅲ 的激励,同时向磁极 Ⅱ、Ⅳ 上的线圈通入电流,分别产生 S 极和 N 极,转子将向左再走一步。按照特定的时序激励,如 $A - \overline{B} - \overline{A} - B - A - \cdots$ 电机将沿逆时针方向旋转。改变激励时序,以 $A - B - \overline{A} - \overline{B} - A - \cdots$ 激励,电机将沿顺时针方向旋转。

典型的混合式步进电机是四相 200 步的电机,步距角为 1.8°;也有 3.6°、2° 或 5° 步距角的混合式步进电机。

8.1.5　直线和平面步进电机

定转子间作直线位移的步进电机称为直线步进电机。直线步进电机结构形式繁多,下面仅以一种类型简要介绍它的工作原理。

图 8.8 为直线电机结构及工作原理图。其中定子采用铁磁材料制成,其上开有间距为 t 的矩形齿槽,槽中填满非磁材料(如环氧树脂)。动子上装有两块永久磁钢 A 和 B,每一磁极端部装有铁磁材料制成的 Ⅱ 形极片,每块极片有两个齿(如 a 和 c),齿距为 1.5t,这样当齿 a 与定子齿对齐时,齿 c 对准槽。同一磁钢的两个极片间隔为 kt,k 为任意整数,保证刚好使齿 a 和 c' 能同时对准定子齿。磁钢 B 和 A 相同,但极性相反,间距应为 $\left[k \pm \dfrac{1}{4} \right] t$,以保证一个磁钢的齿完全与定子齿和槽对齐时,另一个磁钢的齿应处于定子的齿和槽中间。在磁钢 A 和 B 的二个 Ⅱ 形极片上分别装有 A、B 相控制绕组。

如图 8.8(a)所示,当 A 相绕组通入直流电流 i_A,假定指向左边的电流为正方向,A 相绕组产生的磁通在齿 a、a' 中与永久磁钢的磁通叠加,而在齿 c、c' 中抵消,齿 c、c' 全部去磁,不起任何作用。此时 B 相绕组不通电,磁钢 B 的磁通量在齿 d 和 d'、b 和 b' 中大体

相等,沿动子移动方向各齿产生的作用力互相平衡。当切断 A 相电源,同时给 B 相绕组通入正向电流 i_B,B 相绕组产生的磁通在齿 b、b' 中与永久磁钢的磁通叠加,而在齿 d、d' 中抵消,因而动子便向右移动半个齿,即 $t/4$,使齿 b 和 b' 移到与定子齿对齐的位置,如图 8.8(b)。当切断 B 相电源,同时给 A 相绕组通入负向电流,这时 A 相绕组及磁钢 A 产生的磁通在齿 c、c' 叠加,而在齿 a、a' 中抵消,动子又向右移动 $t/4$ 齿,使齿 c 和 c' 与定子齿对齐,见图 8.8(c)。同理,当切断 A 相电源,同时给 B 相绕组通入负向电流,动子又向右移动 $t/4$ 齿,使齿 d 和 d' 与定子齿对齐,见图 8.8(d)。重复上述次序通电,动子便可沿直线运动。如果将上述的次序倒过来,动子便向左运动。

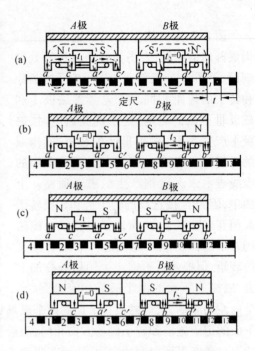

图 8.8　直线步进电机工作原理图

如果将定子改为一块平板,其上开有 x、y 轴向的齿槽,定子齿排成方格形,而动子是由两台上述直线电机组合起来制成,其中一台保证动子沿 x 轴方向移动,与其正交的另一台保证动子沿 y 轴方向运动,这就成为平面步进电机。

8.1.6　步进电机主要性能指标

步进电机的主要性能指标有以下几项:

1. 步距角　每输入一个电脉冲信号转子所应转过角度的理论值,可由式(8.1)求得。

2. 最大静转矩 T_{imax}　步进电机在规定的通电相数下,距角特性上的转矩最大值。通常技术数据中给定的最大静转矩是指每相绕组通上额定电流值所得的值。

3. 额定电流　电机不动时每一相绕组允许通过的电流定为额定电流。

4. 额定电压　驱动电源应供给的电压,一般不等于加在绕组两端的电压。

5. 启动频率　又称突变频率,指步进电机能够不失步启动的最高频率。

6. 运行频率　步进电机启动后,控制脉冲频率连续上升时保证不失步所达到的最高频率。

7. 启动矩频特性　在给定驱动条件下,负载惯量一定时,启动频率随负载转矩变化的特性。

8. 运行矩频特性　在一定的负载惯量下,运行频率与负载转矩之间的关系。

9. 启动惯频特性　负载力矩一定时,启动频率与负载惯性之间的关系。

10. 静态步距角误差　实际的步距角与理论的步距角之间的差值,通常用理论步距角的百分比或绝对值大小来衡量。一般在空载情况下测量。

8.2 步进电机运行特性

步进电机的运行特性是指它的静态特性和动态特性。

8.2.1 静态特性

步进电机的静态特性可以由矩角特性来描述。矩角特性是不改变控制绕组通电状态时电磁静转矩与转子位置变化的函数关系,矩角特性曲线以一个转子齿距为周期重复,见图8.9。矩角特性曲线的形状依赖于定子齿和转子齿的尺寸及工作电流,图8.9给出了不同的相电流下的矩角特性曲线,通常反应式步进电机的转矩与电流的平方成正比,混合式步进电机的转矩与相电流呈线性比例关系。一般大多数步进电机均工作在额定相电流的情况下。转子位移不超过转子齿距一半时,能够回到正确的步进位置;当转子位移超过一个转子齿距(±半个齿距)时,转子齿和定子齿将处在新的稳定平衡位置。图中额定相电流下矩角特性曲线的峰值即是步进电机的最大静转矩。

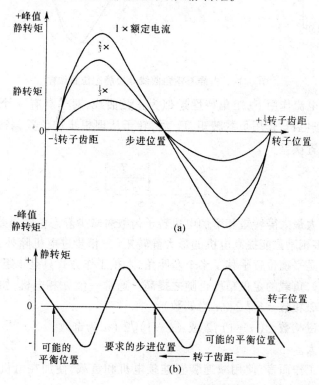

图8.9　步进电机矩角特性曲线

电机能够产生的最大转矩和静态条件下能够作用的最大负载,等于最大静转矩,如果负载超过最大静转矩,则步进电机就不能把转子保持在励磁所要求的位置上。通常当存在外部负载转矩作用在步进电机上,转子所停留的位置必定为电机产生足够大的转矩来平衡负载转矩,使转子保持平衡。此时转子停留的位置与励磁所要求的位置存在一定的偏差,这就是负载转矩产生的静态位置偏差,可直接从矩角特性曲线导出。图8.10为具有八个转子齿且在额定相电流下最大静转矩为 1.2N·m 的矩角特性曲线,对 0.75N·m 的负载转矩,电机必须由步进位置移动约 8°,直到产生的转矩与负载平衡为止。

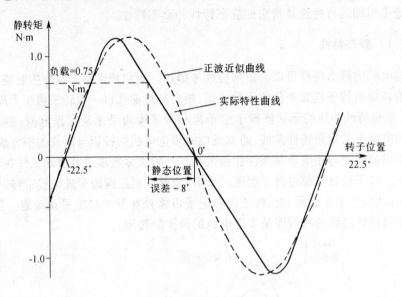

图 8.10   由静态矩角曲线导出静态位置误差

在合适的相电流作用下,矩角特性近似为正弦曲线,对于具有 z 个转子齿和最大静转矩为 T_{pk} 的步进电机,作用负载转矩 T_L 后,转子从理想步进位置偏移 θ_e 角,则可由下式估计出静态位置误差

$$\theta_e = \frac{\sin^{-1}\left[\dfrac{-T_L}{T_{pk}}\right]}{z} \qquad (8.3)$$

上式表明增大最大静转矩和增加电机转子齿数对减少静态位置误差有利。从静转矩观点出发,同时多相励磁能提高电机的最大静转矩(三相步进电机除外,因为双三拍工作方式比单三拍只是平衡位置平移了半个步距角,六拍工作方式只是步距角减小一半,三种方式静力矩相同),负载的定位精度也随之提高。通常一台 n 相电机,如果

励磁相数 = $n/2$ (n 为偶数)

励磁相数 = $(n+1)/2$ 或 $(n-1)/2$ (n 为奇数)

时最大静转矩最大。

另外从静态工作而言,使用减速装置连接电机和负载,使加在电机上的负载转矩减少,同样可以达到减小静态位置误差。

8.2.2　动态特性

机械负载位置的变化往往需要步进电机连续运行,电机转子必须产生足够大的力矩,以克服摩擦和加速总惯量,电机无能力产生足够大的力矩时,可能引起电机的失速,造成转子步进与相励磁之间失去同步,从而产生不正确的负载定位。因此步进电机加速、减速、恒速运行时产生的转矩以及电机能够驱动负载的最高速度等特性至关重要。这些特

性常以失步转矩/频率特性(矩频特性)曲线表示。

首先考察低速情况下失步转矩与静转矩之间的关系,假定转矩与位置特性曲线非常接近正弦曲线,一台 n 相电机,当一相励磁时其最大静转矩为 T_{pk},则同时 n 相励磁时的最大失步转矩为

$$最大失步转矩 = nT_{pk}/\pi \qquad (8.4)$$

在步进频率很高的情况下,每相的励磁时间很短,相电流的建立时间是励磁时间间隔的主要部分。在励磁时间结束之前,相绕组中的电流也许还未达到它的额定值,因此相电流较低,在各个转子位置产生的电机转矩都相应的减小。励磁时间结束后,其相电流衰减未完成,此相电流继续流动期间会在对应的转子位置处产生负的相转矩。由于上述两个基本原因,失步转矩随步进频率增加而下降。图 8.11 给出了步进电机不同负载转矩下的最高工作频率。

步进电机的失步转矩是工作频率的函数,典型的曲线如图 8.12 所示,图中可以发现存在两个工作区域:启动-停止区和变速区。

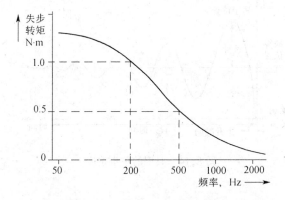

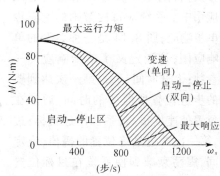

图 8.11　步进电机不同负载转矩下的最高工作频率　　图 8.12　失步转矩/频率特性曲线

当工作在启动-停止区范围内,步进电机可以停止和再启动,或者反向转动,而不会失步。步进电机在启动-停止区内的工作速度上所产生的最大力矩坐标位于启动-停止曲线上,启动-停止曲线与纵坐标的交点为最大运行力矩,启动-停止曲线与横坐标的交点为最大启动频率。变速区为启动-停止和变速曲线之间的阴影区,这是单方向工作区,倘若电机不停止、启动和换向,在此区域工作,电机运行不会失步。为了在变速区工作,电机必须首先在启动-停止区工作,然后利用控制加速度斜坡,转变到变速区。若达到不失步停止时,也要在限制加速度的条件下,由变速区转移到启动-停止区,在减速时惯性反作用力矩为负,对电机有利。在变速区以上工作,在任何情况下都是不允许的。

图 8.13 为在驱动负载力矩 T_l 情况下,三相步进电机瞬时力矩相对转子位置的关系曲线。在此情况下必须满足的条件是,电机产生的瞬时力矩应该始终大于负载力矩,以提供纯力矩加速转子到下一步位置。假设 A 相通电,并且转子往前转向 A 相的平衡位置 EP_1,在抵达 EP_1 之前,B 相在 A 点通电,结果力矩跳变到 B 点,这时 B 相起作用,并且加速负载到下一个位置点 F,在这里 C 相通电,并循环重复。如果 A 相向 B 相切换不是发

生在 A 点（A 点的 A 相力矩等于负载力矩），接下来 A 相力矩会低于负载力矩，并且转子可能失速。为优化加速转子负载到下一位置的纯力矩，相位开关在正确的位置依次接通相电流是必要的。在任何情况下，负载力矩都必须小于平均力矩，其值取决于交叉力矩和最大静力矩 T_{pk} 之间。如果负载惯量可以忽略不计，那么最大负载力矩必须小于 T_x，当负载惯量很大时，负载力矩 T_2 也是可以接受的，其原因是即使瞬时力矩有时低于负载力矩，但惯量所具有的足够动能可以带动负载到下一个通电位置。

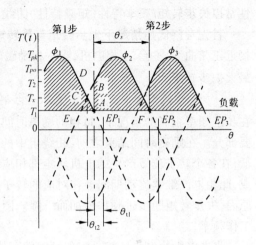

图 8.13　步进电机瞬时力矩和负载力矩

谐振与阻尼对步进电机的精确定位影响十分大，特别是在需要频繁精确定位的应用中。系统对每次激励的响应称为单步响应，图 8.14 是一种典型的单步响应图，该图定义了单步响应的一些参数：上升时间，电机第一次达到要求的步进位置所需要的时间，通常在此位置处速度很高，系统冲过目标；过冲，第一次冲过最终位置的幅值；设定时间，震荡衰减到使系统在目标位置的 5% 之内变化所需的时间。

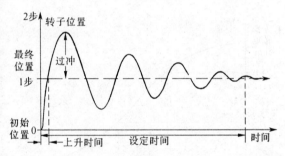

图 8.14　典型的单步响应

振荡严重的单步响应通常发生在步进频率等于转子振荡的固有频率时，此时出现谐振现象，如图 8.15 所示。图中 ω_r 为转子谐振频率，当 $\omega_{s2} \neq \omega_r$，即步进电机以非谐振频率工作时，转子在每一个步进脉冲作用下，抵达平衡位置时将出现衰减振荡，并很快稳定在平衡位置，如图 8.15 中虚线部分，可见外加脉冲与转子步进保持一一对应的关系。当 $\omega_{s1} = \omega_r$，以谐振频率工作时，在连续步进情况下，转子的振幅越来越大，一旦超过或滞后步进位置的半个齿距，电机转子将转到另一个步进位置，此时转子位置与励磁变化的次数间失去了对应关系，出现失步，见图 8.15 中实线部分。步进电机在转子固有频率下运行，系统的谐振特性导致电机转矩的损失。

影响振荡的参数很多，负载转矩和惯量、电机的参数及通电形式、驱动电路时间常数等。采用外加的机械阻尼器或者电子阻尼器，可以对谐振响应实现有效的阻尼，但是，粘滞阻尼和阻尼器的惯量将作为负载，可能降低电机的有效力矩和响应速度。

8.3　步进电机驱动电路

步进电机必须使用专用的步进电机驱动设备才能够正常工作，步进电机系统的运行

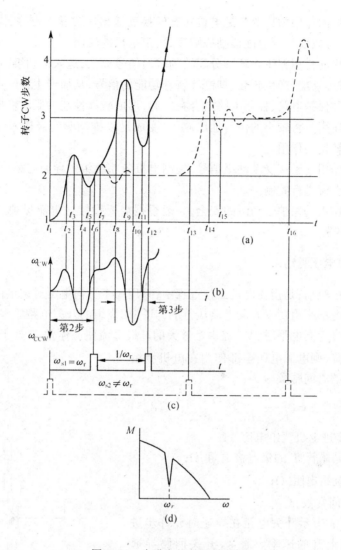

图 8.15　步进电机的机械谐振

性能,除与电机自身的性能有关外,在很大程度上还取决于驱动器性能的优劣,因此,步进电机驱动器与步进电机同等重要。

步进电机的驱动器的主要构成如图 8.16 所示,一般由环形分配器、信号处理级、推动级、驱动级等部分组成,用于功率步进电机的驱动器还要有多种保护线路。

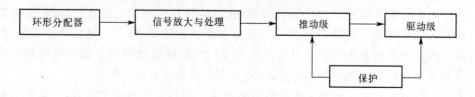

图 8.16　步进电机驱动器构成

环形分配器的作用为按照步进电机状态转换表输出励磁状态顺序,同时接受控制器的方向控制,通过改变环形分配器励磁顺序,决定电机的转向。

信号处理级的作用在于将环形分配器的输出信号放大,送入推动级;并且实现信号的某些转换、合成等功能,产生斩波、抑制等特殊功能的信号,从而产生特殊功能的驱动。本级还经常与各种保护电路、控制电路组合在一起,形成较高性能的驱动输出。

推动级的作用是将较小的信号加以放大,变成足以推动驱动级输入的较大信号。有时还承担电平转换的作用。

驱动级的作用在于接受推动级信号,控制电机各相绕组的导通与截止,同时也对绕组承受的电压和电流进行控制。

保护级的作用是保护驱动级的安全,一般根据需要设置过电流保护、过热保护、过压保护、欠压保护等。

8.3.1 单电压驱动

所谓单电压驱动,是指在电机工作过程中,只用一个方向电压对绕组供电。步进电机的每相绕组供电都是由功率开关电路执行的,其一相绕组的开关电路原理图如图 8.17 所示。当输入信号为高电平时,V_{IN} 提供足够大的基极电流使晶体管 T 处于饱和导通状态,若忽略饱和压降,则电源电压全部作用在电机绕组上。这时电路的时间常数 τ 为:

$$\tau = \frac{L}{R_L + R_C} \quad (8.5)$$

式中:L ——步进电机绕组电感,H;

R_C ——晶体管 T 的集电极电阻,Ω;

R_L ——绕组电阻,Ω;

τ ——时间常数,s。

时间常数 τ 表示开关电路在导通时允许步进电机绕组电流上升的速率。通常,开关回路导通时,回路的电流 I 和电流稳定值 I_H 之比,只与回路的时间常数 τ 及回路导通时间 t 有关,回路导通时,电流 I 按指数曲线上升,当 $t = 3\tau$ 时,可以认为基本达到稳定值。可见,时间常数 τ 越小,则晶体管导通后,步进电机绕组的电流上升越快,达到稳定电流值的时间越短;反之,达到稳定电流值的时间越长。

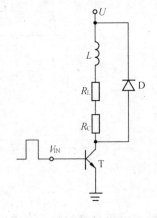

图 8.17 步进电机一相绕组的开关电路

步进电机一相绕组 L 是一个感性负载,在晶体管从饱和变为截止的瞬间,绕组会产生一个很大的反电势与电源 U 叠加在一起加在晶体管的集电极上,使晶体管容易击穿,将续流二极管 D 反接在晶体管集电极和电源 U 之间,使晶体管截止瞬间电机绕组产生的反电势通过二极管 D 续流作用而衰减掉,从而保护晶体管不受损坏。

开关回路时间常数 τ 对注入电机绕组的电流达到稳定值有极大的关系,并影响到电机的工作频率,τ 越小,电流达到稳定的时间短,电机的工作频率高;反之,电流达到稳定的时间长,电机的工作频率低。由式 8.5 可知,增大 R_C,可以减小 τ,但增大 R_C 又会使稳态电流值减小,若要保持大的稳态电流值,在增大 R_C 的同时,必须提高供电电压。这样会使驱动电路的工作效率降低,R_C 消耗相当大的一部分能量,造成 R_C 发热直接影响电路的正常稳定状态,在低频段工作时也会使步进电机的振荡加剧。

这种单电压驱动方式工作性能较差,在高频工作状态时效率尤其差,在实际应用中较少,一般只用于小功率步进电机的驱动。从改善单电压驱动电路性能出发,对图 8.17 的电路进行改进,形成了单电压基本型改进驱动电路以及单电压恒流驱动电路。

单电压基本型改进驱动电路在两个地方进行了改进,一是在外接电阻 R_C 上并联一个电容 C,另一个是在续流二极管回路中串联一个电阻 R_d。如图 8.18 所示。

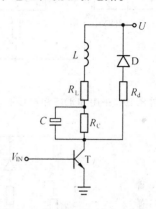

在 R_C 上并联电容 C,晶体管导通瞬间,电流通过电容流过绕组时,有一个瞬间的冲击电流注入绕组中,使注入电流的前沿变陡;在电源电压 U 和外接电阻 R_C 不变的情况下,并联电容 C 使得在一个步进周期中,注入绕组的平均电流值相对增大。因此,提高了步进电机的高频特性和转矩。

图 8.18 单电压基本型改进驱动电路

串联电阻 R_d 对回路的时间常数 τ 的改善有较大的作用,此时时间常数为

$$\tau = \frac{L}{R_L + R_C + R_d} \tag{8.6}$$

式中:R_d——续流二极管 D 回路串联电阻,Ω。

由式 8.6 可以看出,R_d 越大,时间常数 τ 越小,可见,在续流二极管 D 回路串联电阻 R_d,减小了时间常数 τ,使绕组中电流脉冲的后沿变陡,电流下降时间变小,提高了高频工作时的性能。

但是,上述电路中在 R_C 上并联电容 C 或 R_d 取值过大,会使步进电机的低频性能明显变坏,电磁阻尼作用减弱,振荡加剧,晶体管击穿的可能性增加。

图 8.19 和 8.20 分别给出了两种单电压驱动线路。图 8.19 为采用晶体管 3DD15 并联组成功率驱动的实用线路,图 8.20 为采用达林顿管 BU826 组成单电压驱动实用线路。

单电压恒流驱动电路是单电压驱动电路的另一种改进电路,其特点是用恒流源代替外接电阻。恒流驱动电路如图 8.21 所示。恒流源的连接有两种方式,一种为连接在地端,见图 8.21(a),另一种连接在电源端,见图 8.21(b)。无论何种连接方式,其作用均为向电机的绕组提供恒定电流。

以图 8.21(a)电路为例讨论单电压恒流驱动原理。图中晶体管 T_1、T_2 和 R_L、L、D_1、R_d 组成单电压的功率放大电路,除 T_1、T_2 集电极回路中没有外接电阻外,与图 8.18 所示电路没有多少区别。T_1、T_2 组成复合管,T_1 是功率放大管,T_2 为电流放大管,两者组合成放大倍数足够大的功放级。晶体管 T_3、二极管 D_2、D_3、电阻 R_b、R_e 组成恒流源。在电路中二极管 D_2、D_3 处于正向工作状态,起稳压作用。因此

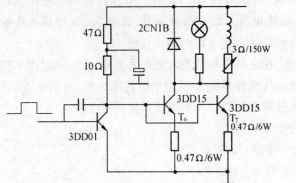

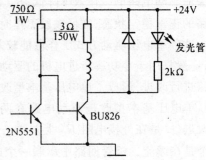

图 8.19　采用 3DD15 单电压驱动使用电路　　　　图 8.20　采用达林顿管 BU826 单电压驱动使用电路

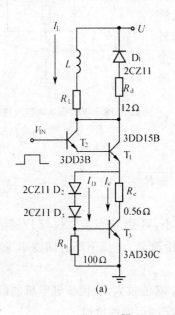

(a)

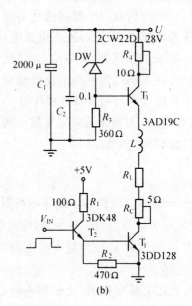

(b)

图 8.21　单电压恒流驱动电路

$$2V_D = V_{eb} + V_{re}$$

式中：V_D——二极管 D_2 或 D_3 的压降；

　　　V_{eb}——晶体管 T_3 的 e、b 极压降；

　　　V_{re}——电阻 R_e 的压降。

通常，$V_D = V_{eb}$，因而 $V_D = V_{re}$，且 $V_{re} = R_e \cdot I_e$，故

$$V_D = R_e \cdot I_e \tag{8.7}$$

二极管的饱和压降一般为 0.7V，所以流过 R_e 的电流 I_e 为

$$I_e = \frac{0.7}{R_e} \tag{8.8}$$

可以看出，只要 R_e 是恒定的，则电流 I_e 也是恒定的。而流过电机绕组的电流 I_L 为

流经电阻 R_e 的电流 I_e 与流经二极管 D_2、D_3 的电流 I_D 和，并且 $I_D \ll I_e$，可见，I_e 本质上也就是流过电机绕组的电流 I_L。

由于晶体管 T_3 工作在放大区，因而其等效电阻较大，对回路的时间常数有较大的改善，由式(8.8)中可知，R_e 的取值一般很小，故在 R_e 上的功耗很小，达到了功耗小、特性好的效果。

采用恒流驱动电路和单电压驱动电路相比，功耗大为降低，提高了电源的效率，两者的频率特性十分接近，但电流频率特性相差较远，恒流驱动电路较优。

8.3.2　高低压驱动

由上所述，改善驱动器的高频特性，必须提高相电流的前沿，也就必须提高电源电压。但低频时电源电压的提高会使相绕组电流过大，要限制电流必须串电阻，串电阻又引起发热，两者是相互矛盾的。高低电压驱动的基本思想是不论电机工作频率如何，在导通的前沿使用高电压供电以提高电流的前沿上升率，而在后沿用低电压来维持绕组的电流。高低电压驱动原理如图 8.22 所示。图中所示为每相的单元线路，主回路由高压管 T_H、电机绕组、低压管 T_L 组成，U_H 加高压，U_L 加低压，一般 U_H 为 80～150V，U_L 为 5～20V。在高低压驱动电路中，D_1 是低电压 U_L 的钳位二极管，它在 T_H 导通时处于反向偏置而截止，在 T_H 截止时由于正向偏置而向电机

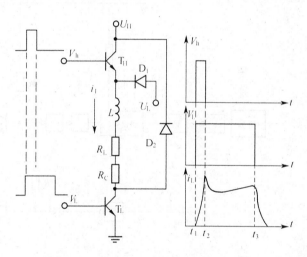

图 8.22　双电压驱动电路原理及输入信号

的绕组提供低压电源，D_2 是续流二极管，在 T_H、T_L 截止时向绕组提供放电回路。

高低电压驱动控制信号除了一相所需的导通方波信号外，还需要高压驱动控制信号。低压管的输入信号由环形分配器输出的该相导通信号给出，当 V_L 为高电平时，该相导通，反之截止。高压管的输入信号 V_H 由 V_L 信号的前沿获得，V_H 的前沿与 V_L 的前沿同步，但脉宽要比 V_L 小很多。实际中，V_H 由 V_L 通过微分再经整形获得，也可以把 V_L 通过一个单稳电路之后产生 V_H，当然单稳的延迟时间必须小于 V_L 的脉宽，形成脉宽不随工作频率变化的定宽脉冲，一般将高压脉宽整定为 1～3ms。当一相导通方波信号到来时，V_H、V_L 同时为高电平，见图 8.22 所示的 $t_1 \sim t_2$ 时刻，使高低压管同时导通，T_H 导通使高压电源 U_H 加在二极管 D_1 的负端，二极管 D_1 反向偏置而截止，绕组电流由高压电源供给，此时相绕组电流有很陡的前沿，并迅速形成上冲。当 V_H 过后，高压管截止，低压管继续导通，见图 8.22 所示的 $t_2 \sim t_3$ 时刻，低压电源通过二极管 D_1 对电机绕组供电，使电

机绕组中保持一定的稳态电流,由于绕组电阻很小,所以低压电源只需数伏就可以提供较大的电流,从而使电机在这段时间内保持相应的转动力矩。在 V_L 过后,见图 8.22 所示的 t_3 时刻以后,绕组电流进入续流状态,电流将经 D_1、电机绕组、D_2 释放,磁场的能量将回馈给高压电源。达到了快速释放、节省能源的作用,有利于提高驱动系统的高频响应。

高低压驱动在很宽的频段内都能保证相绕组有较大的平均电流,在截止时又能迅速释放,因此能产生较大的且较稳定的电磁转矩,系统具有较高的响应,但在低频时绕组电流有较大的上冲,电机振动噪声较大,低频共振现象仍然存在。

双电压驱动目前在实际中应用较多,图 8.23 给出了一种高低压驱动的实用线路,图中只画一相。由环形分配器输出的相绕组导通信号经两级反向器分成两路,一路经推动

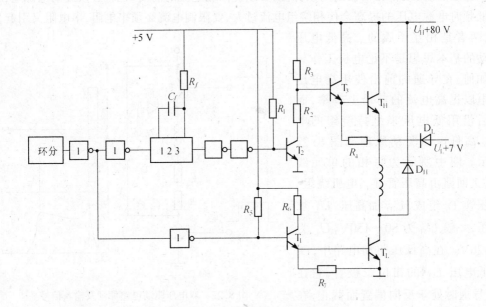

图 8.23　高低压驱动实用线路

级三极管 T_I 去推动大功率达林顿管 T_L,另一路经单稳态触发器 74LS123 形成高压定宽脉冲,再经两级反向器、高压中功率管 T_2 和 T_3 来推动大功率达林顿管 T_H。高压脉宽由 R_f、C_f 决定,脉宽 t_H 为

$$t_H = 0.45 R_f C_f \tag{8.9}$$

当 $R_f = 47\text{k}\Omega$,$C_f = 0.1\mu\text{F}$ 时,t_H 为 2.1ms。

8.3.3 斩波型驱动

以上各种驱动所采取的多种措施,目的是使导通相电流不论锁定、低频或高频工作时均保持额定值。而斩波型驱动可以更好满足这一要求,并提高步进电机的效率和力矩。斩波型驱动大体上可分为两种:一种是斩波恒流驱动,另一种是斩波平滑驱动。较广泛应用的是斩波恒流驱动。

1. 斩波恒流驱动

典型的斩波恒流驱动电路见图8.24。工作原理如下：正常工作时，V_{IN}输入步进方波信号，晶体管T_5导通，光耦T_1导通，进而使晶体管T_2截止，晶体管T_3、T_4导通；另一方面，V_{IN}使晶体管T_6、T_7、T_8导通。此时，加在步进电机绕组上的电源U使绕组中的电流上升，当绕组中的电流升到额定值以上的时候，恒流采样电阻R_{12}上的压降V_S高于比较器的参考电压V_P，比较器输出低电平，二极管D_2导通，使T_5截止→T_1截止→T_2导通→T_3、T_4截止，关闭电源U。这样在绕组L中产生反电势，由于T_7、T_8导通，反电势通过两个回路释放，一路为L、R_L、T_8、R_{12}、D_3，另一路为L、R_L、R_{13}、D_4、U、D_3。由于R_L和R_{13}的并联电阻很小，因此电流泄放时间常数大，绕组中的电流泄放缓慢。当绕组中的电流降到额定值以下时，在恒流采样电阻R_{12}上的压降V_S低于比较器的参考电压V_P，比较器输出高电平，二极管D_2截止，使T_5导通→T_1导通→T_2截止→T_3、T_4导通，电源U再次加在绕组L上，使其电流上升。此过程在步进方波的有效期间不断重复，绕组中的电流就保持在一个在额定值附近锯齿形波动的波形，如图8.25。当环形分配器输出低电平

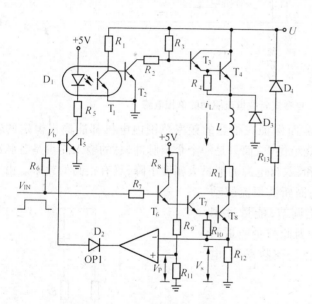

图8.24 斩波恒流驱动电路

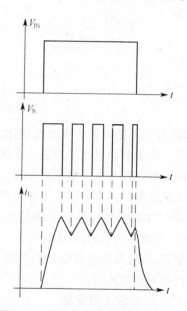

图8.25 斩波恒流驱动的电流波形

时，所有晶体管均截止，则绕组L中的电流就通过R_L、R_{13}、D_4、U、D_3回路泄放，此时相当于对绕组L加一个负电源$-U$，使电流下降速率提高，故电流泄放时间短。调整电阻R_{12}或R_{11}的值可以改变绕组电流额定值。

上述斩波恒流驱动中，斩波频率是由绕组的电感、比较器的回差等诸因素决定，没有外来固定频率，这种电路又称为自激式斩波恒流驱动电路。图8.26给出了自激式斩波恒流驱动的单相实用电路。

斩波恒流驱动电路中，由于驱动电压很高，电机绕组回路由于不串电阻，电流上升速度很快，当达到额定值时，由于采样电阻反馈作用，绕组电流可以保持在额定值附近内波

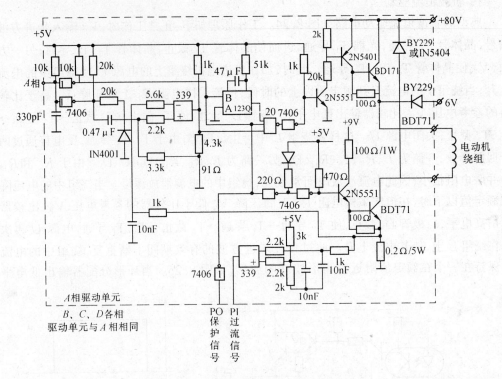

图 8.26　自激式斩波恒流驱动的单相电路

动,而且不随电机的转速而变化,从而保证在很宽的频率范围内电机都能输出恒定的转矩。由于电源电压并不是一直向绕组供电,而只是一个个窄脉冲,总的输入能量是各脉冲时间的电压与电流乘积积分的总和,取自电源的能量大幅度下降,具有很高的效率。由于电机共振的基本原因是能量过剩,而斩波恒流驱动输入的能量是自动随着绕组电流调节,能量过剩时,续流时间延长,供电时间减短,因此减少能量的积累,使低频共振现象基本消除,在任何频率下,电机都可稳定运行。

2. 斩波平滑驱动

斩波平滑驱动是和斩波恒流驱动原理完全不同的一种电路。斩波恒流驱动电路采用电流反馈来限定步进电机的绕组电流;而斩波平滑驱动电路没有电流采样反馈,而是通过外接脉冲序列实现高频斩波状态。

斩波平滑驱动电路的工作原理如图 8.27 所示。斩波平滑驱动电路的功放级由电机绕组 L、绕

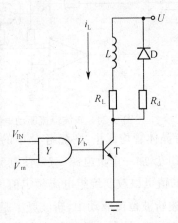

图 8.27　斩波平滑驱动电路

组电阻 R_L、功放管 T、泄放回路电阻 R_d、二极管 D 组成,控制级由与门组成。

斩波平滑驱动的关键在于控制级电路。工作时,在与门 V_{IN} 端输入步进方波,在 V_m

端输入一个脉冲序列。则在与门的输出端产生一个受控于 V_{IN} 的间歇脉冲序列 V_b,这个脉冲序列驱动功放管 T,使 T 处于高频开关斩波状态,而在步进电机的绕组上产生如图 8.28 所示的电流 i_L。步进电机绕组电流 i_L 的大小由电源 U 和高频脉冲序列的脉宽 T_{ON} 确定,要保持电流 i_L 的值变化波动小,在提高电源电压 U 的同时,应减少脉冲序列的脉宽 T_{ON}。

高频脉冲序列脉宽的减少,可以近似看作电源电压的减少。在斩波平滑驱动电路中,电机绕组电流 i_L 比低压的单电压驱动产生的绕组电流上升快,比高压的单电压驱动产生的绕组电流上升缓慢,不会在电流上升时间内产生过量的能量。因此高频性能较好,电机运行平稳,低频振荡现象得到有效的抑制。值得注意的是,斩波平滑驱动中主要影响电流上升沿的是脉冲序列的频率。

3. 恒频脉宽调制驱动

斩波恒流驱动由于电流顶部的波动产生电磁噪声,尤其在两相通电时,两相斩波频率的差异造成电磁噪声的加剧。要消除电磁噪声的措施一般

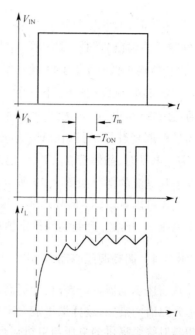

图 8.28　斩波平滑驱动的电流波形

是斩波频率工作于超声频率,并使步进电机各相采用同一个频率的斩波信号。

恒频脉宽调制驱动原理图如图 8.29 所示。V_1 是 20kHz 的方波,它作为各相 D 触发器的时钟信号 CP,以保证各相以同样的频率斩波,V_2 是步进控制信号,V_{ref} 是比较器的参考电压,用以确定电机绕组电流的稳定值。绕组的电流由下式确定

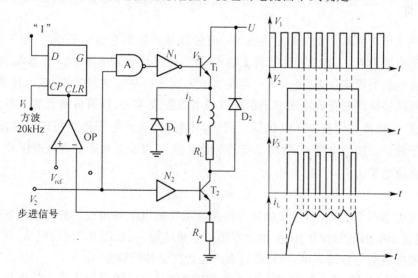

图 8.29　恒频脉宽调制驱动原理图

$$i_L = \frac{V_{ref}}{R_e} \tag{8.10}$$

当 V_2 为正时,如果绕组电流 i_L 小于给定值 V_{ref}/R_e,D 触发器的清零端无清零信号,故其 Q 端始终输出为"1",晶体管 T_1 导通,无斩波作用;当绕组电流 i_L 大于给定值 V_{ref}/R_e,比较器输出低电平,对 D 触发器清零,晶体管 T_1 截止,绕组经 R_L、T_2、R_e、D_1 和 R_L、D_2、U、D_1 进行泄放;在 V_1 下一个方波的上升沿到来时,又会使 D 触发器置"1",T_1 再次导通,直到绕组电流 i_L 达到给定值 V_{ref}/R_e 时,比较器输出清零信号对 D 触发器清零。上述过程重复进行,所以在 V_2 为正时,可使绕组电流 i_L 保持在给定值,波动极小。当 V_2 为低电平时,晶体管 T_1、T_2 截止,此时绕组中的电流通过 R_L、D_2、U、D_1 进行泄放,有关电平和电流的情况如图 8.29 所示。

上述可以看出,T_1 的导通频率很明显有方波 V_1 的频率确定,而 T_1 的导通时间则取决于电流 i_L 开始上升到达到给定值所需的时间,这个时间是变化的。

8.3.4 调频调压驱动

从前述驱动器可以看出,为提高驱动系统的高频响应,均采用提高供电电压、加快电流上升前沿的措施,这样做可能会带来低频振荡加剧的不良后果。调频调压驱动的基本思想是对绕组提供的电压与电机运行频率间建立直接的联系,即为了减少低频振荡,低速时保证绕组电流上升的前沿较缓慢,使转子在到达新的稳定平衡位置时不产生过冲;在高速时使绕组中的电流有较陡的前沿已产生足够的绕组电流,提高电机驱动负载的能力。

图 8.30 给出了一种利用 PWM 技术调频调压驱动实用线路,以该线路为例介绍调频调压驱动的工作原理。

图 8.30 所示的电路是一种无电压调整器无电流反馈的调频调压驱动电路,由频压转换器、三角波发生器、PWM 信号发生器、斩波信号合成器、环形分配器、驱动级、保护级等组成。

频率电压转换其主要功能是将输入的时钟脉冲转换为直流电平信号,由 F/V 转换芯片及外围电路组成。CP 脉冲从管脚 1 输入,直流电平从管脚 5 输出。当输入 $f_{CP}=0$ 时,对应步进电机的锁定状态,要求有一定的绕组电流产生足够的静转矩,该电压值很小,因此对应频压转换器的直流输出电平也只需很小的数值 V_{min},该值可通管脚 4 的三个电阻进行调整,主要通过调整 10k 电位器。当 f_{CP} 增加时,直流电平输出将按线性增加,其斜率取决于管脚 2 接的电容 C、管脚 3 接的等效电阻 R 以及芯片承受电源电压 V_{CC} 的大小,则输出直流电平为:

$$V = V_{min} + kf_{cp} \tag{8.11}$$

三角波发生器由 74LS04 所组成的脉冲振荡器及其输出电路组成。脉冲振荡器输出方波脉冲,通过 10k 的电阻和 $0.01\mu F$ 的电容形成三角波输出,如图 8.31(a)所示,其频率取决于振荡器中电阻电容的大小,也就是后面产生斩波脉冲的频率。

比较器 LM339 及外围电路用于产生 PWM 信号。比较器的正输入端来自频压转换器的直流电平,负输入端来自三角波发生器,当三角波电平高于直流电平时,比较器输出

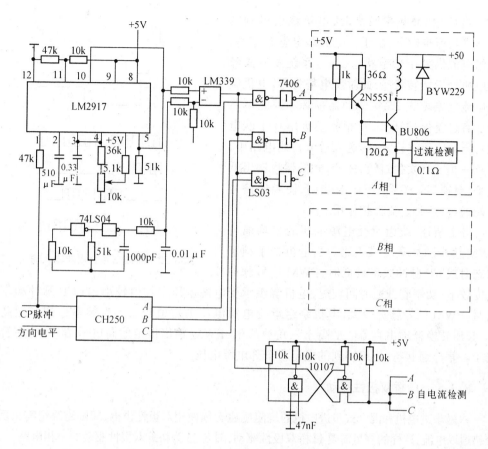

图 8.30　调频调压驱动电路

低电平,反之输出高电平。可见比较器输出为方波信号,当 CP 脉冲频率较低时,比较器输出较窄的正脉冲,反之输出较宽的正脉冲,如图 8.31(b)所示。比较器输出脉冲的宽度随着 CP 脉冲频率呈线性变化。

环形分配器采用集成芯片 CH250,产生的导通信号为高电平有效。步进电机的每相均有独立的合成斩波信号,斩波合成器由双输入与非门 74LS03 组成。与非门输入的一端接 PWM 信号,另一端接相绕组导通信号,于是与

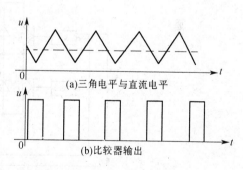

图 8.31　PWM 信号发生器输入输出

非门输出为被 PWM 调制的相绕组导通信号,再经一级反向 7406 后成为送入各相驱动电路的斩波合成信号。波形见图 8.32。

斩波合成信号经 2N5551 放大后推动功率管 BU806 对相绕组提供励磁电流。当输入信号为高电平时,BU806 导通,电源电压全部加在绕组上,绕组电流上升;当输入信号为低电平时,功率管截止,绕组电流通过续流二极管 BYW229 继续流动,消耗内部磁能。当下一个斩波脉冲到来时,电源又重新对绕组供电。

当 CP 脉冲频率较高时,电机绕组得到的电压平均值也较高,由于反电势和电感的作用,绕组电流仍处于额定状态,一旦系统发生故障时电机处于堵转状态,此时反电势为零,电机绕组电流急剧增大,导致驱动器损坏。因此电路中加有过流保护环节,每相驱动级用 0.1 欧电阻对导通电流进行采样,送入过流检测电路中,任意一相一旦发生过流,R-S 触发器将输出低电平,封锁 74LS03 的三个与非门,使导通信号不能通过,达到过流保护作用。

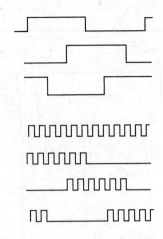

图 8.32　斩波信号合成器输入输出

综上所述,绕组承受电源电压的平均值与 PWM 信号脉冲宽度成正比。当电机处于锁定状态时或 CP 脉冲频率较低时,PWM 信号脉冲宽度较窄,功率管开通时间较短,电机绕组承受电源电压平均值较小;当 CP 脉冲频率较高时,PWM 信号脉宽较大,电机绕组承受电源电压平均值较大。当频率达到一定高度时,频压转换器输出直流电平高于三角波峰值,PWM 输出恒定的高电平信号,功率管将处于一直导通状态,绕组得到的电压为全部电源电压。

8.3.5　H 桥双极性驱动

永磁步进电机和混合式步进电机的绕阻励磁必须使用双极性供电,即励磁绕组需正反向交错通以电流,这样的绕组需要 H 桥双极性驱动,图 8.33 为桥式双极性驱动的一相电路。

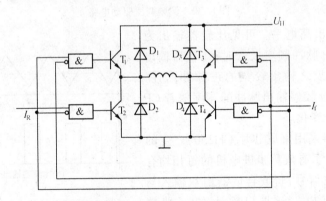

图 8.33　一相绕组 H 桥双极性驱动电路

由四个晶体管 $T_1 \sim T_4$ 组成 H 桥的四臂,高压管 T_1、T_3 的集电极接高压电源,低压管 T_2、T_4 的发射极共地。当输入信号 I_R 为高电平、I_f 为低电平时,T_2、T_3 导通,T_1、T_4 截止,电流经 T_3、电机绕组、T_2 到地,见图 8.34(a);当输入信号 I_R 为低电平、I_f 为高电平时,T_2、T_3 截止,T_1、T_4 导通,电流经 T_1、电机绕组、T_4 到地,见图 8.34(b)。可见电流在绕组中流动是两个完全相反的方向,推动级的信号逻辑保证两对角线不能同时导通,以免造成高低压管的直通;否则,直通的结果会是很大的短路电流流过晶体管,造成晶体管击穿。

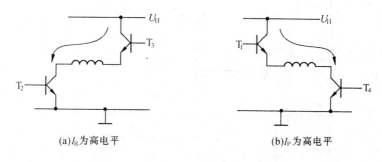

(a)I_R为高电平   (b)I_P为高电平

图 8.34   不同对角线导通时电流的方向

四个二极管 D_1、D_2、D_3、D_4 构成的桥路与开关晶体管反向并联,组成桥式续流回路。图 8.34(a)中 T_2、T_3 截止瞬间,泄放电流经 D_1、电机绕组、D_4 返回给电源;图 8.34(b)中 T_1、T_4 截止瞬间,泄放电流经 D_3、限流电阻、电机绕组、D_2 返回给电源。因泄放回路中包括直流电源,因此截止时贮存在绕组电感中的一部分能量返回到电源,系统具有十分高的工作效率。

8.3.6   步进电机细分驱动

一般情况下,根据环形分配器决定的分配方式,步进电机各相绕组的电流轮流切换,从而使步进电机的转子步进旋转。步距角的大小只有两种,即整步工作或半步工作,而步距角已由电机的结构所确定。在每次输入脉冲切换时,不是将绕组电流全部通入或关断,只改变相应绕组中额定电流的一部分,转子相应的每步转动原有步距角的一部分,额定电流分成多少次进行切换,转子就以多少步来完成一个原有的步距角。这种将一个步距角细分成若干步的驱动方法,称为细分驱动。

步进电机细分驱动的本质是把对绕组的矩形电流波供电改为阶梯型电流波供电。要求绕组中的电流以若干个等幅等宽的阶梯上升到额定值,或以同样的阶梯从额定值下降到零。虽然这种驱动电源的结构比较复杂,但有如下优点:在不改变电机内部结构的前提下,使步进电机具有更小的步距角、更高的分辨率;使电机运行平稳,减小或消除电机振荡、减小噪声。以三相反应式步进电机为例,采用磁势转换图直观分析细分驱动的原理。对应于半步工作方式,状态转换表为 $A - AB - B - BC - C - CA - \cdots$ 如果将每相绕组电流分为四个等幅等宽的阶梯上升或下降,则将步进电机的每一步分为四步完成,即对步进电机进行四细分驱动,各相电流的变化情况见图 8.35。图中横向坐标上标出的数字为输入脉冲的序号。

初始状态时 A 相通额定电流,即 $i_A = I_N$;当第一个 CP 脉冲到来时,B 相不是马上通额定电流,而只是通额定电流的四分之一,即 $i_A = \frac{1}{4} I_N$,此时电机的磁势由 A 相的 I_N 和 B 相的 $\frac{1}{4} I_N$ 合成,合成磁势旋转情况见图 8.36(a)。当第二个 CP 脉冲到来时,A 相电流

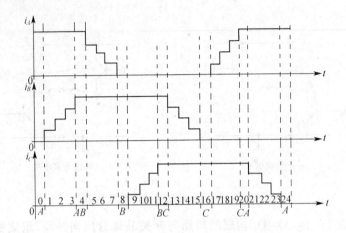

图 8.35　三相六拍四细分各相电流波形

不变, B 相电流增大到 $\frac{1}{2}I_N$, 依此类推。可见, 上述细分使原来从 A 状态只需一步变为需四步运行到 AB, 如图 8.36 所示。

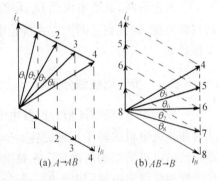

图 8.36　细分时合成磁势的旋转情况

假定未细分电机运行在三相六拍时每步的步矩角为 60°, 理论上细分后的步矩角为 15°。但采用等幅等宽的阶梯细分时, 实际计算出来的步矩角 θ_1、θ_4 为 13.9°, 而 θ_2、θ_3 为 16.1°, 显然按等幅等宽的阶梯细分步矩角是不均匀的, 若要使细分后步矩角保持一致, 细分的阶梯不应为等幅等宽。如若使 θ_1 为 15°, i_B 应满足

$$\tan15° = \frac{i_B\cos30°}{I_N - i_B\sin30°}$$

则
$$i_B = 0.2679I_N$$

同理可计算出 θ_2、θ_3、θ_4 均为 15°时的 i_B 值。

可见 i_B/I_N 与细分数 n 并非线性关系, 但当细分数 n 较大时, 从数值上, 与线性关系偏差较小, 用线性细分可认为是等距细分的近似, 通常情况下采用线性细分即可满足要求。

对于断电相, 只需按通电相电流数值相反的顺序通电即可。

要获得阶梯波, 通常采用两种方法, 一种为采用多路功率开关电路供电, 在绕组上进行电流叠加, 该方法使功率管上的损耗小, 但线路复杂; 另一种先对脉冲信号进行叠加, 再经功率管进行线性放大, 获得阶梯电流, 此方法线路简单, 但功率管功耗大, 效率低, 若功率管工作在非线性区会引起失真。

细分驱动的关键在于阶梯波的获得, 以往阶梯波的获得电路十分繁琐, 但单片机的应

用使细分驱动变得十分灵活,下面介绍几种细分控制的方法及电路。

1. 可变细分控制功率放大电路

可变细分控制功率放大电路采用功率管线性放大原理,能够实现不同细分控制。该电路主要由 D/A 电路、放大器、比较放大电路和线性功放电路组成,如图 8.37 所示。D/A 电路用于将来自单片机的数据转换成对应的模拟量 V_{IN}。放大器把 V_{IN} 放大成 V_A,目的在于调节增益,使 D/A 输出满量程时,功放级输出的电流 I_L 恰好是步进电机的额定工作电流。比较放大电路通过将绕组电流的采样电压 V_e 和电压 V_A 比较,产生调整信号 V_b 控制绕组电流 I_L。

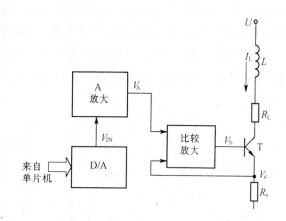

图 8.37　可变细分控制功率放大电路

当来自单片机的数据 D_j 输入给 D/A 转换器转换为电压 V_{INj},并通过放大器放大后为 V_{Aj},比较器与功放级组成一个闭环调节系统,对应于 V_{Aj} 在绕组中的电流为 I_{Lj}。如果电流 I_L 下降,则绕组电流采样电压 V_e 下降,$V_{Aj} - V_e$ 增大,V_b 增大,I_L 上升,最终使绕组电流仍稳定于 I_{Lj}。显然,对应于任何一个数据 D,都会在绕组中产生一个恒定的电流 I_L。

当 D_j 突然增大为 D_k,通过 D/A 和放大器之后,输出电压由 V_{Aj} 增大到 V_{Ak},使 $(V_{Ak} - V_e)$ 产生一个正跳变,相应的 V_b 也产生一个正跳变,从而使电流 I_{Lj} 迅速达到 I_{Lk}。当 D_j 减小时,过程正好相反。上述过程为该电路的瞬间响应,电流波形如图 8.38 所示。

细分数的大小取决于 D/A 的转换精度,假定 D/A 为 8bit,其值为 00H～FFH,对应十进制为 0～255。若要每个阶梯的电流值相等,就要求细分的步数必须能对 255 整除,此时细分数只能为 3,5,15,17,51,85。只要在细分控制时,改变其每次突变的数据差值,就可以实现不同的细分控制。

由于比较放大器对于微小的差值信号有十分灵敏的放大作用,使绕组中的阶梯波电流无论是上升还是下降均十分陡,因此具有良好的高频特性。尽管细分数的大小取决于 D/A 的转换精度,但是由于功放级、放大器、比较放大电路的精度、信号的漂移、干扰等因素以及步进电机结构精度等,盲目增大细分数是毫无意义的。

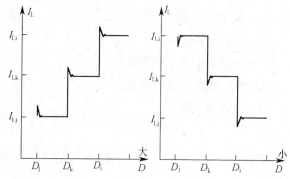

图 8.38　可变细分控制功率放大电路瞬间相应波形

2. 数字脉宽调制细分控制功率放大电路

数字脉宽调制细分控制功率放大电路是一种处于开关状态的细分功放电路,如图8.39所示。其基本思想为将一系列脉宽调制信号加在功放管的基极,就可得到细分控制所需的阶梯电流。具体讲,单片机产生数字脉宽调制信号 V_P 驱动功放管,功放级是单电压开关电路,当脉宽调制信号的脉宽较大时,产生阶梯边沿,即图8.39的脉宽 T_S,当脉宽较小时,产生平均电流 I_a,只要占空比 $T_H/(T_H + T_L)$ 恰当,就可使电流保持在稳定的平均值上。

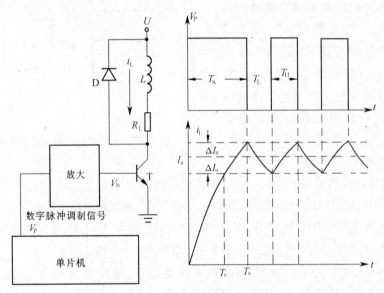

图 8.39　数字脉宽调制细分功放电路

从图8.39可以看出,T_S 确定电流阶梯波的边沿,T_H 和 T_L 确定电流阶梯波顶波平均值,因此阶梯波和稳定平均电流的关键取决于 T_S、T_L 及 T_H 的取值大小,经过分析,三者的值可由下式确定

$$T_s = -\frac{L}{R_L}\ln(1 - \frac{I_a + \Delta I_a}{U} \cdot R_L) \tag{8.12}$$

式中:L—— 绕组电感;

　　　R_L—— 绕组电阻;

　　　I_a——绕组电流平均稳定值;

　　　ΔI_a—— 绕组电流波动值;

　　　U——电源电压。

$$T_L = \frac{L}{R_L}\ln(\frac{I_a + \Delta I_a}{I_a - \Delta I_a}) \tag{8.13}$$

$$T_{\mathrm{H}} = \frac{L}{R_{\mathrm{L}}} \ln \left(\frac{U - (I_{\mathrm{a}} - \Delta I_{\mathrm{a}}) R_{\mathrm{L}}}{U - (I_{\mathrm{a}} + \Delta I_{\mathrm{a}}) R_{\mathrm{L}}} \right) \qquad (8.14)$$

只要在功放管的基极连续输入脉冲序列,脉宽为 T_{H},周期为 $T_{\mathrm{H}} + T_{\mathrm{L}}$,那么必定在电机绕组中产生稳定值为 I_{a} 的平均电流,如果脉冲周期足够小,波动量 ΔI_{a} 就会很小。

上述给出了产生阶梯波和平均电流的三个参数的取值公式,在对步进电机进行细分控制时,需要在阶梯波的下级平稳电流 I_{j} 的基础上上升到阶梯波的上级平稳电流 $I_{\mathrm{j+1}}$,或在阶梯波的下级平稳电流 I_{k} 的基础上下降到阶梯波的上级平稳电流 $I_{\mathrm{k+1}}$,见图 8.40。假定把阶梯波的上升沿和下降沿都看作阶梯波顶波的变化,由

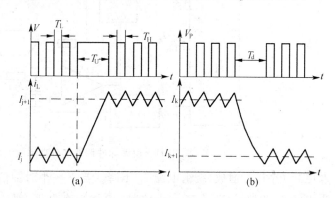

图 8.40　脉宽调制细分产生阶梯电流波形

式 (8.13) 及 (8.14) 推导出阶梯波上升沿 T_{U} 和下降沿 T_d 的取值公式分别为:

$$T_{\mathrm{U}} = \frac{L}{R_{\mathrm{L}}} \ln \frac{U - I_{\mathrm{j}} R_{\mathrm{L}}}{U - I_{\mathrm{j+1}} R_{\mathrm{L}}} \qquad (8.15)$$

$$T_d = \frac{L}{R_{\mathrm{L}}} \ln \frac{I_{\mathrm{k+1}}}{I_{\mathrm{k}}} \qquad (8.16)$$

根据式 (8.13)、(8.14)、(8.15)、(8.16) 可以确定一个恰当的脉冲序列,控制步进电机进行细分步进。在产生上升阶梯时,应先产生一个脉宽为 T_{U} 的脉冲,然后以 $T_{\mathrm{H}} + T_{\mathrm{L}}$ 为周期产生脉宽为 T_{H} 的脉冲。再来一个步进信号时,则重复上述过程。在产生下降阶梯时,过程类似,只是应先产生一个脉宽为 T_d 的脉冲。

这种细分控制的特点使功率管工作在开关状态,功耗小,效率高。但必须指出的是在式 (8.13) 及 (8.16) 中忽略了续流二极管的压降和内阻。

3. 恒频脉冲调宽细分功率放大电路

恒频脉冲调宽细分功率放大电路在本质上是斩波形的恒频脉宽调制方法和可变细分控制相结合的一种方法。其基本思想为利用可变细分控制原理控制功放管产生阶梯电流,利用恒频脉宽调制原理控制电流的波顶平稳。恒频脉冲调宽细分功率放大电路原理如图 8.41 所示。

恒频脉冲调宽细分功率放大电路稳流工作原理如下:单片机首先通过 I/O 口将控制产生阶梯电压的数据送入 D/A 转换器,D/A 转换器经过转换输出阶梯电压 V_{IN},当由单片机定时器产生的 20kHz 时钟信号方波 CLK 上升沿到来时,D 触发器置"1"输出高电平,使 T_1、T_2 导通,绕组 L 中电流 i_{L} 上升,当绕组电流大到一定程度,通过绕组电流采样电阻 R_{e} 获得的采样电压 V_{e} 就会大于 V_{IN},比较器经 OP 输出低电平对触发器清零。D 触发器清零后输出低电平,使 T_1、T_2 截止,绕组电流 i_{L} 过内阻 R_{L}、二极管 D、泄放电阻 R_2

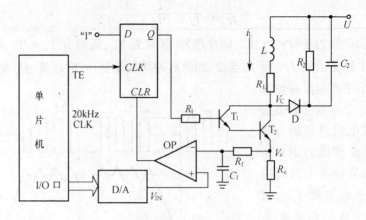

图 8.41　恒频脉冲调宽细分功率放大电路原理

及电容 C_2 进行泄放,绕组电流 i_L 下降。当下一个时钟信号 CLK 的上升沿到来之前,如果电流 i_L 下降使 $V_e < V_{IN}$,比较器 OP 输出高电平,取消 D 触发器清零信号,CLK 的上升沿到来时使 D 触发器置"1"输出高电平,绕组电流上升。上述过程不断重复,由于时钟 CLK 的脉冲频率很高,达 20kHz,使绕组中的电流保持一个波动范围很小的稳定值。绕组中的电流由 V_{IN} 决定,两者之间的关系为

$$i_L = \frac{V_{IN}}{R_e} \tag{8.17}$$

恒频脉冲调宽细分功率放大电路阶梯电流形成工作原理如下:当 V_{IN} 以阶梯方式突变时,绕组中的电流也会随之突变,这种过程如图 8.42 所示。当 V_{IN} 上升突变时,绕组中的电流瞬间仍保持原有的稳定值,故有 $V_e \ll V_{IN}$,此时比较器 OP 输出高电平,时钟信号使 D 触发器置"1",使 T_1、T_2 导通,绕组 L 中电流 i_L 上升,上升过程一直持续到 $V_e = V_{IN}$,这样电流 i_L 就做了大幅度的上升,产生了一个阶梯;同理,当 V_{IN} 下降突变时,绕组中的电流瞬间仍保持原有的稳定值,故有 $V_e \gg V_{IN}$,此时比较器 OP 输出低电平,时钟信号使 D 触发器清零,使 T_1、T_2 截止,绕组 L 中电流 i_L 下降,下降过程一直持续到 $V_e = V_{IN}$,这样电流 i_L 就做了大幅度的下降,产生了一个阶梯。在阶

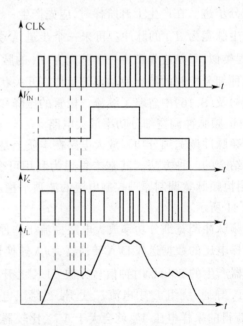

图 8.42　恒频脉冲调宽细分功率放大电路阶梯电流的形成

梯形成时,无论上升或下降,阶梯的边沿均会占用多个时钟 CLK 信号周期,以便形成阶梯电流,这和阶梯波顶的稳流有极大的区别。

由于恒频脉宽调制细分控制利用了可变细分和恒频脉宽调制的特点,在实际中也避免了可变细分的功率管工作在线性区引起的效率低的缺陷,同时避免了数字脉宽调制式对阶梯电流的上升时间、下降时间、稳流脉宽以及稳流脉冲周期的计算问题。另外,恒频脉宽调制细分控制中恒频脉冲时钟 CLK 信号同时用于各相绕组控制,避免产生差拍现象,消除了电磁噪声。

利用单片机作为控制核心部件,使系统具有极大的灵活性,不但可以随意改变恒频脉冲的频率,而且可以改变细分数,满足不同的需要。对图 8.41 中泄放回路的 R_2、C_2 合理选取时,可以使电流下降速度大大加快,使阶梯电流波有良好的下降沿,对提高工作频率大有好处。

8.3.7 步进电机控制、驱动专用集成芯片

以上介绍的各种驱动电路都是用分立元件搭成的,随着集成电路的发展,出现了功率驱动模块化、前级控制电路集成化的各种电机驱动芯片。

驱动电路的集成化减小了步进电机驱动器的体积、提高了可靠性,特别是与微处理器相结合,实现步进电机的细分控制,使步进电机的分辨率大大提高,动态性能显著改善,并易于实现步进电机的闭环控制。目前被广泛应用于计算机外围设备、智能化小型仪表等领域。各国半导体厂商开发和生产了大量适用于步进电机控制的专用芯片,现仅以几种典型的专用芯片为例介绍其工作原理及典型应用。

1. UC3717A

UC3717A 是 UNITRODE 公司生产的步进电机驱动集成芯片。其驱动能力为双相电流1A,步进电机供电电压为 $10\sim45V$。该芯片具有如下特点:半步和整步驱动、双极性控制、内嵌肖特基快速整流二极管、电流档可选、温度过载保护等。

电路原理框图如图 8.43 所示。方框外为需要外接的元件。电路由 H 桥驱动输出级、相极性逻辑、三个电流比较器及基准电压分压器、2bitD/A 电流选择电路、单稳态电路、过热保护电路等组成。

输出级是有四个达林顿功放管与辅加肖特基快速整流二极管组成的 H 桥式脉频调制驱动电路。电机绕组接于芯片的 A_{OUT}(Pin 15)和 B_{OUT}(Pin 1)端,其工作情况如下:当输入相位控制端 Phase(Pin 8)为逻辑高电平时,桥路的 T_1 持续导通,T_2、T_3 截止,T_4 处于高频开关状态。当单稳输出低电平,T_4 导通,电源经由 T_1、电机绕组、T_4 到地,绕组中电流方向为由 A_{OUT} 到 B_{OUT};单稳输出高电平,T_4 被关断,电机绕组通过 T_1、D_2 形成续流回路;当输入相位控制端 Phase 为逻辑低电平时,桥路的 T_2 持续导通,T_1、T_4 截止,T_3 处于高频开关状态。当单稳输出低电平,T_3 导通,电源经由 T_2、电机绕组、T_3 到地,绕组中电流方向为由 B_{OUT} 到 A_{OUT};单稳输出高电平,T_3 被关断,电机绕组通过 T_2、D_1 形成续流回路。高频开关管的开关频率由外接元件参数及脉频调制级的状态决定,绕组中的平均电流主要决定于绕组的电感和开关频率。

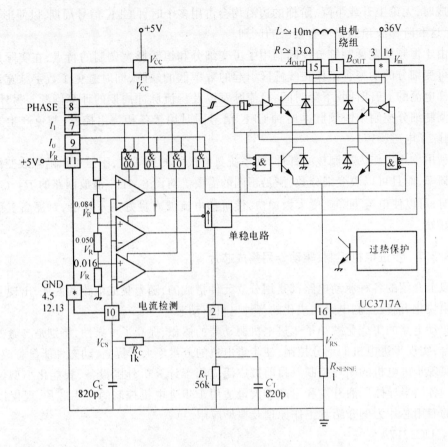

图 8.43　UC3717 电路原理框图

绕组电流方向控制作用为控制绕组中电流的方向。输入相位控制端 Phase 信号的逻辑电平决定电机绕组中的电流方向,控制逻辑上面已介绍。输入通道设有司密特触发器,使每一次相位的改变均经过一个固定的时间延迟,不但可以抑制噪声,更重要的是避免 H 桥在电流反向时出现交叉导通。

电流的大小控制由 I_0(Pin 7)、I_1(Pin 9)逻辑状态决定,四个与非门组成译码电路译出 I_0、I_1 的四个状态,其中三个状态用以分别选择三个比较器,每个比较器的同相输入端通过分压器输人不同的参考电压,电流大小的控制是通过外部采样电阻 R_{SENSE} 与选中比较器参考电压进行比较并将比较器输出给单稳进行的。$I_0 I_1 = 00$ 时,控制输出级使电机绕组获得最大的平均电流;$I_0 I_1 = 10$ 时,电机绕组获得约最大平均电流 60% 的电流;$I_0 I_1 = 01$ 时,电机绕组获得约最大平均电流 19% 的电流;$I_0 I_1 = 11$ 时,T_3、T_4 全部关断,电机平均电流为零。脉频调制器由三个电压比较器、单稳触发器以及外接阻容元件组成,比较器的同相输入端的基准电压由外加电压经分压器取得,在单稳电路低电平时,输出级桥路导通,电机绕组电流经外接采样电阻 R_S 及低通网络 R_C、C_C 形成与电机电流成正比的电压 V_C,接入比较器的反相端,其值大于比较器同相输出端使比较器输出端发生电平负跳变,触发单稳电路并在其输出端形成脉宽为 $t_w = 0.69 R_T C_T$ 的暂态脉冲,关断桥路,使电机电流处于续流状态。由于比较器同相端的基准电压不同，V_C 达到此值的时间存在差异，就可得到不同的平均电流。同时，如固定选通某一比较器，使 V_R 按某一规律变化，则平均电流也将按此规律变化，便可实现电机的细分控制。通常驱动步进电机整步运行时，使用最高档电流；半步运行时，使用中档电流；最低档电流用以维持锁定力矩。

图 8.44 给出了 UC3717 用于小功率两相永磁式和混合式步进电机斩波驱动的典型应用。输入可以通过微处理器、TTL 或 CMOS 逻辑进行控制。

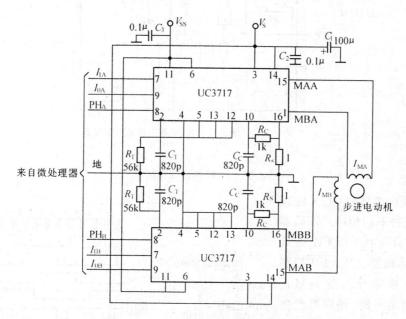

图 8.44　UC3717 组成斩波驱动电路的典型应用

2. L297/L298 步进电机控制器－驱动器

L297 单片步进电机控制集成电路适用于双极性两相步进电机或四相单极性步进电机的控制，与两片 H 桥式驱动芯片 L298 组合，组成完整的步进电机固定斩波频率的 PWM 恒流斩波驱动器。

L297 步进电机控制集成电路产生四相驱动信号，用以控制双极性两相步进电机或四相单极性步进电机，可以采用半步、两相励磁、单相励磁三种工作方式控制步进电机，并且控制电机时片内 PWM 斩波电路允许三种工作方式的切换。使用 L297 突出的特点是外部只需时钟、方向和工作方式三个输入信号，同时 L297 自动产生电机励磁相序减轻了微处理器控制及编程的负担。L297 具有 DIP20 和 SO20 两种封装形式，可用于控制集成桥式驱动电路或分立元件组成的驱动电路。

L297 主要由译码器、两个固定斩波频率的 PWM 恒流斩波器以及输出逻辑控制组成，其内部结构框图如图 8.45 所示。工作原理分述如下：

电机不同励磁方式所需的相序由译码器产生，其内部为一个 3bit 可逆计数器，加上一些组合逻辑，产生每周期 8 步格雷码时序信号，并通过四个输出点连接到输出逻辑部分，提供抑制和斩波功能所需的相序。这一部分由输入信号方向（CW/$\overline{\text{CCW}}$）、HALF/

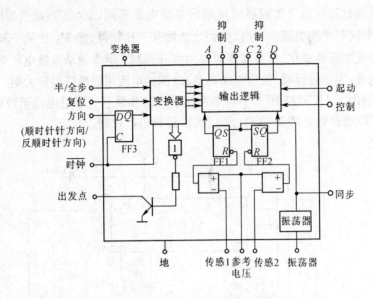

图 8.45　L297 内部结构框图

FULL以及步进脉冲 CLOCK 控制,产生三种不同相序。译码器所有相序只有在 CLOCK 由低到高时发生改变,CW/$\overline{\text{CCW}}$控制相序的变换顺序。当 HALF/$\overline{\text{FULL}}$为高电平时,译码器产生半步工作方式相序,也就是 8 步格雷码时序,输出波形见图 8.46。当 HALF/$\overline{\text{FULL}}$为低电平时,如译码器工作在奇数状态

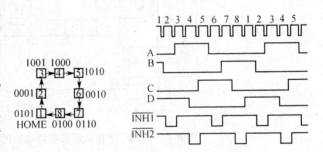

图 8.46　半步工作方式相序波形

(1、3、5、7),为双相励磁方式,该模式下,禁止信号$\overline{\text{INH1}}$和$\overline{\text{INH2}}$输出保持高电平,输出波形见图 8.47;如译码器工作在偶数状态(2、4、6、8),为单相励磁方式,输出波形见图 8.48。

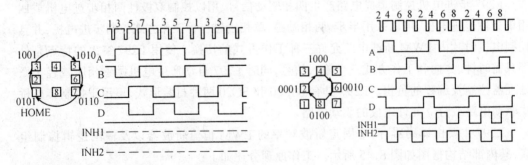

图 8.47　双相励磁工作方式相序波形　　　　图 8.48　单相励磁工作方式相序波形

由上述可以看出,当工作在半步或单相励磁方式时,有$\overline{\text{INH1}}$和$\overline{\text{INH2}}$信号产生,由图

8.49 所示,图中表示 H 桥向一相绕组供电,设 A 为高电平,B 为低电平,电流流经 T_1、T_4、绕组和 R_S,若 A 变为低电平,电流将回流经 D_2、绕组、T_4、R_S,电流衰减缓慢,并增加 R_S 功耗。但若此时由 $\overline{INH1}$ 作用将四个晶体管都关断,电流回流经 D_2、绕组、D_3 到电源快速衰减,加快电机的响应。并且 R_S 上不流过续流电流,可采用较小功率电流。同样驱动另一相绕组时,$\overline{INH2}$ 起作用。可见禁止信号接在 L298 的使能端,使进入关断状态的相绕组电流快速衰减,该信号低电平有效。

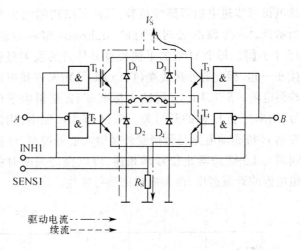

图 8.49 禁止信号的作用

RESET 和 HOME 两个信号也连接至译码器,RESET 作用是将译码器复位,回到零位(HOME),即初始状态 ABCD=0101,此时状态输出信号 HOME 为 1。

用使能信号 ENABLE 控制输出逻辑,当为低电平时,$\overline{INH1}$、$\overline{INH2}$、A、B、C、D 均被强制为低电平,使 L298 驱动电路不工作。

L297 另一重要组成是两个 PWM 斩波器控制相绕组电流,实现恒流斩波控制,以获得良好的转矩 – 频率特性。每个斩波器由一个比较器、一个 RS 触发器以及外接采样电阻组成,见图 8.50。内部设有一公共振荡器,向两个斩波器提供触发脉冲信号,脉冲频率 f 是由外接的 RC 网络决定,当

$$f = \frac{1}{0.69RC}$$

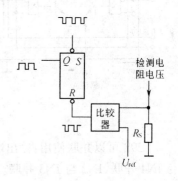

图 8.50 斩波器电路

时振荡器脉冲使触发器置"1",电机绕组相电流上升,采样电阻 R_S 的电压上升到基准电压 V_{ref} 时,比较器翻转,使触发器复位,功率晶体管关断,电流下降,等待下一个振荡器脉冲的到来。这样,触发器输出是恒频的 PWM 信号,调制 L297 的输出信号,绕组相电流峰值由 V_{ref} 整定。

CONTROL 信号用以选择斩波信号控制。当它为低电平时,斩波信号作用于两个禁止信号,高电平时,斩波信号作用于 A、B、C、D 信号。前者适用于单极性工作方式,而对于双极性工作方式的电机,这两种控制方式都可以采用。

利用 L297 的 SYNC 引脚可实现多个 L297 同步工作,其连接方式如图 8.51 所示,只将 RC 网络接于一芯片上,而其余芯片的 OSC 脚均接地,这样可避免接地杂波的引入问题。

L298 芯片是一种高电压、大电流双 H 桥功率集成电路,可用来驱动继电器、线圈、直

流电机和步进电机等感性负载,其内部结构如图 8.52 所示,L298 为 SGS 公司特有的 Multiwatt 塑料封装,15 个引脚。每个 H 桥的下侧桥臂晶体管的发射极连接在一起,相应的外接线端(1、15 脚)可用来连接电流检测电阻。5、7、10、12 脚输入标准 TTL 逻辑电平信号,用来控制 H 桥的开与关。6、11 脚为使能端,用以控制 H 桥驱动电路是否接受外接输入信号控制,该控制端与 L297 的禁止信号端相连,可以提高关断时绕组电流的衰减速度,改善电机的运行特性。

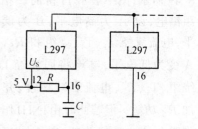

图 8.51　多个 L297 同步工作

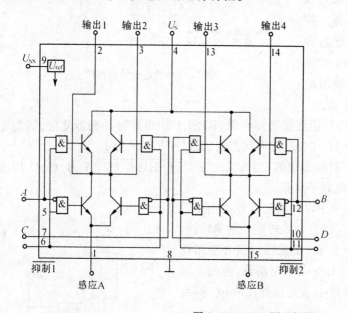

1—电流感应端 A
2—输出 1
3—输出 2
4—电源电压
5—输入 1
6—起动端 A
7—输入 2
8—接地端
9—逻辑供应电压
10—输入 3
11—起动端 B
12—输出 4
13—输出 3
14—输出 4
15—电流感应

图 8.52　L298 原理框图

　　L298 可以并联使用,输出端 OUT1 与 OUT4 并联,OUT2 和 OUT3 并联,输入端 IN1 与 IN4 并联,IN2 与 IN3 并联。用一片 L298 驱动一相绕组,驱动电流可允许达到 3.5A。

　　采用 L297 和 L298 实现的步进电机驱动电路见图 8.53,该电路为固定斩波频率的 PWM 恒流斩波驱动方式,适用两相双极性步进电机,最高电压 46V,每相电流可达 2A。用两片 L298 和一片 L297 配合使用,可驱动更大功率的两相步进电机。

　　3. L6217A 两相步进电机微步距驱动器

　　SGS - THOMSON 公司生产的 L6217A 适用于双极性两相步进电机微步距驱动的单片集成电路。输出电流能力为 400mA,峰值电流为 500mA,电机供电电源≤18V,电路采用 44 脚方形塑封。

　　L6217A 原理框图见图 8.54。电路以 PWM 控制相电流的幅值和方向,电流幅值指令由 7 位二进制数,经内部两个 D/A 转换得到。两个 H 桥输出接两相电机绕组,外接两个电流采样电阻,得到相电流反馈信号。其内部设有两个数据存储器,只用一组数据输入口(D0~D6 和 PH)就可得到两相绕组电流幅值和方向信息,从而简化与主计算机接口,

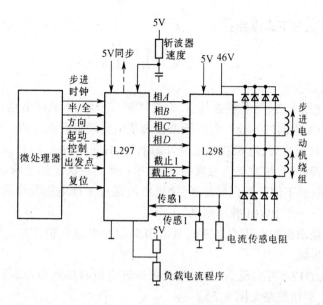

图 8.53 L297 和 L298 组成的步进电机驱动应用电路

可直接与系统总线连接。分别用两个 7 位的 D/A 转换器将锁存数据转换成模拟量的指令电流,D/A 输出整定时间小于 $2\mu s$。指令电流与反馈电流通过比较器进行比较,利用单稳电路实现 PWM 电流闭环斩波调节。由 PTA、PTB 外接 RC 网络决定单稳关断的时间 t_{OFF}

$$t_{OFF} = 0.69RC$$

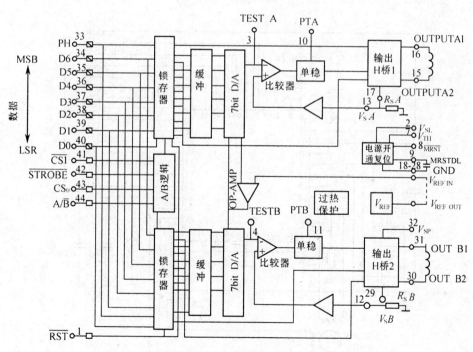

图 8.54 L6217A 原理框图

本电路电流通过下式设置:

$$I = \frac{V_{REF}}{4.69R_s} \cdot \frac{D}{128}$$

式中 $D = 0 \sim 127$。

末级 H 桥使用 NPN 达林顿晶体管,并含续流二极管,由驱动电路设计保证上下桥臂在换相期间不会发生同时导通。利用斩波控制使电机绕组电流维持在预定值上。在一个周期脉冲内,当 H 桥导通,电机绕组电流开始上升,时间常数由 L/R 决定,当达到预定电流 I 值时,比较器翻转,触发单稳触发器,开始单稳延迟所决定的关断时间。在此期间,H桥上侧开关关断,而下侧开关仍然导通,绕组电流通过采样电阻及续流二极管续流,绕组电流下降,直至下一个 PWM 脉冲到来。

L6217A 总输出饱和电压为 2.7V,具有节温检测电路保护芯片,当温度超过设定值时,自动关断输出级。

利用单片 L6217A 可实现 26V0.4A 两相步进电机双极性电流斩波控制,包括整步、半步和微步距。应用线路见图 8.55。

若使用 L6217A 驱动更大功率步进电机时,可外接大功率 H 桥电路,如使用 L6202 可提供每相 1.5A,使用 L6203 每相电流可达到 3A,如果需要更高电压、大电流驱动能力,则可外接分立功率器件实现。

步进电机控制专用集成电路种类很多,上述仅对几种典型的步进电机控制、驱动芯片加以介绍,表 8.1 列出部分半导体公司生产的步进电机控制、驱动专用电路具有代表性的产品。

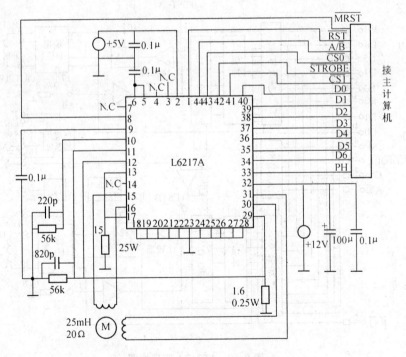

图 8.55 L6217A 典型应用线路

表 8.1 步进电机控制专用集成电路一览表

型号	厂商	电压(V)	电流(A)	特 点	封 装
STK6722H	三洋	45	1.5	四相、单机型、斩波	SIP 18
STK6981H		42	1.5		SIP 18
STK6982H		42	2.5		SIP 18
L297A	SGS	10		控制器、四相、斩波、电流可编程	DIP 20
L6217A		18	0.4	两相驱动、微步矩、6bitD/A	QCC－J44
GS－D200		46	2.5	两相、智能、微步矩	Module
MC3479	MOTOROLA	18	0.35	两相、L/R	DIP 16
SAA1042		18	0.35	四相、L/R	DIP 16
UC3770	UNITRODE	50	2	一相、H桥驱动、斩波、整步、半步、微步距	DIP 16
UC3717A		45	1	一相、H桥驱动、斩波、整步、半步、微步距	DIP 16
UCN5804B	Allegro	35	1.5	四相、L/R	DIP 16
SAA1027	Philips	18	0.5	两相、L/R	DIP 16
IXMS150	IXYS	12		双PWM、两相微步距控制	DIP 24
TCA 1561	SIEMENS	45	1.5	两相驱动	TZIP－9
TCA3727		50	1.0		DIP 20
TL376	TI	18	0.5	两相、斩波	DIP14
HA13421	日立	15	0.33	两相驱动	DIP18
M54640P	三菱	40	0.8		DIP16
M54670		35	0.8	打印机用、两相、斩波驱动	DIP32
M54671SP		12	1.2		DIP32
TA7774P	东芝	12/5	0.1	双电压驱动、两相双H桥	DIL 16
TA7289P		30	0.7	4bitD/A、PWM电流斩波、一相、微步距	DIL 16
MTD1110	日本新电元工业	80	1.2	四相、斩波驱动	ZIP27
MTD2001		60	1.5	两相、H桥、斩波驱动、四种电流可选	ZIP27

8.3.8 环形分配器

环形分配器的主要功能是把源于控制环节的时钟脉冲串按一定的规律分配给步进电机的驱动器的各相输入端,控制励磁绕组的导通或截止。环形分配器的输出编码必须按照电机的励磁状态转换表所规定的状态和顺序依次循环,对各相绕组进行通电或断电控制,同时电机又有正反转要求,因此环形分配器的输出既是周期性又是可逆的。

接受时钟脉冲和方向电平,输出各相的导通信号,是环形分配器的基本功能。通常环形分配器还有一些附加功能,主要有:

使能输入,电平信号控制,高电平时使能有效,允许时钟脉冲和其他信号的接受,环形分配器输出绕组励磁状态顺序表;低电平时禁止输入信号起作用,环形分配器维持原输出状态。

零状态输出,输出脉冲信号,零状态即初始状态,对应一种励磁方式,一般指状态转换表中第一种状态。电机在运转过程中,每过一次零状态,该输出端输出一个方波脉冲。

清零输入,脉冲信号控制,使环形分配器的输出置为零状态。

方式输入,电平信号控制,一种步进电机可能有多种励磁方式,如三相反应式步进电机有整步和半步工作方式。方式输入就是对各种励磁方式的选择信号。

除上述功能外,环形分配器还应有较强的抗干扰能力,不允许有非法状态的出现。

环形分配器的构成方式有多种,归纳起来,通常可分为采用通用逻辑芯片构成的环形分配器、环形分配器专用集成芯片、采用 EPROM 构成的环形分配器以及采用可编程逻辑芯片构成的环形分配器,随着单片机的应用,由单片机自身通过软件直接产生励磁顺序无论从功能、灵活性、可靠性方面均显示出一定的优势。下面就各种环形分配器的构成进行介绍。

1. 环形分配器专用集成芯片

由于步进电机的种类、绕组相数、励磁方式等不同,针对不同形式的步进电机,国内外许多半导体厂商开发和生产了多种环形分配器专用集成电路,如日本三洋公司的 PMM8713、PMM8723、上海华岭的 CH250、CH224 等,下面仅以上海华岭生产的 CH250 为例加以介绍。

环形分配器专用集成芯片 CH250 适用于反应式三相步进电机,该芯片采用 CMOS 工艺,集成度高、可靠性好,为双列 16 脚封装,其管脚见图 8.56。

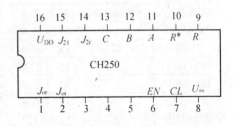

图 8.56　CH250 管脚图

CH250 有两个脉冲输入端 CL、EN 和 A、B、C 三个输出端,输出电流能力为 0.5mA,经推动级、驱动级放大后即可驱动电机绕组。

脉冲输入端 CL 和 EN 可任意选用。当采用 CL 端输入脉冲信号时,为上跳沿触发,同时 EN 作为使能端,$EN = 1$ 时使能,$EN = 0$ 时禁止。反之采用 EN 端输入脉冲信号时,为下跳沿触发,此时 CL 作为使能端,$CL = 1$ 时使能,$CL = 0$ 时禁止。

为了避免 ABC 输出 000 或 111 这些非法状态,该芯片设置了两个双三拍和六拍运行的复位端 R 和 R^*。当 R 端加上正脉冲时,为双三拍工作方式,ABC 输出的状态为 110,而 R^* 端加上一个正脉冲时,为六拍工作方式,ABC 输出的状态为 100。

控制电机正反转的信号有四个,分别为 J_{3r}、J_{3l}、J_{6r} 及 J_{6l},环形分配器工作时,这四个控制端必须而且只能有一端为高电平,其余均为低电平。J_{3r}、J_{3l} 分别控制双三拍的正转和反转,J_{6r}、J_{6l} 分别控制六拍运行时的正转和反转,这四个信号均为高电平有效。CH250 真值表见表 8.2。

CH250 在实际中的应用电路如图 8.57 所

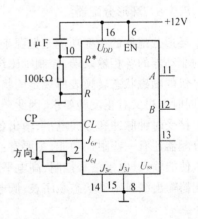

图 8.57　三相六拍工作时 CH250 接线图

示。此图为三相六拍工作方式，R^* 端接 $1\mu F$ 电容和 $100k\Omega$ 电阻使系统上电时在 R^* 端产生正脉冲，CH250 复位处于三相六拍工作方式的初始状态 110。CP 脉冲由 7 脚 CL 引入。方向控制输入直接接 J_{6r} 端，又经反向器接于 J_{6l} 端，以保证 J_{6r} 和 J_{6l} 总是处于反向状态，不能同时为高电平，确保正确的方向的控制。

表 8.2　CH250 真值表

R	$R*$	CL	EN	J_{3r}	J_{3l}	J_{6r}	J_{6l}	功　　能
0	0	↑	1	1	0	0	0	双三拍正转
		↑	1	0	1	0	0	双三拍反转
		↑	1	0	0	1	0	单六拍正转
		↑	1	0	0	0	1	单六拍反转
		0	↓	1	0	0	0	双三拍正转
		0	↓	0	1	0	0	双三拍反转
		0	↓	0	0	1	0	单六拍正转
		0	↓	0	0	0	1	单六拍反转
		↓	1	×	×	×	×	锁定
		×	0	×	×	×	×	
		0	↑	×	×	×	×	
		1	×	×	×	×	×	
1	0	×	×	×	×	×	×	$A=1,B=1,C=0$
0	1	×	×	×	×	×	×	$A=1,B=0,C=0$

2. 采用 EPROM 构成环形分配器

步进电机种类繁多，励磁方式多种多样，不同的励磁方式必须有不同的环形分配器，可见环形分配器的种类也是多种多样的。目前集成化的环形分配器产品的种类不能满足驱动系统的需要，如果全部采用逻辑器件搭成，结构又十分复杂，因此采用 EPROM 搭成的环形分配器，由于其线路简单、一种线路可以实现多种励磁方式的分配、彻底排除非法状态等优点得到广泛应用。

采用 EPROM 构成的环形分配器的基本思想是：结合驱动器线路按步进电机励磁方式求出所需的环形分配器输出状态表，并以二进制的形式依次存入 EPROM 中，在其前端连接一个计数长度等于电机运行一个周期的拍数和拍数的整数倍的可逆循环计数器，该可逆计数器按照地址的正向或反向顺序依次取出地址的内容，则 EPROM 的输出端就会依次表示各励磁状态。采用 EPROM 搭成的环形分配器的原理框图如图 8.58 所示。

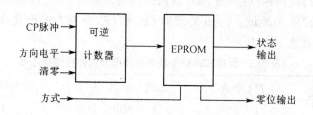

图 8.58　采用 EPROM 构成环形分配器原理框图

以四相反应式步进电机为例,简要介绍双四拍和四相八拍两种励磁方式下采用 EPROM 构成的环形分配器,具体电路如图 8.59 所示。

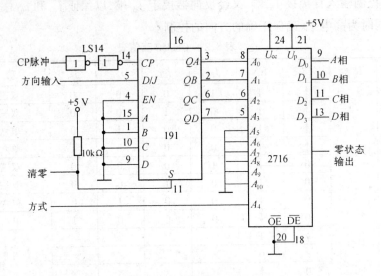

图 8.59　四相步进电机环形分配器

可逆计数器采用二—十六进制同步计数器 74LS191,时钟脉冲从 CP 端(14 脚)引入,控制器发来的时钟脉冲经两级施密特触发反向器 74LS14,对时钟脉冲进行整形,达到抗干扰作用。计数器的输出 $QA \sim QD$ 直接接 EPROM2716 的低四位地址 $A_0 \sim A_3$,这样可以选通 2716 的十六个地址(00H～0FH)。存贮器的内容从数据线读出,用低四位数据线($D_0 \sim D_3$)作为四相驱动器各相输入线。EPROM 这两个存储空间存储的内容见表 8.3,其中 000H～00FH 空间为四相八拍状态,存储两个循环;010H～01FH 空间为双四拍状态,存储四个循环。EPROM 的地址线 A_4 作为励磁方式的选择输入端,其它地址线均接地,当 A_4 为低电平时,可选通 000H～00FH 空间的十六个地址,步进电机工作在四相八拍方式,当 A_4 为高电平时,选通 010H～01FH 之间的十六位地址,步进电机工作在双四拍方式。74LS191 的第 5 脚为方向控制信号,低电平时为正转状态,高电平时为反转状态。74LS191 的数据输入端 ABCD 各管脚接地,管脚 11 通过 10kΩ 电阻上拉至高电平,引出线作为清零端,当输入低电平脉冲时,可逆计数器停止计数,把数据端内容(ABCD)装入计数器,74LS191 输出为零,可选通 2716 的地址 000H 或 010H(由 A_4 状态决定),2716 输出状态为 A(四相八拍)或 AB(双四拍);当为高电平时,以递加或递减的方式进行计数,依次选通 2716 的地址。2716 的管脚 OE 和 CE 分别为输出允许和片选端,一直接地使之处于选通状态。

表 8.3　反应式四相步进电机环形分配器存储状态表

地址	内容	$D\,C\,B\,A$	励磁	地址	内容	$D\,C\,B\,A$	励磁
000H	FEH	1 1 1 0	A	010H	FCH	1 1 0 0	AB
001H	FCH	1 1 0 0	AB	011H	F9H	1 0 0 1	BC
002H	FDH	1 1 0 1	B	012H	F3H	0 0 1 1	CD

地址	内容	D C B A	励磁	地址	内容	D C B A	励磁
003H	F9H	1 0 0 1	BC	013H	F6H	0 1 1 0	DA
004H	FBH	1 0 1 1	C	014H	FCH	1 1 0 0	AB
005H	F3H	0 0 1 1	CD	015H	F9H	1 0 0 1	BC
006H	F7H	0 1 1 1	D	016H	F3H	0 0 1 1	CD
007H	F6H	0 1 1 0	DA	017H	F6H	0 1 1 0	DA
008H	FEH	1 1 1 0	A	018H	FCH	1 1 0 0	AB
009H	FCH	1 1 0 0	AB	019H	F9H	1 0 0 1	BC
00AH	FDH	1 1 0 1	B	01AH	F3H	0 0 1 1	CD
00BH	F9H	1 0 0 1	BC	01BH	F6H	0 1 1 0	DA
00CH	FBH	1 0 1 1	C	01CH	FCH	1 1 0 0	AB
00DH	F3H	0 0 1 1	CD	01DH	F9H	1 0 0 1	BC
00EH	F7H	0 1 1 1	D	01EH	F3H	0 0 1 1	CD
00FH	F6H	0 1 1 0	DA	01FH	F6H	0 1 1 0	DA

在需要零状态输出时,可将 2716 的其它输出数据线的任意线作为零状态输出端,这里假设将 D_4 作为零状态输出端,可将存储器中相应内容的第 4 位存储为零,即四相八拍时存储内容为 FEH(A)改为 EEH,双四拍时存储内容为 FCH(AB)改为 ECH,这样,在环形分配器运行过程中,每出现一个零状态,D_4 线上出现一次低电平。

3. 采用可编程逻辑器件构成环形分配器

可编程逻辑器件(PLD—Programmable Logic Device)是最新一代的数字逻辑器件,它不但具有很高的速度、集成度和可靠性,而且具有用户可重复定义逻辑功能的特点。这种器件使数字系统的设计非常灵活,大大缩短系统研制的周期,大大减少系统的体积和所用芯片的品种,因此,可编程逻辑器件有着广阔的应用前景。

下面采用 GAL16V8 针对两相混合式步进电机双四拍工作方式,介绍采用可编程逻辑器件构成环形分配器的设计。

两相混合式步进电机双四拍励磁方式励磁顺序为 $AB - B\bar{A} - \bar{B}\bar{A} - \bar{B}A - AB$ ……
表 8.4 给出了两相混合式步进电机双四拍工作方式环形分配器状态序列表。

表 8.4　双四拍工作环形分配器状态序列表

顺时针旋转	STEP	Q0(A)	Q1($\bar{A}$)	Q2(B)	Q3($\bar{B}$)	逆时针旋转
	1	1	0	1	0	
	2	0	1	1	0	
	3	0	1	0	1	
	4	1	0	0	1	
	1	1	0	1	0	

该环形分配器设有三个控制端,即使能控制 E、方向控制 D 以及初始状态设置 S。表 8.5 为环形分配器功能真值表。

表 8.5　环形分配器功能真值表

CLOCK	$\bar{E}$	S	D	功　　能
×	1	×	×	保持电机当前状态
↑	0	1	×	设置输出为初始状态
↑	0	1	0	步进电机顺时针旋转
↑	0	0	1	步进电机逆时针旋转

根据表 8.4,在任意状态均有 $Q0 = \overline{Q1}$、$Q2 = \overline{Q3}$,因此环形分配器状态输出项可从 4 个简化为 2 个,如表 8.6 所示。

表 8.6　简化序列控制表

STEP	$D = 0$		$D = 1$	
	$Q0$	$Q2$	$Q0$	$Q2$
1	1	1	1	1
2	0	1	1	0
3	0	0	0	0
4	1	0	0	1
1	1	1	1	1

在 $Q0 = \overline{Q1}$、$Q2 = \overline{Q3}$ 的情况下,当 $S = 1$ 时,则 $Q0_{n+1} = 1$、$Q1_{n+1} = 0$、$Q2_{n+1} = 1$、$Q3_{n+1} = 0$,当 $E1 = 1$ 或 $E2 = 1$ 时,则 $Q0_{n+1} = Q0_n$、$Q1_{n+1} = Q1_n$、$Q2_{n+1} = Q2_n$、$Q3_{n+1} = Q3_n$。上述步进序列采用下面卡诺图进行化简。

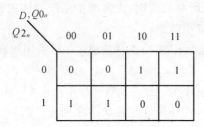 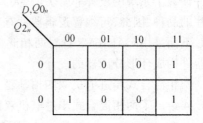

图 8.60　$Q2_{n+1}$ 卡诺图　　　　图 8.61　$Q2_{n+1}$ 卡诺图

根据卡诺图可以求出 $Q0_{n+1}$、$Q2_{n+1}$ 的方程为:

$$Q0_{n+1} = Q2_n * \overline{D} + \overline{Q2_n} * D$$
$$Q2_{n+2} = Q0_n * D + \overline{Q_n} * \overline{D}$$

考虑到使能控制 E 作用,上述方程为:

$$Q0_{n+1} = \overline{E} * Q2_n * \overline{D} + \overline{E} * \overline{Q2_n} * D$$
$$Q2_{n+1} = \overline{E}Q0_n * D + \overline{E}\,\overline{Q0_n} * \overline{D}$$

设置功能表达式方程为:

$$Q0_{n+1} = \overline{E} * S \qquad Q2_{n+1} = \overline{E} * S$$

当 E 为"1"情况下的保持功能表达式为:

$$Q0_{n+1} = Q0_n * E \qquad Q2_{n+1} = Q2_n * E$$

综合上述全部情况,其完整的逻辑表达式为:

$$Q0_{n+1} = \overline{E} * S + Q0_n * E + \overline{E} * Q2_n * \overline{D} + \overline{E} * \overline{Q2_n} * D$$

$$Q1 = \overline{Q0_{n+1}}$$

$$Q2_{n+1} = \overline{E} * S + Q2_n * E + \overline{E} * Q0_n * D + \overline{E} * \overline{Q0_n} * \overline{D}$$

$$Q3 = \overline{Q2_{n+1}}$$

根据上面分析,可以写出两相混合式步进电机双四拍工作方式环形分配器逻辑方程的源程序,图 8.62 为 GAL16V8 的管脚功能分配图。

PAL16V8

DISTRIBUTOR

JZHAO

CLK /EA NC SA DA /EB SB DB GND

/OC /Q3B /Q1B /Q2B /Q0B /Q2A /Q0A /Q3A /Q1A VCC

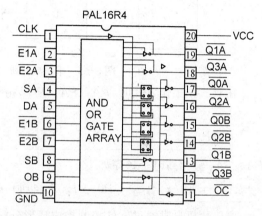

图 8.62 *GAL* 16 *V* 8 管脚功能配置图

Q0A : = /EA * SA + Q0A * EB + /EB * Q2A * /DA + /EB * /Q2A * DA

Q1A : = /Q0A

Q2A : = /EA * SA + Q2A * EA + /EA * Q0A * /D + /EA * /Q0A * /DA

Q3A : = /Q2A

Q0B : = /EB * SB + Q0B * EB + /EB * Q2B * /DB + /EB * Q2B * DB

Q1B : = /Q0B

Q2B : = /EB * SB + Q2B * EB + /EB * Q0B * D + /EB * /Q0B * /DB

Q3B : = /Q2B

DESCRIPTION

4. 单片机自身通过软件控制构成环形分配器

以三相反应式步进电机为例,无论工作在何种方式,均需要三路结构相同控制电路,并且每一路对应于步进电机的一相。因此,采用单片机自身通过软件控制构成环形分配器需要单片机三条 I/O 口线与步进电机驱动器相连,接口基本原理框图见图 8.63。

图 8.63 中,单片机用 I/O 口的 PA_1、PA_2、PA_3 控制步进电机的 A、B、C 相。当 PA_1 输出高电平时,A 相绕组通电;输出低电平时,A 相绕组断电。其余两相类同。三相反应式步进电机的励磁方式有三种,即单三拍、双三拍和六拍工作方式。在单三拍工作方式时,PA_1、PA_2、PA_3 轮流输出高电平,这时有

$$\longrightarrow PA_{1\sim 3} = 100 \rightarrow PA_{1\sim 3} = 010 \rightarrow PA_{1\sim 3} = 001 \longrightarrow$$

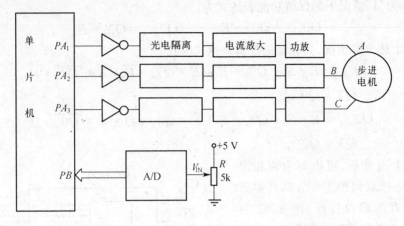

图 8.63　采用单片机自身构成环形分配器

在双三拍工作方式时，PA_1、PA_2、PA_3 相邻两相轮流输出高电平，这时有

$$\longrightarrow PA_{1\sim3} = 110 \rightarrow PA_{1\sim3} = 011 \rightarrow PA_{1\sim3} = 101 \longrightarrow$$ 在六拍工作方式时，PA_1、

PA_2、PA_3 输出高电平顺序如下

$$\longrightarrow PA_{1\sim3} = 100 \rightarrow PA_{1\sim3} = 110 \rightarrow PA_{1\sim3} = 010 \rightarrow PA_{1\sim3} = 011 \rightarrow PA = 001 \rightarrow PA_{1\sim3} = 101 \longrightarrow$$

由单片机自身通过软件控制构成环形分配器不需要外部时钟脉冲，而是通过程序控制循环改变 PA_1、PA_2、PA_3 的输出状态，因此可以随意改变步进电机的工作频率。改变工作频率的方法通常有两种，一种为定时器产生定时中断，就是单片机定时器每产生一次中断，在 PA 口输出一个步进电机的励磁编码，使步进电机执行一次步进；另一种方法为软件延迟，单片机每执行一次延迟子程序，马上把步进编码送到 PA 口，控制步进电机执行一次步进。当改变定时器的定时数据或延迟子程序的延迟数据时，就可改变步进电机的工作频率。

8.4　步进电机的控制

步进电机驱动系统设计时，首先考虑稳态性能，由允许的最大位置误差和要求的最高步进频率完成步进电机和驱动电路的选择，接下来应考虑步进电机的控制方案、接口技术，以提高系统的性能/价格比。

通常步进电机的控制分为开环控制和闭环控制两种。

8.4.1　步进电机的开环控制

典型的步进电机开环控制系统，通常为环形分配器根据输入脉冲和方向指令信号，输出脉冲序列，通过驱动器依次提供足够的脉冲电流给步进电机的各个绕组，使其按给定方向和速度步进运动。开环控制具有简单、成本低等优点。开环控制方案中，负载位置对控制电路没有反馈，因此步进电机必须正确地响应每次励磁变化。如果励磁频率选择不当，电机不能够移动到新的要求的位置，那么实际的负载位置相对控制器所期待的位置出现永久误差,即发生失步现象或过冲现象。步进电机开环控制系统中,如何防止失步和过冲是开环控制系统能否正常运行的关键。

1. 失步与过冲现象

一般情况下,系统的极限启动频率比较低,而要求的运行速度往往比较高。如果系统以要求的速度直接启动,因为该速度已超过极限启动频率而不能正常启动,轻则可能发生丢步,重则根本不运行。系统运行起来后,如果到达终点时立即停发脉冲串,令其立即停止,则系统惯性作用,电机转子会发生转过平衡位置,如果负载的惯性很大,会使步进电机转子转到接近终点平衡位置的下一个平衡位置,并在该位置停下来。

上述两种情况均会使实际的负载位置相对控制器所期待的位置出现永久误差。

2. 启动和停止频率

从静止开始,步进电机能响应而不失步的最高步进频率称为"启动频率",与此类似,"停止频率"是指系统控制信号突然关断,步进电机不冲过目标位置的最高步进频率。

通常,步进电机的启动和停止频率可以从图8.12失步转矩与频率特性曲线中得到,但是只能作为参考,因为步进电机所带的负载不同,直接影响步进电机的启动和停止频率。对任何电机-负载组合而言,粘性负载使加速度和步进频率降低,但有助于减速,因此提高了停止频率;增大电机的输出转矩或减小负载转矩以及减小系统的惯量,均能使步进电机启动频率提高。如果启动频率恰巧等于谐振频率,应改用较低的频率或通过增加阻尼降低谐振的影响。由于负载对步进电机启动停止频率的影响,实际工作中,启动停止频率常常通过实验求得。

3. 加速和减速工作

因为步进电机系统的启动频率比它的最高运行频率低得多,因此为了减少定位时间,常常通过加速使电机在接近最高的速度运行。随着目标位置的接近,为使电机平稳的停下来,重新使频率逐渐降低到停止频率。因此步进电机开环控制系统控制过程中,运行速度都需有一个加速-恒速-减速-低恒速-停止的过程,如图8.64所示。

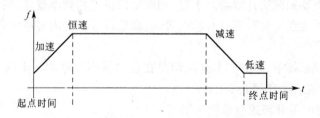

图8.64 运行速度控制过程

对于非常短的距离,电机的加减速过程没有实际意义,只要按启动频率运行即可。在稍长距离时,电机可能只有加速减速过程而没有恒速过程。对于中等或较长的距离,电机必须有一个恒速的过程。通常系统的工作过程,特别是要求快速响应的工作过程,从起点到终点的运行时间要求很短,这就必须要求加减速的过程最短而恒速时的速度最高。

加速时的起始频率应等于或小于系统的极限启动频率,而不是从零开始。减速过程结束时的速度一般应等于或低于停止频率,在经数步低速运行后停止。

加速的规律一般有两种选择,一是按直线规律加速,二是按指数规律进行加速。按直线规律加速时加速度为恒定,因此要求电机产生的转矩为恒值。从电机本身的特性来看,在转速不是很高的范围内,输出转矩可基本认为恒定,但实际上电机转速升高时,由于反电势和电机绕组电感的作用,绕组电流逐渐减小,输出转矩有所下降。按指数规律加速,加速度是逐渐下降的,因此采用指数规律加减速更接近电机的输出转矩随转速变化的规律。

4. 开环控制的实现

对于任何系统,选择开环控制的实现方式都要考虑性能价格比等因素。

(1) 步进频率恒定的开环控制系统

这是一种最简单的步进电机开环控制方式,其系统框图如图 8.65 所示,该方式电机在到达目标位置之前都以恒定的频率转动。

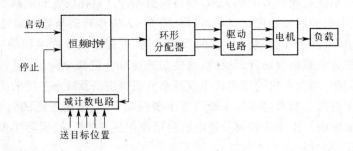

图 8.65 步进频率恒定的开环控制系统

相位控制信号由环形分配器产生,环形分配器由来自恒频时钟的步进命令脉冲触发。"启动"信号接通这个时钟,使电机以等于时钟频率的步进频率运行;"停止"信号关断这个时钟,使电机停转。转动方向一开始就送到环形分配器,因此它产生的相位信号能以合适的方向运转电机。目标位置送入减法计数器,并以这个计数器记录执行的步数,时钟脉冲同时送给环形分配器和减法计数器。于是,相激励以恒定的频率变化,减法计数器记录电机相对目标的瞬时位置。负载到达目标位置时,减法计数器的内容减为零,并产生停止信号。

在简单的恒频系统中,时钟频率必须调整在启动频率和停止频率两者较低的那个频率上,以确保可靠的启动和停止。

(2) 用硬件定时的开环控制系统

如果加减速系统需要执行的步数比较少,那么相激励定时可以采用数字集成电路产生。如图 8.66 所示。

系统事先把目标位置送入减法计数器,以后每执行一次,计数器减一。系统最初静止,启动脉冲加到"启动"输入端后,启动脉冲经过一系列"或"门作用到环形分配器上,环形分配器发生的激励变化启动电机。启动脉冲同时触发第一级延时电路,把这个脉冲延迟 T_1 时间,在这期间,电机运行到第一次相转换位置。经过 T_1 延迟后,第一级的脉冲输出送到环形分配器并触发下一级延时电路。这种时序一直继续到所有延时电路工作完。最末一级延时的输出用来启动恒频时钟,以恒频时钟产生以后的步进命令。当还需要执

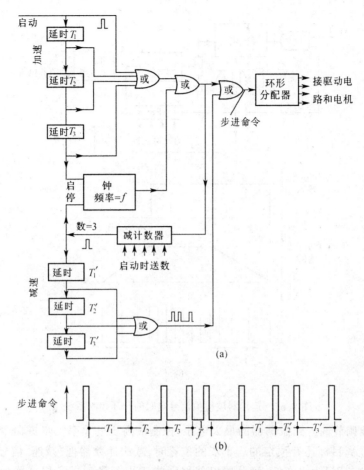

图 8.66　用硬件定时的开环控制系统

行的步数等于减速延时电路数时,减法计数器产生一个脉冲,关断时钟并触发第一级减速电路延时 T_1'。到达目标位置之前的最后几步的减速控制由三级持续可变的延时 T_1'、T_2'、T_3' 产生,它们顺序触发,产生送到环形分配器的步进命令。减速以长激励周期(T_1')开始,让转子转过平衡位置和产生负转矩。

通常硬件定时仅用于在工作速度比正常的启停频率高得不太多的场合。

(3) 运用斜坡模拟信号定时的开环控制系统

运用斜坡模拟信号定时的开环控制系统如图 8.67 所示。

在图 8.67 中,线性加速和线性减速的控制电压通过对一个信号积分产生:电机加速时接通这个信号,需要减速时断开这个信号。只要电机的转矩和负载转矩不随速度变化,加速度率是恒定的,线性斜坡就能产生最佳的系统性能。

步进电机最初处在静止状态。当目标位置送入减法计数器后,"启动"信号加到"与"门输入端上,积分器输入端立即从低变高,积分输出以斜线上升,积分开始。调节定时电阻器 R_A 能改变积分的时间常数,以此给出要求的加速速率。积分器产生的线性斜坡输入到压控振荡器,使振荡器以线性增加的频率产生步进命令,驱动步进电机转动。利用可

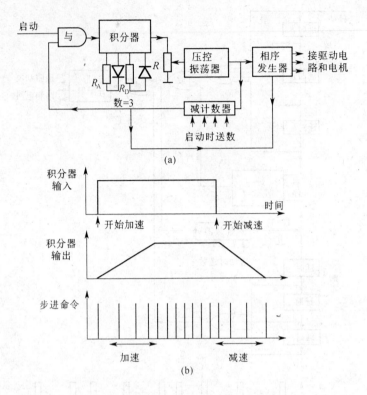

图 8.67 运用斜坡模拟信号定时的开环控制系统

变衰减器 R 能调节输入到振荡器的最大电压,控制最高步进频率。步进命令同时输入到减法计数器,在离目标还有预定的若干步的位置时,减法计数器把"减速"信号的状态从高变到低。于是"与"门输出变低,积分器以斜坡形式逐步下降到零。积分器由两个相互独立的定时电阻器(减速电阻 R_D 和加速电阻 R_A),所以减速速率和加速速率可以做的不一样。

(4) 运用微处理机的开环控制系统

上述介绍的系统的控制过程均采用硬件电路实现,但线路一般较复杂,成本高,而且一旦成型,若想改变控制方案就必须重新设计电路。随着单片机的发展和普及,为设计功能很强而且价格低的步进电机控制器提供了先进的技术,采用单片机系统可以用很低的成本实现很复杂的控制方案,由于单片机的灵活性,使修改控制方案成为轻而易举的事。

1)单片机与步进电机驱动器之间接口

采用单片机系统对步进电机进行控制,针对不同的步进电机驱动器,有多种控制方案,主要有以下几种:

两线控制方式 在这种系统中,步进电机驱动器必须包含有环形分配器,对电机各相励磁的分配和转换顺序都由环形分配器完成。单片机系统与步进电机驱动器之间只需两条控制线,一条用来发出时钟脉冲串,另一条用来发出方向电平信号。图 8.68 简单画出这种控制方法的接线图,图中采用 8031 的 $P_{1.0}$ 作为方向电平信号,$P_{1.1}$ 作为 CP 脉冲信号。

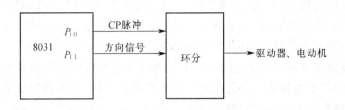

图 8.68　两线控制方式示意图

CP脉冲产生的方法很简单,只需对 $P_{1.1}$ 进行两次取反操作就可以产生一个脉冲信号,但环形分配器都要求 CP 脉冲具有一定的宽度才能有效地响应,因此在两次取反操作中间必须插入一定的其他操作或延时程序。当需要电机匀速运转时,就发出恒定周期的脉冲串;当需要加减速运行时,就发出周期递减或周期递增的脉冲串;当需要锁定时,只要停止发脉冲串即可。方向电平控制线可以实现对电机方向的控制,由于不同的步进电机驱动器的方向控制的逻辑信号存在差异,针对不同的驱动器,输出逻辑电平(高或低电平)控制驱动器内的环形分配器按正或反方向进行脉冲分配,实现步进电机的正反向运转。

单片机软件实现环形分配器控制方式在这种系统中,步进电机驱动器不包含有环形分配器,对电机各相励磁的分配和转换顺序都由单片机通过软件完成,图 8.69 示出这种控制方法的示意图。系统采用输出口的数据线直接控制步进电机的各相励磁信号,这种方法需要在内存 ROM 中开辟一个区域存储环形分配器的输出状态表,系统软件按照电机的正反转要求,按正反顺序依次将状态

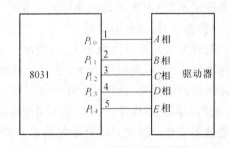

图 8.69　软件实现环形分配器控制方式示意图

表的内容取出送至单片机的输出口,从而实现步进电机的励磁状态的转换。环形分配器的输出状态表与前面所讲的利用 EPROM 实现环形分配器的数据类似。

采用 EPROM 环形分配器的控制方式　这种工作方式中,环形分配器为前面讲的含有 EPROM 的环形分配器,只是由单片机替代了前级的计数器,而由单片机的数据线直接与 EPROM 的地址线相连。图8.70 给出了这种控制方式的简单示意图。8031 的 $P_{1.0} \sim P_{1.3}$ 四条数据线直接接到 EPROM2716 的低四位地址上,EPROM 的其他地址线均接地,这样单片机 $P1$ 口输出的数据最多可选通 EPROM 的 16 个地址($0000H \sim 000FH$),2716 的低四位

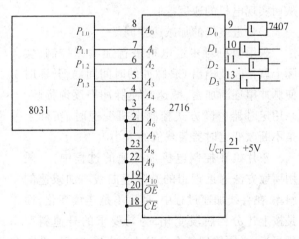

图 8.70　采用 EPROM 环形分配器的控制方式示意图

数据线作为控制电机 A、B、C、D 相的控制线。通常在 8031 内部数据存储器中选一个寄存器作为输出状态的计数器,称为状态字节,如 R0,当需要正转一步时,只需将计数器加 1 送到 $P1$ 口;当需要反转一步时,只需将计数器减 1 送至 $P1$ 口。

串行总线控制方式 在这种系统中,步进电机驱动器均为含有单片机系统的档次比较高的产品,驱动器本身就是一个完善的步进电机控制系统,自身可以完成步进电机的开环控制,有的驱动器还带有一定的数字量接口,完成一些诸如极限位置检测等功能。这种步进电机驱动系统通常含有几种接口方式,串行接口是较为常见的,因为串行总线的传输能力比较强,连接方式简单,而且具有工业标准,对于 RS232 只需三根线,对于 RS422 需四根线,对 RS485 只需两根线。上位机系统对步进电机的控制是通过命令的形式进行的,上位机只需对驱动系统传输命令,包括设定命令,如速度、加减速步数、总步数等,启动命令、停止命令等。这种系统有效地减轻了上位系统控制的复杂程度,通常用于采用一个上位机对多台步进电机进行控制的系统中。

2)步进电机的速度控制

在采用单片机的步进电机开环控制系统中,控制步进电机的运行速度,实际上就是控制系统发出的 CP 脉冲的频率或者换相周期。系统可用两种办法实现步进电机的速度控制,一种为延时,一种为定时。

延时方法是在每次换相之后,调用一个延时子程序,待延时结束后再次执行换相,这样周而复始,就可发出一定频率的 CP 脉冲或换相周期。延时子程序的延时时间与换相程序所用的时间和,就是 CP 脉冲的周期。该方法简单,占用系统资源少,全部由软件实现,调用不同的子程序可以实现不同速度的运行。但占用 CPU 的时间长,不能在运行时处理其他工作。因此只适合于较简单的控制过程。

定时方法是利用单片机系统中的定时器的定时功能产生任意周期的定时信号,从而可方便地控制系统输出 CP 脉冲的周期。当定时器启动后,定时器从装载的初值开始对系统机器周期进行加计数,当计数器溢出时,定时器产生中断,系统转为执行定时中断子程序。将电机换相子程序放在定时中断服务程序中,定时器中断一次,电机就换相一次,从而实现电机的速度控制。

3)步进电机的加减速控制

采用微机对步进电机进行加减速控制,实际上就是改变输出 CP 脉冲的时间间隔,升速时使脉冲串逐渐加密,减速时使脉冲串逐渐稀疏。采用定时器中断方式控制电机变速时,实际上是不断改变定时器装载值的大小。

单片机在控制电机加减速的过程中,一般用离散方法逼近理想的升降速曲线。加减速的斜率 在直线加速过程中,速度不是连续变化,而是按上述分档阶段变化,为与要求的升速斜率

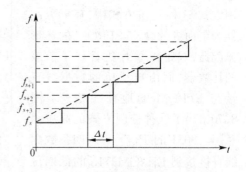

图 8.71 速度的离散化过程

相逼近,必须确定每个台阶上的运行时间,见图 8.71。时间 Δt 越小,升速越快,反之越慢。Δt 的大小可由理论或实验确定,以升速最快而又不失步为原则。每个台阶的运行步

数为 $N_s = f_s \Delta t = s \Delta N$，反映了每个速度台阶运行步数与当前速度 s 之间的关系，程序执行过程中，每次速度升一档，都要计算这个台阶应走的步数，然后以递减方式检查，当减至为零时该档速度运行完毕，升入又一档速度。

步进电机运行的总步数为升速过程总步数、匀速过程总步数及减速过程总步数的和。

升速过程总步数　电机在升速时，对升速总步数进行递减操作，当减至为零时升速过程结束，转入匀速运转过程。

匀速运行总步数　电机在匀速运行时，对匀速运行总步数进行递减操作，当减至为零时匀速过程结束，转入减速运转过程。

减速过程总步数　减速过程的规律与升速过程相同，只是按相反的顺序进行。

4)步进电机的点位控制

点位控制是指控制电机拖动负载从一个位置运行到另一个位置。对步进电机而言，就是步进电机从一个锁定位置运行到另一个位置进入锁定状态。要求电机实际运行步数一定要与设定值相符，不允许有误差。采用单片机实现步进电机点位控制通常有两种工作方式，一种为绝对位置运行，另一种为增量位置运行。

绝对位置运行方式　在绝对位置运行方式中，步进电机运行的步数由一个绝对位置确定。系统通常确定一个零点(设定值为 0)和一个终点(设定值为 N)，这个终点就是电机运行的总步数即最大行程。运行过程中步进电机的运行步数以绝对位置 n 确定，在系统中设定一个绝对位置寄存器，存储绝对位置坐标。例如当步进电机从零点运行到 n_1 位置时，绝对位置寄存器从 0 开始加 1，当寄存器的值等于 n_1 时，即到达了 n_1 位置；接下来由 n_1 位置运行到 n_2 位置时，当 $n_2 > n_1$ 时，即从 n_1 点正向运行，绝对位置寄存器从 n_1 开始加 1，直到绝对位置寄存器值等于 n_2 停止；当 $n_2 < n_1$ 时，即从 n_1 点反向运行，绝对位置寄存器从 n_1 开始减 1，直到绝对位置寄存器值等于 n_2 停止。n 的值始终位于 0 与 N 之间。

增量位置运行方式　在相对位置运行方式中，步进电机的步数以一个增量值确定。系统同样确定一个零点(设定值位 0)和一个终点(设定值为 N)，这个终点就是电机运行的总步数即最大行程。运行的增量值即为下一步步进电机需要转过的步数 n，当正向运行时 n 为正数，当反向运行时 n 为负数。在系统中设定一个位置寄存器存储当前位置坐标和运行步数寄存器。例如步进电机当前的位置处在 N_1(即位置寄存器值为 N_1)，当运行 n 步，n 为正数时，正向运行，运行步数寄存器的值设定为 n，将当前位置 $N_1 + n$ 存入位置寄存器中，运行时运行步数寄存器递减，当运行步数寄存器为零时，步进电机停止；当 n 为负数时，反向运行，运行步数寄存器的值设定为 n，将当前位置 $N_1 - n$ 存入位置寄存器中，运行时运行步数寄存器递减，当运行步数寄存器为零时，步进电机停止。增量位置运行方式运行过程中，应始终对位置寄存器进行检查，一旦发现超过极限位置，通常有两种方式，一种是系统不运行，发出错误报警信号；另一种不发出错误报警信号，系统正常运行，运行到极限位置时自动停止。

8.4.2　步进电机的闭环控制

尽管步进电机开环控制具有控制简单、成本低的特点，但开环控制的失步与过冲现象使步进电机的开环性能受到限制,采用位置反馈或(和)速度反馈确定与转子位置相适应的正确相位转换,可以大大改善步进电机的性能,不仅可以获得更加精确的位置控制和高得多、平稳得多的速度,而且可以在步进电机的许多其他领域内获得更大的通用性。

1.步进电机典型的闭环控制系统

图8.72为一种步进电机的闭环伺服系统框图。参考输入信号用电压形式表示,电压形式的误差信号由压控振荡器转换成驱动步进电机的脉冲链,步进电机会按误差的大小和符号做出响应,并按正确的方向旋转,直至消除误差为止。

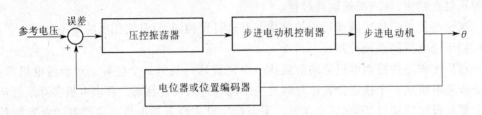

图8.72　步进电机典型的闭环控制系统框图

图8.73为步进电机转速闭环控制框图。步进电机采用锁相环原理实现转速控制,锁相环路的目的是使步进电机能跟踪输入的脉冲链。

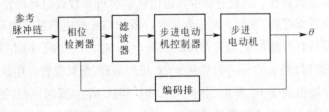

图8.73　步进电机转速闭环控制框图

绝大多数步进电机闭环控制系统都是采用脉冲负反馈来响应电机的位置。图8.74为采用编码器的步进电机闭环控制系统框图,编码器可以是一种光电装置,也可以是一种磁感应装置,它们能够对电机运动的每一步给出一个或多个脉冲。电机开始由输入指令的一个脉冲启动,后续的脉冲则是由编码器装置产生,因此步进电机的闭环控制系统不产生稳定性问题,相反系统的稳定性得到了改善。

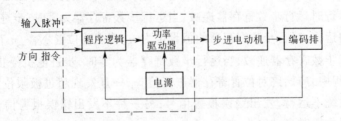

图8.74　采用编码器的步进电机闭环控制系统框图

2.转子位置的检测

增量式光学码盘是最普通的位置检测器,图8.75为增量式光学码盘的结构简图。通常增量式光学码盘安装在步进电机的转轴上,与电机以相同的速度旋转。其基本原理为在圆盘的边缘有许多径向槽,光源和光敏器件(发光二极管、光敏管或光电池)放在圆盘的两边,每当圆盘槽对着光源时,光敏器件受到照射,光敏器件产生一个信号。

图 8.75 增量式光学码盘的结构简图

对于低分辨率的步进电机,通常使用类似原理的简易装置,即在电机轴上固定一块不透明的圆盘,圆盘的边缘开出等于步进电机每转步数的槽数;对于高分辨率的步进电机,可以使用任何一种成品的高分辨率增量码盘。

光敏器件产生的信号依赖于照射的强度,随着旋转圆盘槽逐渐与光源对准,产生三角形脉冲,这个脉冲经过比较器处理后,产生适合触发控制单元的陡峭的矩形脉冲,如图8.76 所示。

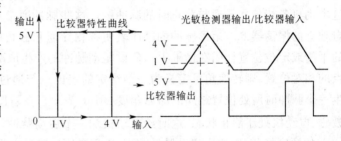

图 8.76 位置检测信号的处理

对于需要对转动方向进行控制的场合,编码器有两只光敏器件,因此由检测器产生的两组脉冲经过整形的脉冲输出将有一定相移,这两个输出信号的超前或滞后由旋转的方向决定。图8.77(a)中,电机顺时针旋转时,X 信号超前 Y 信号,而图8.77(b)中,电机逆时针旋转时,X 信号滞后于 Y 信号。X、Y 信号经过图8.78 所示的逻辑电路处理,能产生表示瞬时旋转方向的信号,这个信号可以和相序发生器产生的信号进行比较,检查电机的工作是否正确。

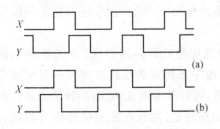

图 8.77 位置检测信号输出
(a) 顺时针旋转; (b)逆时针旋转

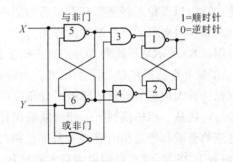

图 8.78 瞬时方向检测电路

3.超前角在步进电机闭环控制系统中的作用

通常,编码盘固定在电动机的转轴上,且使槽的中心与电动机的定位位置对齐。传感器组合件安装的位置相对于电动机定位位置有一个固定的角度,根据参考点的不同,这个角称为转换角或超前角。

图 8.79 说明了转换角和超前角是如何定义的。当步进电动机静止时,它在由激磁相所决定的平衡位置上保持不动。如果相邻相激磁而原来的相停止激磁,电动机将按新的激磁相所决定的方向运动一步。当各相继激磁时,电动机按一个方向连续转动。电动机连续旋转时,换相点的位置可以用相对电机定位位置的距离来定义。通常转换角是指由一个给定编码器的槽所触发而产生相位转换的位置。

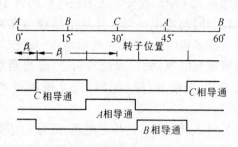

图 8.79 转换角和超前角定义

超前角与转换角有关系,但是它的定义并不取决于是否使用编码器。图 8.79 表示三相步进电动机各相依次导通与截止时的脉冲链。这些脉冲通常不一定由编码器产生,可以来自独立的振荡器源。矩形脉冲的顺序表明各相导通和截止周期持续的时间,并把电动机的平衡或定位位置标明在横轴上。假设驱动脉冲的产生取决于编码传感器和电动机定位点的相对位置,则转换角可定义为一个给定的定位点与通过这个定位点的光电传感器产生一个脉冲时所处位置之间的滞后角度,用 β_s 表示。参看图 8.79,我们考虑初始时 A 相激磁,电动机处于静止状态,这时给电动机加一个启动脉冲。如果电动机是以 $A - B - C - A$ 的顺序换相,则这个启动脉冲将对 B 相激磁。随着电动机开始运动,超过 A 相定位位置 β_s 度处,就产生一个脉冲,使 C 相导通而 B 相截止。由于这个脉冲信号是在到达 C 相定位位置之前给出的,这就引出超前角的定义。即超前角定义为给定相的转换点与定位位置之间的距离。超前角 β_l 是通过

$$\beta_l = 2\theta_b - \beta_s$$

与转换角 β_s 产生关系的。因此,步距角为 15°的步进电动机,其转换角为 6°,则相当于 24°的超前角。超前角是步进电动机闭环控制的重要因素之一,超前角的变化对电动机的加速、减速,以及稳态转速都有着显著的影响。以步距角为 15°的三相步进电机为例说明超前角在步进电机闭环控制中的作用。

图 8.80 所示是步距角为 15°的三相步进电动机理想的静转矩曲线(用正弦曲线近似)。0°参考点选择在 C 相平衡位置。步进电动机由一条转矩曲线转换到另一条转矩曲线以保持最大的正的或负的转矩所处角度的理论值,可以参考图 8.80 的曲线来确定。假设步进电机从一相转换到下一相时能够保持最大的正转矩,并且在此相位转换时刻截止相电流的衰减和导通相电流的上升都是瞬时完成的,则 11.25°的转换角即 18.75°的超前角(超前 1.25 步)就有可能得到最大的转矩,因为就在这一点上,两条转矩曲线相交。假设电动机 C 相通电时在 0°处处于静止状态,则给出一个脉冲将使转子向前推至距离 15°的 A 相定位位置处。在上述假定理想条件下,所产生的转矩曲线与图 8.80 中 A 相的曲线相一致。当转子位置达 11.25°时,激磁相从 A 相转换到 B 相,随后的所有换相点都间隔 15°,具有超前角为 18.75°。电机所产生的有效转矩如图 8.80 中的实线所示。

实际上,电机中电流的上升或衰减都不是瞬时完成的。换相的过程既取决于电动机的位置,也取决于电流上升和衰减的时间。通常,电流的上升和衰减的时间取决于控制电

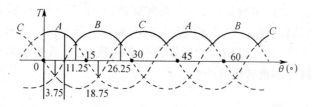

图 8.80　步距角为15°的三相步进电机的静转矩曲线

路及电机绕组的电阻、绕组的自感和互感以及与电机转速有关的反电势。此外,绕组的电感是转子位置的函数,而且由于电动机的饱和也是相电流的函数,因此从理论上精确地算出最佳超前角就变得困难起来。然而,通常在常用的步进电机中,从一条转矩曲线转换到下一条转换曲线,完成这一过程可能要费时 1 到几毫秒。为了使用一种能保持最大正转矩的方式换相,必须在理想换相位置之前的一个瞬间施加驱动脉冲。在低速下,这一电流上升时间可能要求在 11.25°之前小于 1°的一点上换相;而在高速时,超前角则应更大一点,因为电流上升时间较少。因此,理想的控制器需要兼有位置和速度反馈信息,以便最佳地控制电动机。如果只有位置反馈,则电动机从一条转矩曲线转换为另一条转矩曲线的位置必须选择得使电动机保持较高的平均转矩。此外,除非有办法在运行中改变超前角,否则超前角必须具有一个能使电机由静止位置起动的值。由图 8.80 可见,该图中所描绘的电机其超前角应大于 18.75°,因为任何小于该值的超前角都有可能导致平均转矩降低。而且,如图 8.80 中的转矩曲线所示,超前角在起动时不能太大,否则可能产生实际为负的转矩,并使电动机反向运转。通常,15°步距角的三相步进电动机,其启动的超前角必须限制在 18.75°到29°范围以内。图 8.81 示出这种极端的情况。在低速时,与电流上升时间相对应的电机位移较小,而接近 18.25°的超前角却给出最大的平均转矩。在高速时,因为与电流上升时间相应的电动机相对位移较大,电流绝对上升时间是相同的,所以同样的超前角其平均转矩却减小了,如图 8.81(a)中虚线所示。相反,在低速时,接近 29°超前角产生了较低的转矩,如图 8.81(b)中的实线所示,而在高速时,却产生了非常大的平均转矩,如图中的虚线所示。

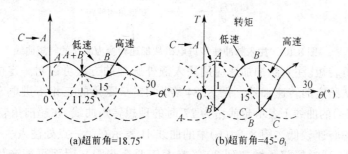

图 8.81　步进电机高低转速下处于加速期间考虑转换角的转矩曲线

在这种控制过程的某一点上,电动机必须从加速状态转换为减速状态。这种状态改变可以在反馈回路中或是用注入脉冲,或者是引进一定的时间延迟来实现。

图 8.82 示出了15°步距角的三相步进电动机在加速状态下或在稳态下驱动的情况,具有超前角为 22°或转换角为 8°。假设在给定的瞬时,电机要开始进入减速状态,在这种

情况下,可以给出两个连续的脉冲,一个反向脉冲,一个正向脉冲,或者是只越过一个脉冲,同时保持相同的转换角。图 8.82 表明,反向和正向脉冲的结合等效于在一个正常的换相点上根本没有换相,当以相同的转换角重新转换时,有效超前角减少为 7°。这就导致了引起电动机减速的负转矩的产生。

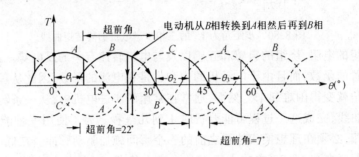

图 8.82　电机由加速转换为减速的转矩曲线

　　为了得到更灵活的控制,可以在注入脉冲后改变转换角。图 8.83 说明注入两个正向脉冲(B 换相到 C 再换相到 A)使电机从加速状态转换为减速状态,然后随之而来的转换角改变为 θ_2。由于注入两个正向脉冲,使所要求的平衡位置向前再移动两个步距。因此,正如图 8.83 所示,在减速状态期间超前角为 $45° - \theta_2$。图 8.83 还说明了 θ_2 位于 3.75°时的情况,相当于在理想条件下的最大负转矩。由于电机的转速不为零,而且电流的上升时间是有限制的,所以在减速期间的实际平均转矩可能接近于图 8.83 中所示的虚线。在高速时,就电流上升的所需时间而论,图 8.82 的换相条件有可能比图 8.83 的情况

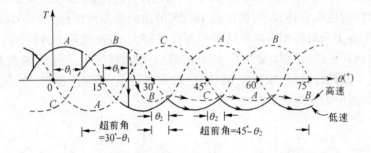

图 8.83　注入脉冲使步进电机从加速转换为减速的转矩曲线

产生更大的负转矩。注入脉冲加速应用注入额外脉冲的方法可以对一定的电机在一定的条件下使其从给定的转速加速。图 8.84 表示 15°步距角的三相步进电动机的静转矩曲线。图 8.84(a)的曲线 I 表示超前角为 17°时的理想转矩曲线,在超前角较小时,电动机一般达到的稳态转速较低。图 8.84(b)中的曲线 II 表示在第一点处注入一个额外脉冲后的理想转矩曲线,这时超前角增加到 32°(略大于两个步距),因而可能产生的平均转矩较大,如图 8.84 中虚线所构成的曲线所示。所以,由于脉冲的注入,电动机将加速到较高的转速。但应该指出,注入脉冲使转速提高的现象只有在初始超前角较小时才会发生。较大的初始超前角注入额外脉冲时经常会引起电动机的转速迅速下降。

　　4. 步进电动机使用时间延迟反馈的闭环控制

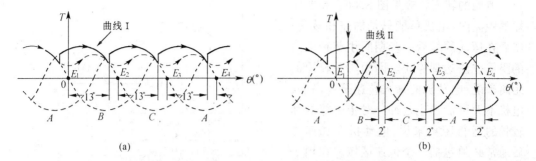

图 8.84 θ=9°处受注入额外脉冲影响形成的转矩曲线

对反馈传感器转换角的讨论是以假设传感器的角度从物理意义上来说是可调的为基础的。然而,实际上转换角却是由光电传感器的位置所调节的,而调节这个角度并不容易,特别是当电动机在运行中就更困难了。通常采用一种在反馈回路中使用电子时间延迟的方法。这个方法在某种程度上与变化转换角是等效的。

如图 8.85 所示,在反馈传感器和控制器之间采用一个时间延迟单元。这样,在发出换相信号和真正产生换相之间,实际必然会形成一个固定的时间间隔。采用这个时间延迟也可以解释为一个额外的角度延迟 θ',因此等效的转换角为

$$\theta = \theta_R + \theta'$$

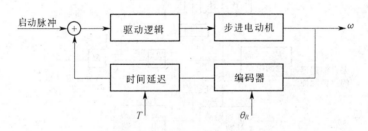

图 8.85 具有时间延迟的闭环控制

如果 θ' 代表在转速为 ω 时电动机在时间间隔 T 期间旋转过的角度,则

$$\theta' = \omega T \theta_b$$

但是应该注意,在闭环控制中用时间延迟的方法只能增大转矩角。因此,必须确定一个基准角度 θ_R,使所要求的最大转速小于只有 θ_R 单独作用时($\theta'=0$)所能获得的转速,因为当这个角度不超过常规区域时,转速是随着转换角的增大而减小的。

通常较小的转换角所引起的加速度要比较大的转换角所引起的加速度更大。这一点说明,转换角随转速变化的电动机在启动时有较好的加速特性。对于减速来说,可以在要开始减速的瞬时,将一个固定的恒定时间延迟加在反馈回路上,具有时间延迟的系统导致了衰减时间加快。

5.采用编码器反馈的闭环点-位控制器

绝大多数步进电机闭环控制系统是用于点-位控制系统的。一般来说,步进电动机是由一个单脉冲启动的,而所有后续脉冲是由光电编码器产生的。控制的目的就是要在尽可能短的时间内将给定的负载从一个点移到一个固定的终止位置。

典型的转速轨迹见图 8.86。在非常
短的距离内,电机可能只是加速和减速,
然后在运动的最后一步期间用某种适宜
的阻尼方法达到停止。因为对于较短的
距离来说,电动机的最大转速是不高的,
电机不大可能产生过冲。对于中等的和
较长的运行距离来说,电动机在加速之
后通常必须包括一个恒速区域。在预定
的距离(A 点)内,电机或是借助于注入
脉冲或是加进时间延迟转换为减速状态

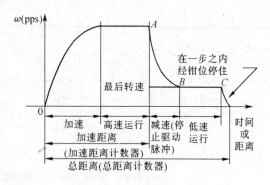

图 8.86　系统速度曲线

运行。当电动机达到预定的低速(B 点)时,反馈回路中加进适当时间延迟使电机在较低
的恒速下驱动。不管要运行多少距离,轨迹的低速部分保证了相同的最终转速,在 C 点
(通常为最后目标)前一步,电动机用受控形式达到停止。

　　点-位控制器的功能方框图如图 8.87 所示。控制器是由四个基本电路组成的:一个
方向检测电路、一个脉冲计数电路、一个时间延迟电路和一个阻尼电路。

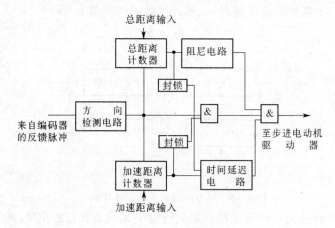

图 8.87　控制器框图

　　方向检测电路确保在电动机实际运行的每一步内只有一个脉冲送入步进电动机的驱
动器,并确保电动机按正确的方向转动。如果电动机按错误的方向启动旋转,或者不能按
一个脉冲送入驱动器后转动一步,则方向检测电路会封锁驱动器的输入而使电动机停止
运转。

　　脉冲计数电路是由两个减法计数器组成的,一个用于计算按步数运行的加速距离,另
一个用于计算按步数运行的总距离。加速计数器确定在反馈回路中注入时间延迟之前、
允许电动机在传感器确定的初始转换角时运行的步数。总距离计数器用来确定电动机运
行给定的总步数,并起动最终的电子阻尼程序。

　　时间延迟电路使每一个反馈脉冲延迟一个给定的时间,延迟时间最大至一个步距等
效。加入这个限制是为了使在较大时间延迟和较高初始稳态转速情况下,从控制器产生
脉冲链传至驱动器时不会丢失一个脉冲。时间延迟电路及其定时图如图 8.88 所示。在

加速距离计数器达到000之后,从方向检测电路来的脉冲将出现在输入端(点1)。第一个可重复触发的单触发电路其时间常数确定来自方向检测电路的脉冲链中注入时间延迟的大小。第二个可重复触发的单触发电路,确定从控制器传送入驱动器的每个脉冲宽度。

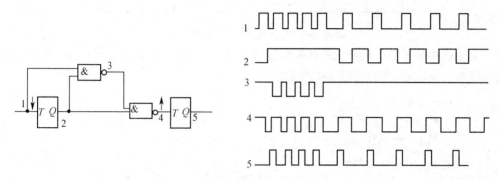

图8.88 时间延迟电路

阻尼电路提供两个间隔可调的脉冲,减少电动机每次运行终了时转子的振荡。图8.89示出了阻尼电路及其定时图。当电动机已完成运行所需要的步数之后,来自总距离计数器的借位脉冲使一个触发器复原,并使最后一个延时脉冲出现在点1处。这个脉冲触发三个单触发电路F、G和H,三个电路则发出一个使电动机减速至0的额外脉冲和两个最终阻尼脉冲。F的时间常数是固定的,而G和H的时间常数在给定范围内是可调

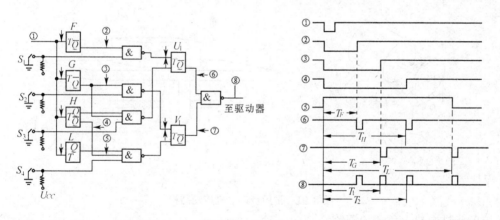

图8.89 阻尼电路

的。增加的单触发电路具有另一个范围的时间常数。

8.5 步进电机的选择

步进电机作为执行系统的控制元件或驱动元件,只是执行系统的一个组成部分,通常同驱动机械结构组合来实现所要求的功能。

8.5.1 **步进电机的机械驱动机构**

1.常用的机械传动结构

在实际应用场合,步进电机驱动系统是由电机本体、驱动器以及机械结构所构成,如

图 8.90 所示。

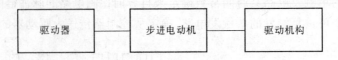

图 8.90　步进电机驱动系统组成框图

驱动机构将步进电机产生的转矩传输给负载,从而带动负载按要求的条件运行。较为常用的机械传动结构如图 8.91 所示。

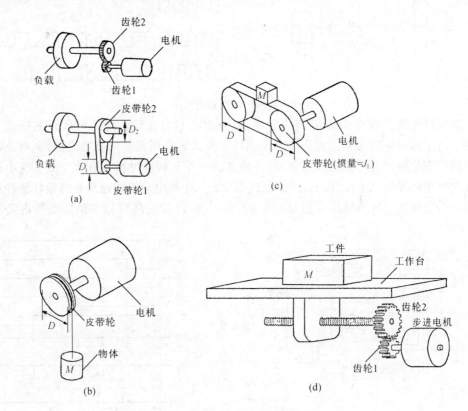

图 8.91　常用步进电机传动结构

2. 步进电机上负载的调节

实际应用中,步进电机常常通过一定传动机构与负载相连。合理的选择传动机构可以有效地调节加在步进电机上的负载。以图 8.92 和 8.93 为例简要介绍传动机构对加在电机上的负载的调节。

图 8.92 是运用一组齿轮的系统示意图。图中的齿轮的传动比为 $N:1$,电机转 N 转使负载转 1 转。假定齿轮组的摩擦转矩影响相对于负载转矩非常小,如果负载转矩为 T_L,则加在电机上的转矩将转换成 T_L/N。同样如果负载必须以最大静态误差 θ_{el} 定位,则电机以 $\theta_{em}=N\theta_{el}$ 的静态位置误差运转。因此从静态工作而言,使用高齿轮传动比连接电机和负载比与直接把电机和负载连在一起的情况相比,加在电机上的有效负载转矩减少了,允许的静态位置误差增加了。动态工作期间,如果正在加速负载,则作用的转矩与

角加速度、负载惯量成正比：
$$T_L = J_L(d^2\theta_L/dt^2)$$

电机轴上的加速负载的转矩为：
$$T_m = T_L/N = J_L(d^2\theta_m/dt^2)/N^2$$

因为 $\theta_m = N\theta_L$。根据上式折算到电机上的等效惯量为 J_L/N^2，即负载惯量以齿轮传动比的平方减小。可见高齿轮传动比使电机能够迅速加速。但是由于电机转动一步使负载产生等于电机步进的 $1/N$ 的位移，如果负载要移动一个固定距离，采用高齿轮传动比连接的电机要走 N 倍的距离。因此考虑在合理的时间里完成负载运动，则要求电机具有高的步进速率；反之齿轮传动比低，则有效负载惯量大，电机加速慢。

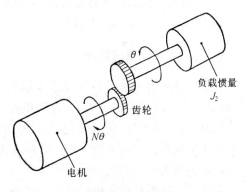

图 8.92　通过一组齿轮把负载连接到步进电机上

图 8.93 为通过丝杆把负载连接到步进电机上的示意图。图中电机转 1 转使负载产生等于丝杆螺距 h 的直线运动，对于角位移 θ（以弧度为单位），直线位移 x 表示为
$$\frac{\theta}{2\pi} = \frac{x}{h}$$

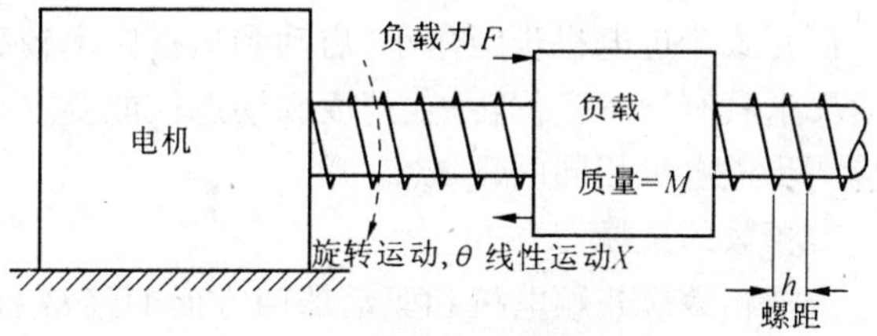

图 8.93　通过丝杆把负载连接到步进电机上

如果负载力 F 作用，假定丝杆的摩擦影响较小，则移动 x 距离所作的功为 Fx，这必定等于由电机轴上的负载转矩（T_L）使转轴转动 θ 角所作的功
$$Fx = T_L\theta$$

由上式得
$$T_L = (Fx)/\theta = (Fh)/2\pi$$

如果要使负载加速，则需要的力与负载质量 M 及加速度成正比
$$F = M(d^2x/dt^2)$$

这个力转换到电机上的负载转矩为
$$T_L = Fh/2\pi = Mh(d^2x/dt^2)/2\pi = M(h/2\pi)^2(d^2\theta/dt^2)$$

因此折算到电机轴上的负载惯量为
$$J = M(h/2\pi)^2$$

从静态定位的观点出发，螺距小对减小电机上的负载转矩是有用的，就动态情况看，使用小的螺距和使用高传动比齿轮类似。在小螺距的情况下负载的有效惯量减小了，电机能够迅速加速；但必须以高的步进频率对电机每个步进所产生的线性运动增量小进行补偿。

上述两个例子从某种意义上讲均为减速机构，利用减速机构可以起到调节电机轴上负载的作用，具体：

1）变更步距角，提高位置分辨率。

2）使惯量相匹配，以求得较大的加速度，得以高效率运行。

3）利用减速机构的粘性摩擦减小振动，从而改善阻尼特性。

4）通过改变转速，避开共振区，以便在高输出特性区域运行。

8.5.2 步进电机的选择

合理选择步进电机对系统设计来说是至关重要的。通常从步进电机本身的角度来讲，希望步进电机的输出力矩大、启动和运行频率高、步距角小、性能价格比高；从机构角度，希望移动分辨率高、负载大、定位时间短等。但增大转矩与快速运动存在一定的矛盾，高性能与低成本存在着矛盾。因此实际选用时必须全面考虑。

1. 步进电机种类的选择

永磁式步进电机功率损耗比反应式小，在断电的情况下有定位转矩，步距角大，启动和运行频率较低，适用于断电后要求负载保持在固定位置，精度和速度要求不高的场合。

反应式步进电机步距角小，启动和运行频率高，在一相绕阻长期通电下具有自锁功能，断电无定位转矩，消耗功率大。广泛用于精度和动态性能要求高的开环控制系统。

混合式步进电机步距角小，启动和运行频率较高，消耗功率小，有定位转矩，适用于断电后要求具有静态定位转矩、精度和动态性能要求高的控制系统，如计算机外围设备及与反应式步进电机相同的领域。

2. 相数的选择

选择相数应兼顾电机和驱动器两方面的经济和技术指标。通常随着相数的增加，电机的步距角变小，启动和运行频率响应提高，稳定性好，但驱动器复杂，成本高。

步进电机启动时的转矩小于它的最大静转矩，启动转矩的最大值是相邻两条静转矩特性曲线的交点值，最大静转矩相同时，电机的相数或运行的拍数增加，则电机带负载启动的能力增大。

3. 步距角的选择

步距角的大小与相数、转子齿数（反应式和混合式）或极对数（永磁式）有关。

在选择步距角时，考虑脉冲当量和机械传动系统的传动比，兼顾系统的精度和速度的要求。为了提高精度，希望脉冲当量（每输入一个脉冲使被控制对象产生的位移）小；但脉冲当量太小，要求的减速比大，而最高速度将受到步进电机的最高运行频率限制。

4. 最大静转矩的选择

有条件的可以通过实验测得系统的负载转矩，根据测得的负载转矩留有一定的安全系数选择最大静转矩。无条件的可根据负载的堵转矩、传动效率和传动比，估算出折算到电机轴上的负载转矩，并将该估算转矩乘以 1.2～1.4，作为选择电机最大静转矩的依据。

除此之外，在步进电机的选择时还需综合考虑下面几方面：

步进电机尽管具有步距角固定的特点，但同其他执行机构一样，不可避免的存在如步进电机本身存在的步距误差、负载作用后产生的附加定位误差、传动系统存在的传动误差等诸多误差，动态工作时存在影响运动性能的动态误差，尽管这种动态误差不影响最终位置。因此选择步进电机时，应使静态定位误差、动态误差都满足系统提出的要求。在实际选用时，常根据系统的脉冲当量选择电机的步距角和传动机构的传动比；根据精度要求选择电机的步距精度，并确保电机的步距误差、负载引起的附加误差及传动机构的传动误差之和小于系统所允许的定位误差。若达不到系统要求，就步进电机而言，应另选精度更高、T/θ的特性更陡的电机，或者分几步完成规定的增量运动。通常上下沿陡T/θ的特性由负载引起的附加定位误差小。步距角的相对误差一定，步距角小引起的绝对误差也小。小步距角电机还可以使过冲和振荡减小，有利于精度的提高。

正确地选择步进电机的驱动器也是满足系统精度和速度要求的关键因素。步进电机的运行速度与驱动器特性、加减速控制方式等因素有关。若驱动器不能保证每步均在最佳换相角进行换相，则输出转矩将减小，步进电机的速度曲线将不能遵循最佳规律变化，从而影响快速性。

选择合适的电机参数与阻尼方法、使用微步驱动等能消除振荡或减弱振荡，减少稳定所需的时间，使运动平滑，提高系统的动态性能。

选择步进电机时应考虑负载情况，避免因估计不足而将电机容量选的过小，带不动负载造成失步，或者容量选的过大，造成浪费。通常，步进电机的启动和停止频率可以从失步转矩与频率特性曲线中得到，只要启动频率小于或等于启动频率极值，步进电机就可带动负载直接启动。但是负载惯量对电机的特性影响很大，其他条件相同时，转动惯量越大，启动频率越低。考虑到惯量、驱动器等条件的影响，步进电机带动负载后启动频率常常通过实验求得。

步进电机启动时的转矩小于它的最大静转矩，启动转矩的最大值是相邻两条静转矩特性曲线的交点值，最大静转矩相同时，电机的相数或运行的拍数增加，则电机带负载启动的能力增大。

第九章　可编程序控制器控制系统

可编程序控制(Programmable Controller)是计算机家族中的一员,简称 PLC,是为工业控制应用而设计制造的。PLC 是一种把逻辑运算、顺序控制、定时、计数、算术运算等控制功能以一种系统指令形式存储在存储器内,然后根据存储的程序,通过数字或模拟量输入输出部件对生产过程进行控制的。现代的可编程序控制器是以微处理器为基础的新型工业控制装置,是将计算机应用于工业控制领域的崭新产品。随着大规模、超大型大规模集成电路技术和数字通信技术的进步和发展,PLC 的发展十分迅速,而且这种发展还在继续。本章以 OMRON C200H PLC 为例介绍其结构、工作原理、指令系统、编程方法等。

9.1　可编程序控制器系统组成

C200H PLC 采用模块化、总线式结构,整个系统以 CPU 单元为核心,如图 9.1 所示。CPU 单元包括系统电源、微处理器、存储系统、控制逻辑、总线接口及其它接口电路,是系统的主模块。编程器通过接口与 CPU 单元相连接。另外 CPU 单元还提供了独立的用户程序存储单元,以利于用户程序的方便安装和更换。C200H PLC 的 I/O 系统均采用模块化结构,所有的 I/O 模块均通过标准总线 SYSBUS 与 CPU 单元连接。

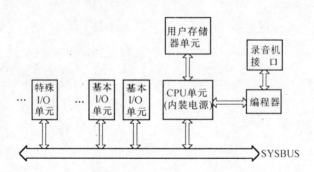

图 9.1　C200H PLC 结构框图

C200H PLC 的基本组成包括一个提供系统总线和模块插槽的安装机架、一个 CPU 单元、一个用户存储单元、一个编程器及若干基本 I/O 单元或特殊 I/O 单元。当用户所需要的 I/O 单元较多时,C200H PLC 还提供了两种扩展方式:一种是在 CPU 单元所在的安装机架上用电缆连接 I/O 扩展机架,最多可连接两个扩展机架,且为串联方式,两机架之间最大距离为 10m,但 CPU 与最远的扩展机架之间的距离不超过 12m,扩展机架上不需要安装 CPU 单元,但需要安装扩展电源单元。另一种扩展方式是采用远程 I/O 系统,将扩展机架用双绞线或其它通讯电缆与主机架或其它扩展机架相连,该方式需在每个机架中增加一个远程 I/O 单元,每个 CPU 单元最多可配置 2 个远程 I/O 单元,一个系统最多可配置 5 个远程 I/O 单元。上述两种方式如图 9.2 所示。

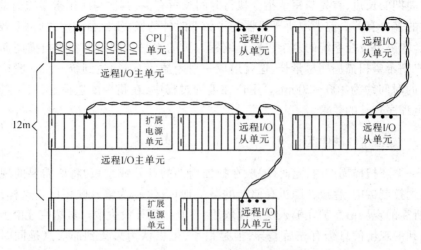

图 9.2　C200H PLC 扩展方式

9.2　可编程序控制器工作原理

9.2.1　基本原理

从广义上讲,可编程控制器 PLC 实质上也是一种计算机控制系统,只不过它具有比计算机更强的与工业过程相连的接口,具有更适用于控制要求的编程语言。PLC 的 CPU 采用顺序逐条地扫描用户程序的运行方式,即如果一个输出线圈或逻辑线圈被接通或断开,该线圈的所有触点(包括它的常开触点或常闭触点)不会立即动作,必须等扫描到该触点时才会动作。而继电器控制装置采用硬逻辑并行运行的方式,即如果一个继电器的线圈通电或断电,该继电器的所有触点(包括它的常开触点或常闭触点)不论在继电器线路的哪个位置上,都会立即同时动作。为了消除两者之间由于运行方式不同而造成的这种差异,考虑到继电器控制装置中各类触点的动作时间一般在 100ms 以上,而 PLC 扫描用户程序的时间一般均小于 100ms,因此,PLC 采用了一种不同于一般微型计算机的运行方式——扫描技术。这样,在对于 I/O 响应要求不高的场合,PLC 与继电器控制装置在 I/O 的处理结果上就没有什么差别了。

9.2.2　扫描原理

扫描技术存在的主要问题是对被控对象控制条件的满足时间与程序顺序执行的不协调。采用查询方式已不能满足要求,因此,应采用对整个程序循环执行的工作方式,即循环扫描方式,在这种方式下,用户程序一遍一遍不停地循环执行,直至停机。如果用户程序并不长,每一条指令执行时间足够快,则执行一次程序所占时间足够短,那么扫描一次程序所占时间短到足以保证变量条件不变,即前次扫描未捕捉到的某一变量的状态,保证在下一次扫描程序时该状态变量条件依然存在,用以解决程序顺序控制与被控对象控制

· 187 ·

条件之间存在的不协调的矛盾。

扫描周期的长短,首先与每条指令执行时间长短有关,其次与所用指令的类型及包含指令条数的多少有关。前者取决于机器的主频即时钟的快慢,机器选定之后,主频也就确定了;后者取决于被控系统的复杂程序及编程人员的水平。理论上希望扫描周期越短越好,但用户则希望扫描周期尽量长,这就形成一对矛盾,但必须达到统一。一般确定循环扫描周期的时间约为 100~200ms。用户在编程过程中,在指令的选择上,应尽量节约时间,以满足程序较长的要求。

9.2.3　建立 I/O 映像区

在每一循环扫描周期内,定时(一般在扫描周期的开始或结束)将所需要的现场有关信息采集到控制器中,存放在随机存储器的某一地址区,称为输入映像区。这样,在执行程序时,所需的现场信息都在输入映像区取用,不直接到外设去取。虽然在理论上用这种方法采集到的现场信息仍有先后差异,但是很小,可以认为采集到的信息是同时的。同样,输出的对被控制对象的控制信息,也不采用形成一个就输出改变一个的控制方法,而是先将它们存放在随机存储器的某一特定区域,这个区域称为输出映像区。当用户程序扫描结束后,将所有存在输出映像区的被控对象的控制信息,集中输出,改变被控对象的状态。对于那些在一个扫描周期内未发生变化的变量状态,就输出一个与前一周期同样的信息,因而也不引起外设工作的变化。输入映像区、输出映像区集中在一起,就是一般所说的 I/O 映像区,其大小随系统输入、输出信息的多少,即输入、输出点数而定。

I/O 映像区的建立,使系统工作变成一个采样控制系统,称为数字采样控制系统。虽然不像硬件逻辑系统那样,随时反映控制器件工作状态变化对系统的控制作用,但在采样时刻则基本符合实际工作状态。只要采样周期 T 足够小,采样频率足够高,就可以认为这样的采样系统符合实际系统的工作状态。在数字控制系统中输出变量的状态几乎和所有输入信息的状态有关,因此所关心的是所有输入输出变量的状态,由于涉及到的运算关系多是逻辑关系,只要采样周期 T 足够小即可,因此可用循环扫描周期作为系统的采样周期。

根据以上分析可以看出,数字采样控制系统的工作,虽然在采样周期内对变量的处理仍然是顺序执行程序,但是,由于输入信息是从现场瞬时采集来的,输出信息又是在程序执行后瞬时输出去控制外设的,因此,可以认为实际上恢复了系统对被控制变量控制作用的并行性。

I/O 映像区的建立,使可编程序控制器工作时只和内存有关地址单元内所存信息状态发生关系,而系统输出也是只给内存某一地址单元设定一个状态,因此,这时的控制系统已经远离实际控制对象,这一点为系统的标准化生产,大规模生产创造了条件。

9.2.4　特殊模块与智能模块

随着 PLC 在工业中应用的不断发展,单纯的数字量控制已无法满足生产过程的要求,生产过程不仅需要数字量的处理,而且需要模拟量的处理,需要闭环控制功能,需要机器间的通信等,因此,PLC 为逐渐加强与完善这些功能,开发了一系列满足上述功能的模块。目前实现的方法基本上有两个方向：一个是利用 PLC 的主 CPU 再加上一定的硬件支持环境，通过开发比较完善的软件来完成，如一般模拟量输入输出处理以及简单的控制；另一个是硬件软件一起开发，形成带独立 CPU 的模块，并在模块系统软件支持下，通过执行控制程序来完成任务，即利用智能模块实现控制。此时智能模块的工作和 PLC 主 CPU 的工作可以平行进行，两者独立工作，两者之间的联系是通过总线接口实现的，主 CPU 定期将命令、预置数等送给智能模块，而智能模块也定期或根据主 CPU 的要求将有关状态信息或数据传送给主 CPU，这时智能模块相当于 PLC 的一个外设。但主机对各种模块的管理仍是建立在循环扫描下进行的。

9.2.5 输入输出操作

PLC 的工作方式是循环扫描用户程序，所建立的输入输出映像区，只是在扫描周期的适当时刻，在操作系统的组织下，将输出映像区的信息全部倾泻给外设，同时也可以从外设读入信息。对一般的外设来说，这种输入输出方式可以满足要求。但是 PLC 的功能不断的扩展，特别是特殊模块、智能模块被当作 I/O 外设以及中断控制的利用等，对响应的及时性提出了新的要求。所以正常的周期性输入输出交换信息就无法满足要求。系统的周期性扫描与外设希望的及时响应矛盾的解决办法为将这一部分信息的输入或输出与系统 CPU 的周期扫描脱离，利用专门的硬件模块（如快速响应 I/O 模板）或通过软件利用专门指令去执行某一个 I/O 映像区的输入输出（如利用定区 I/O 服务指令使定区内的信息及时输入或输出）。所以 PLC 的循环扫描工作方式对外设希望及时响应的要求实现有一定困难。

9.2.6 中断输入处理

在 PLC 系统中，中断输入处理是由一块专用特殊模块完成的，由于 PLC 的扫描工作方式决定了其中断处理的特殊性，中断的响应不是在每条指令结束后查询有无中断申请，而是在相关的程序块结束后查询中断申请，如有中断申请，则转入执行中断服务程序。如果用户程序是以块式结构组成，则在每块结束或实行块调用时处理中断，因此中断响应是在系统循环扫描周期的各个阶段。对于中断程序来说，只有中断申请被接受后中断程序被扫描一次，如果想要多运行几次中断程序，则必须多进行几次中断申请。中断源的信息是通过输入点而进入系统的，而 PLC 扫描输入点是按顺序进行的。中断源的优先级顺序按照它们占用的输入点编号的前后顺序自动排成，系统接到中断申请后，顺序扫描中断源，它可能有 1 个甚至有多个中断源提出中断申请，系统在扫描中断源的过程中，就在存储器的一个特定区建立"中断处理表"，按顺序存放中断信息，中断源被扫描过后，中断处理表也建立完毕，系统就按中断申请表的先后顺序转至相应的中断子程序入口地址进行中断处理。在 PLC 系统中，多中断源可以有优先顺序，但无中断嵌套关系。因此当转入中断服务子程序时，并不自动关闭中断，也没有必要设置专门的允许中断指令再去开中断。通常中断服务程序执行结果的输出必须采用特殊处理措施，利用专门的快速响应 I/O 模板，或通过软件利用专门指令去执行某一 I/O 映像区的输入输出等。

9.3 可编程序控制器的硬件配置及功能

9.3.1 安装机架

安装机架为 CPU 单元和各 I/O 单元、特殊功能单元提供电气和机械安装接口,支持 PLC 的 SYSBUS 的安装结构。安装机架提供一个带总线控制器的印制电路板及 CPU 单元和各单元的机械连接、紧固部件,其中印制电路板上有数量不等的 32 位总线插槽和扩展机架接口,供安装各功能单元和连接扩展机架时使用。

9.3.2 CPU 单元

CPU 单元是 PLC 系统的核心,它按照系统程序所规定的程序完成 PLC 的各种功能,当用户程序编制完成并投入运行时,由 CPU 单元负责对用户程序进行译码并解释执行。

C200H PLC 的 CPU 单元共有三种型号,其中 CPU01‐E 和 CPU11‐E 既可使用 AC100～120V 电源,也可使用 AC200～240V 电源,CPU03‐E 只能使用 DC24V 电源。CPU11‐E 单元专用于将 SYSMAC LINK 单元或 SYSMAC NET LINK 单元连接到CPU 上,对其它两种 CPU 单元来说,可以直接安装在 CPU 左侧的两个槽位上或通过一个总线连接器接到 CPU 上。

CPU 单元的结构如图 9.3 所示。它由电源电路、微处理器、控制逻辑、存储系统、外设接口、I/O 接口和输出电路等几个部分组成。电源电路对输入交流电源进行隔离、滤波、整流和稳压,为 PLC 系统提供各种所需的直流工作电源。微处理器采用 Motorola 公司的 6800 系列 68B09 CPU 芯片,它是一种增强型 8 位微处理,具有丰富的指令系统和多种寻址方式,且运行速度快。存储器系统由系统程序存储器、用户程序存储器、数据存储器和用户 RAM 几部分组成,分别用来存储系统程序、用户程序和输入输出状态、中间运算结果等。其中用户程序存储单元是一用户可独立安装的内装电池的存储模块。外设接口提供编程器及其它 C 系列外部设备的连接接口。I/O 接口实现 SYSBUS 标准总线接

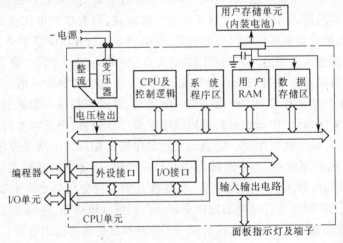

图 9.3 CPU 单元结构框图

口,输入输出电路提供面板指示灯及其它端子与 CPU 的接口,以指示 CPU 的工作状态。另外,CPU 单元还提供一个辅助接线端子,可将 AC 输入电源、DC 输出电源、电压切换控制端以及 CPU 工作状态指示、接地端子与外部电路相连,如图 9.4 所示。

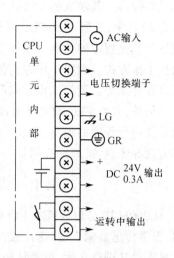

图 9.4　CPU 单元接线端子

9.3.3　存储器单元

C200H PLC 的存储器单元,按器件类型可分为 RAM、EPROM 及 EEPROM 三类。各型号的存储器单元的容量如表 9.1 所示。

存储器单元安装在 CPU 单元的存储器插槽上。其备用供电方式分为电池和电容供电两种方式。在室温 25 ℃条件下,备用电池可支持 RAM 单元达 5 年之久,电容可支持 20 天。随着环境温度的升高,备用时间将相应减少。

表 9.1　C200H PLC 存储器单元列表

名　　称	型　　号	存储容量	用户程序可使用字数	保　　护
RAM 单元	C200H－MR431	4K 字	2878 字	电　池
	C200H－MR831	8K 字	6974 字	
	C200H－MR432	4K 字	2878 字	电　容
	C200H－MR832	8K 字	6974 字	
EPROM 单元	C200H－MP831	8K 字	6974 字	
EEPROM 单元	C200H－ME431	4K 字	2878 字	
	C200H－ME831	8K 字	6974 字	

9.3.4　I/O 接口单元及特殊功能单元

C200H PLC 具有丰富的 I/O 接口单元,这些单元作为基本 I/O 单元可实现多种形式的数字量的输入和输出。为了适应更广泛的控制需要,还提供了多点数字量输入/输出、模拟量输入/输出、温度传感器输入、高速计数、温度控制、位置控制、PID 控制和语音特殊功能单元。此外,还有用于实现远程 I/O 的远程 I/O 单元;用于 PLC 之间或 PLC 与计算机之间互连通讯的链接单元。所有 C200H PLC 的 I/O 单元及特殊功能单元都具有标准 SYSBUS 总线接口,均可安装在安装机架的 SYSBUS 插槽上,安装顺序可以任意。基本 I/O 单元的地址由其所在机架中的槽位确定,特殊功能单元的地址由单元面板上的开关设定。基本 I/O 单元的数量由安装机架槽数确定,特殊功能单元的数量不能超过 10 个。

9.3.5　编程器

PLC 执行内部存储的程序是靠一专门的装置来输入的(或调试的),这个专门的装置就是编程器。其输入的方法就是将按助记符形式编写好的程序,通过编程器上的键盘输入到 PLC 中,并翻译成 PLC 可执行的机器语言。编程器的主要任务就是输入程序、调试程序和监控程序的执行。编程器的工作方式主要有两种,一种是编程工作方式,另一种是监控工作方式。编程工作方式包括输入新程序、调试修改新程序或对存在的程序重新进行修改补充等。监控工作方式可以对运行中的控制器工作状态进行监视和跟踪。

另外,多数 PLC 均具有通过计算机进行编程的功能,即采用标准串行通讯接口和专用软件进行程序的编写、修改。由于采用计算机编制程序比手持编程器具有编写、修改操作方便等优点,被广泛应用。

9.4 基本 I/O 单元的原理与功能

C200H PLC 包括基本 I/O 单元和特殊功能单元,特殊功能单元包括模拟量输入/输出、温度传感器输入、高速计数、温度控制、位置控制、PID 控制和语音特殊功能单元等,在这里不对其进行介绍,可参见相应的技术手册。

C200H PLC 基本 I/O 单元目前共有 20 种型号,分为输入和输出两大类,如表 9.2 所示。

表 9.2　C200H PLC 输入输出单元列表

名　　称		规　　格	点　数	型　号
输入单元	DC 输出单元	DC12～24V	8	C200H－ID211
		DC24V	16	C200H－ID212
	无电压触点输入单元	NPN 输出型(负公共端)	8	C200H－ID001
		PNP 输出型(正公共端)	8	C200H－ID002
	AC 输入单元	AC100～120V	8	C200H－IA121
		AC100～120V	16	C200H－IA122
		AC200～240V	8	C200H－IA221
		AC200～240V	16	C200H－IA222
	AC/DC 输入单元	AC/DC12～24V	8	C200H－IM211
		AC/DC24V	16	C200H－IM212
输出单元	继电器输出单元	AC250V/DC24V 2A	8	C200H－OC221
		AC250V/DC24V 2A	12	C200H－OC222
		AC250V/DC24V 2A 独立触点	5	C200H－OC223
		AC250V/DC24V 2A 独立触点	8	C200H－OC224
	晶体管输出单元	DC12～48V 1A	8	C200H－OD411
		DC24V 0.3A	12	C200H－OD211
		DC24V 2.1A	8	C200H－OD213
		DC24V 0.8A	8	C200H－OD214
	晶闸管输出单元	AC200V 1A	8	C200H－OA221
		AC200V 0.3A	12	C200H－OA222

9.4.1 输入单元

C200H PLC 的基本输入单元分为无电压触点输入单元、直流输入单元、交流输入单元和交直流输入单元四种。现将其线路结构和接线端子简单介绍如下。

1.无电压触点输入单元 该单元共有 ID001 和 ID002 两种,前者提供 8 点 NPN 型无电压触点输入,采用负公共端连接,后者提供 PNP 型无电压触点输入,采用正公共端连接。图 9.5 给出了 ID001 的电路结构图及外部连接线端子图。单元内部提供了无电压触点输入所需的直流 24V 电源,触点闭合时电流为 7mA。ID002 的电路结构与之相似,只是电流方向不同。

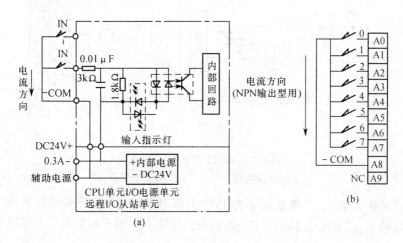

图 9.5 ID001 无电压触点输入单元
(a)电路结构图;   (b)端子连线图

2.直流输入单元 该单元分为 ID211 和 ID212 两种。前者提供 8 点 12~24V 直流输入信号,后者提供 16 点 24V 直流输入信号。图 9.6 给出了 ID211 的电路结构图及接线端子图。ID212 的电路结构与之相似,只是电路参数不同。从图中可以看出,该单元的

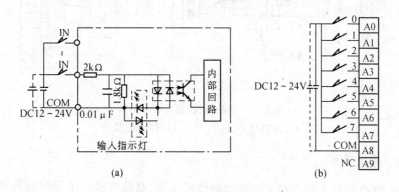

图 9.6 ID2111 直流输入单元
(a)电路结构图;   (b)端子连线图

8路信号具有一个公共端,信号幅值为12~24V,极性可正也可负。

3.交流输入单元　该单元分为 IA121、IA122、IA221 和 IA222 四种,其中 IA121 提供 8 点 100~120V 交流信号输入,IA122 提供 16 点 100~120V 交流信号输入,IA221 提供 8 点 200~240V 交流信号输入,IA222 提供 16 点 200~240V 交流信号输入。图 9.7 示出了 IA121 的电路结构和接线端子图,其它三种型号的电路结构与之相近,只是电路参数有所不同。

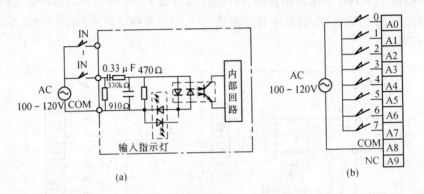

(a) (b)

图 9.7　IA121 交流输入单元
(a)电路结构图;　　　(b)端子连线图

4.交/直流输入单元　该单元分为 IM211 和 IM212 两种,前者提供 8 点 12~24V 交/直流信号输入,后者提供 16 点 24V 交/直流信号输入。图 9.8 给出了 IM211 的电路结构和接线端子。

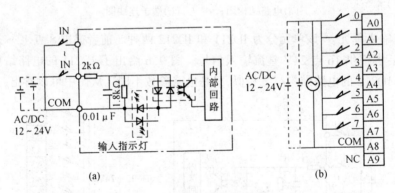

(a) (b)

图 9.8　IM211 交/直流输入单元
(a)电路结构图;　　　(b)端子连线图

9.4.2　输出单元

C200H PLC 的基本输出单元分为继电输出单元、晶体管输出单元和晶闸管输出单元三种。

1.继电器输出单元　该单元共有 OC221、OC222、OC223 和 OC224 四种型号,它们均可提供 AC250V/DC24V 2A 继电器输出触点,其中 OC221 和 OC224 的输出点数为 8 点,OC222 和 OC223 的输出点数分别为 12 点和 5 点。它们的电路结构和接线端子均相近,图 9.9 示出了 OC221 的电路结构和接线端子。

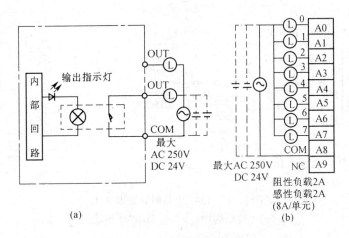

图 9.9　OC221 继电器输出单元

(a)电路结构图;　　　(b)端子连线图

2.晶体管输出单元　该单元共有 OD211、OD213、OD214 和 OD411 四种型号。OD211 提供 12 点 DC24V、0.3A 输出,OD213 提供 8 点 DC24V、2.1A 输出,OD214 提供 8 点 DC24V、0.8A 输出,OD411 提供 8 点 DC12~48V、1A 输出。图 9.10 示出了 OD411 的电路结构和接线端子。每一输出回路由输出晶体管、负载熔断器、熔断检测、内部回路、输出指示、熔断指示及保护电路组成。当外部负载过载时,负载熔断器熔断,熔断指示灯亮,同时 CPU 也可检测到这一状态。其它几种型号的电路与此相近,OD211 单元无熔断检测回路。

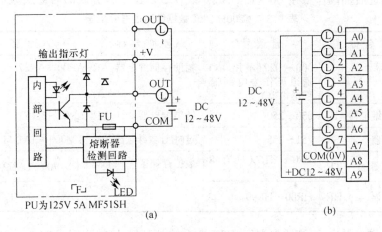

图 9.10　OD411 晶体管输出单元

(a)电路结构图;　　　(b)端子连线图

3.晶闸管输出单元　晶闸管输出单元分为 OA221 和 OA222 两种,前者提供 8 点 AC200V、1A 输出,后者提供 12 点 AC200V、0.3A 输出。图 9.11 给出了 OA221 的电路结构和接线端子。与晶体管输出单元电路相似,晶闸管输出单元中设有负载熔断器及熔断检测回路,还设有交流浪涌吸收和过电压保护电路。

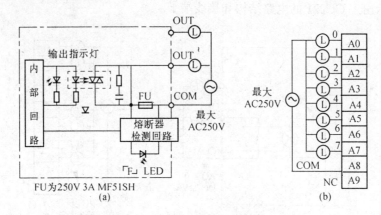

图 9.11　OA221 晶闸管输出单元
(a)电路结构图;　　　(b)端子连线图

9.5　C200H PLC 存储区分配

　　了解数据存储器的存储区分配是了解 C200H PLC 工作原理及掌握其编程方法的关键。C200H PLC 的存储系统由系统程序存储器、用户程序存储器和数据存储器三个部分组成。其中系统程序存储器和用户程序存储器分别用来存放系统程序和用户程序,数据存储器则是用来存放 I/O 点的状态、中间运算结果、系统运行状态 、指令执行的结果以及其它系统或用户数据等。数据存储器分为几个继电器区,每一个继电器区都划分为若干个连续的通道,一个通道由 16 个二进制位组成,每一个位称为一个继电器。每个通道都有一个由 2~4 位数字组成的唯一的通道地址,每个继电器也有一个唯一地址,它由其所在的通道地址后加两位数字 00~15 组成。表 9.3 示出了各分区的名称及通道地址。

表 9.3　C200H PLC 数据区通道号分配表

区 域 名 称		通 道 号	区 域 名 称		通 道 号
I/O 继电器		000~029(不用 I/O 通道可作为内部辅助继电器)	辅助存储继电器	AR	AR00~AR27
内部辅助继电器	IR	030~250	链结继电器	LR	LR00~LR63
专用继电器	SR	251~255	定时/计数继电器	TC	TM000~TM511
暂存继电器	TR	TR0~TR7(只有 8 位)	数据存储区	DM	DM0000~DM0999(读/写)
保持继电器	HR	HR00~HR99			DM0000~DM1999(只读)

　　1. I/O 继电器区　　该继电器区是 PLC 系统外部输入/输出设备状态的映像区,共有30 个通道,地址为 000~029。每个通道对应一个 I/O 单元,每个继电器与 I/O 单元的一个 I/O 端子相对应。每个 I/O 单元究竟占用哪些通道号由它在机架中的槽位决定。各槽

位所对应的 I/O 通道地址如图 9.12 所
示。每一个通道最多可有 16 个 I/O 端
子,当某一单元的 I/O 点少于 16 个或机
架中的槽位少于 8 个时,空闲的继电器或
通道就可用作中间继电器。

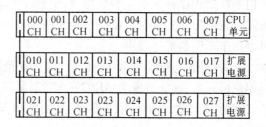

图 9.12　机架通道号定义

I/O 继电器区既可以用通道访问,也
可以用位访问。以通道访问时,只需给出
3 位数字的通道即可,若以位访问时,则需
在通道号后再加 2 位数字,用 5 位数表示
I/O 继电器区中的一个位(一个继电器),如通道 000 中的 16 个点的寻址地址为 00000~
00015。

　　系统中配置的 I/O 单元所占用的通道和位都将以 I/O 登记表形式存入用户存储器
中,以备 CPU 操作时使用。I/O 登记表是在系统给电以后由用户利用编程器写入的,以
后每次系统给电时,CPU 自动检查配置是否与存储器中已有的 I/O 登记表相符合,若不
符,则报警并在显示器屏幕上出现提示信息,要求用户重新进行 I/O 登记,建立一个新的
I/O 登记表以后 CPU 才可开始正常工作。I/O 继电器区中直接映像外部输入信号的那些
位称为输入位,编程时可根据需要按任意顺序、任意次数使用这些输入位,但这些位不能
用于输出指令。I/O 继电器区中直接控制外部输出设备的那些位称为输出位,编程时每
个输出位只能被输出一次。但可无数次用于输入、其它输出的条件。当一个 C200H PLC
系统配置好以后,I/O 登记表实际上就是系统中输入输出信号的映像区,I/O 继电器区中,
除了 I/O 登记表中的通道以外,其余通道和位都可作为内部辅助继电器区。

　　2. 内部辅助继电器区　简称 IR 区;用作数据处理结果的存储及内部中间继电器等,
其通道号为 030~250。如果使用了特殊 I/O 单元,例如远程 I/O 从单元或光传输 I/O 单
元,则 IR 区中 050~231 通道可能由上述特殊单元保留使用。远程 I/O 单元占用通道号
为 0X0~0X9,X=n×10+50(n 为所选用的远程 I/O 从单元的单元号,n 最大为 5),则全
部远程 I/O 从单元共占用 050~099 通道。光纤传输 I/O 单元占用通道号为 200~231 通
道,共 32 个通道,占用通道号等于单元号+200。其它特殊 I/O 单元占用 100~199 通道,
每个单元配置了 10 个连续的通道,每个特殊 I/O 单元占用了 1X0~1X9 通道,X=n×10
+100(n 为单元号)。特殊 I/O 单元可安装于 CPU 母板或扩展母板的任一槽内,而这些
槽位所占用的 I/O 继电器中的通道就可作为 IR 区用。如果系统中使用了 PC Link 单元
的话,通道 247~250 用于监测最多 32 个 Link 单元的工作状态,不用 PC Link 单元时这
些通道可作为数据处理。其它通道为用户任意配置。

　　3. 专用继电器区　简称 SR 区,用于监测 PLC 系统的工作状态,产生时钟脉冲和错
误信号等,其通道号为 251~255。其状态一般由系统程序自动写入,用户一般只能读取
和使用。具体 SR 区各通道及位的功能详见相应的技术手册。

　　4. 保持继电器区　简称 HR 区,其地址范围为 HR00~HR99,可用于各种数据的存
储和操作。当系统操作方式改变或电源发生故障时,HR 区的通道保持它们的状态。

　　5. 暂存继电器区　简称 TR 区,只有 8 个二进制位,寻址范围为 TR00~TR07。TR

区用于存储程序分支点上的数据,对于有许多输出分支点的程序是有用的,此时在那个地方就不能使用分支指令。在一个程序段内同一个 TR 号不允许重复,然而同一个 TR 号可以用于不同的程序段中。

6. 辅助继电器区 简称 AR 区,其寻址范围为 AR00~AR27。AR 区的一部分通道是用户可写区,寻址范围为 AR07~AR22,其功能和用法与 HR 区相同,其余通道是用户不可写的,其状态由系统程序置位,其功能和作用与 SR 区相同。AR 区数据具有断电保护功能。

7. 链接继电器区 简称 LR 区,其寻址范围为 LR00~LR63。在一个使用 PLC link 单元的系统中,LR 区的一部分用于系统的数据通讯,PLC 链接单元所不需要的那些 LR 区的部分,可以与 IR 区一样作为内部数据的存储和处理。

8. 定时器/计数器区 简称 TC 区,寻址范围为 000~512,为用户提供了 512 个定时器/计数器。TC 区是一个独立的数据区,这个区只能以通道为单位使用,用来存储定时器/计数器的设定值和当前值。

9. 数据存储区 简称 DM 区,用于内部数据的存储和处理,并只能以 16 位的通道为单位来使用。DM 通道号范围为 0000~1999,但只有通道 0000~0999 可以用于写操作,这个区不能用于具有位操作的指令中。而 DM1000~1999 通道为只读区,它们是为特殊 I/O 单元提供的参数区,由系统程序或编程器写入。

9.6　C200H PLC CPU 工作流程

9.6.1　CPU 工作流程

CPU 是整个 PLC 系统的核心,了解 CPU 的工作流程对了解 PLC 系统工作原理和应用编程都是必不可少的。C200H PLC 的 CPU 工作流程如图 9.13 所示。

系统上电后,CPU 首先进行上电后初始处理,清除 IR 区并恢复所有定时器,为执行用户程序做准备。然后检查系统的 I/O 配置与原有的 I/O 登记表是否相符,若相符,则检查通过,否则发出报警信号。I/O 配置检查完后,复位系统监视定时器,再检查系统硬件与程序存储器是否正常,若正常,继续进行正常处理,否则有两种处理方式:一种是在 CPU 面板上 ALARM 指示灯进行报警,并进行正常运行;另一种是 CPU 中止运行,并发出错信号等待用户检修。CPU 完成自检后,进行链接服务,该服务只有在系统中配置了相应的链接单元时才进行处理,否则直接进行下一步处理。PLC 链接服务建立 CPU 与远程 I/O 单元、Host Link 或 PC Link 单元的链接。

当链接服务完成后,CPU 进行对外设指令服务的处理,此时 CPU 扫描编程器或其它编程设备的键盘输入,读取外设命令并执行,进行状态显示、用户程序编译等与编程器有关的功能。至此准备工作已完成,进入用户程序执行阶段,执行用户程序之前首先复位系统定时器和程序地址计数器,以便寻址和记录程序执行时间。

CPU 对用户程序的执行是从梯形图左边的竖母线开始,按照自上而下、由左至右的顺序逐个扫描每条指令,完成各指令规定的功能,直到遇到 END 指令时,表示用户程序结束。当程序结束后,进入 I/O 刷新阶段,CPU 在执行程序时,对所有 I/O 操作均是在 I/O

映像区中进行,真正的 I/O 操作,是在 I/O 刷新阶段进行,在此阶段将映像区中的数据输出到相应的输出端子,同时将各输入端子的当前状态读入映像区,以备下一次扫描周期使用,至此一个 CPU 扫描周期结束。

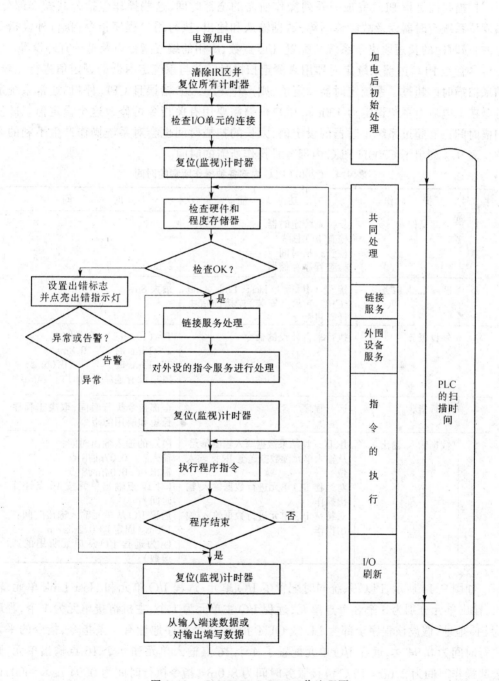

图 9.13　C200H PLC CPU 工作流程图

9.6.2 CPU 的扫描时间

由于 PLC 系统是以扫描工作方式进行工作的,因此扫描时间对 PLC 控制对象能否正确、精确运行是至关重要的。

扫描时间是指 PLC 完成一系列操作所需的全部时间,这些操作包括公共操作部分,如复位系统定时器以及故障诊断等;数据输入和输出;执行用户程序指令;执行外设指令等,扫描时间的长短取决于系统的配置、I/O 点数、所用的编程指令以及是否有外设等。

尽管在 PLC 内部系统定时器用来测定扫描时间并与系统定时器的设定值进行比较,如果扫描时间超过了系统定时器设定值,则产生 FALS9F 错误且 CPU 停机,通常系统定时器在上电后由系统设定为 130ms,用户根据需要用有关指令可修改这个设定值。即使扫描时间没有超过系统定时器的设定值,太长的扫描时间也会对系统操作产生不利的影响。表 9.4 列出了 C200H PLC 内部各种操作所需的时间。

表 9.4 C200H PLC 内部各种操作所需的时间

序 号	操 作	功 能	时 间
1	公共操作	复位系统定时器 检查 I/O 总线 检查扫描时间 检查程序存储器	2.6ms
2	Host Link 服务	接受(执行)Host Link Unit (CPU 单元上安装)连接的宿主计算机命令	最大 8ms
3	外设服务	执行来自外设的命令	$T = (1) + (2) + (4) + (5)$ $T \leqslant 13ms$ 时　　0.8ms $T > 13ms$ 时　　$T \times 0.06ms$ PLC 没有连结外设时　　0ms
4	执行指令	运行程序	全部指令执行时间,取决于程序长短和所用的指令
5	数据输入/输出	IR 区运算结果数据写入输出单元 从输入单元读数据送至 IR 区输入位 对远程 I/O 单元进行数据输入/输出操作 对特殊 I/O 单元进行数据输入/输出操作	PLC 的输入输出时间: 输入:　0.07ms/8 点 输出:　0.04ms/8 点 (对 12 点输出单元按 16 点计算时间) 远程 I/O 从单元输入输出时间: 1.3ms(固定)$+ 0.2ms \times n$ (n 为远程 I/O 从单元所用的通道数)

如图 9.14 所示,PLC 系统同时配置了 I/O 单元、远程 I/O 单元和 Host Link 单元,输入、输出单元分别为 3 个 8 个点单元,远程 I/O 主单元为 1 个,主机链接单元为 1 个,程序为 5K 地址,假设该程序全部为 LD 或 OUT 指令,每个程序地址有一条指令,指令的平均执行时间为 0.94 μs,远程 I/O 单元配置了 4 个 16 点输入单元和 4 个 16 点输出单元,则公共操作时间为 2.6ms,PLC 链接服务时间为 8.0ms,指令执行时间为 0.94 μs × 5000,计 4.7ms,数据输入/输出时间为 $(0.07 \times 3) + (0.04 \times 3) + 1.3 + (0.2 \times 8) = 3.23ms$,对于

外设服务时间,若安装外设,T＝2.6＋8.0＋4.7＋3.23＝18.53ms, 则外设服务时间为18.53×0.06＝1.11ms,若未安装外设,则外设服务时间为0.0ms,所以系统安装外设时的全部扫描时间为2.6＋8.0＋1.11＋4.7＋3.23＝19.64 ms,未安装外设式的全部扫描时间为2.6＋8.0＋0.0＋4.7＋3.23＝18.53ms。

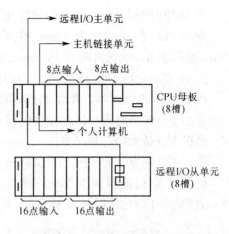

图 9.14　PLC 扫描时间计算例图

9.6.3　I/O 响应时间

I/O 响应时间是指 PLC 已收到一个输入信号后输出一个控制信号所花费的时间。

1. 单独一个 PLC 的响应时间

最小的 I/O 扫描时间是指当刚好在更新输入的扫描阶段优先收到一个输入信号时, PLC 响应最快,如图 9.15 所示,此时最小 I/O 响应时间为:

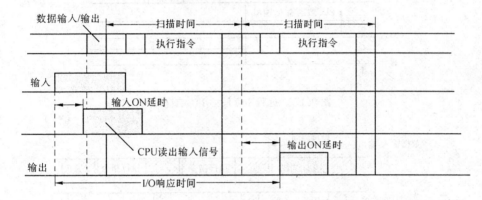

图 9.15　最小 I/O 响应时间

最小 I/O 响应时间＝PLC 扫描时间＋输入 ON 延迟时间＋输出 ON 延迟时间

最大的 I/O 响应时间是指当在更新输入的扫描阶段之后接受到输入信号时, PLC 的响应时间最长,如图 9.16 所示,此时最大 I/O 响应时间为:

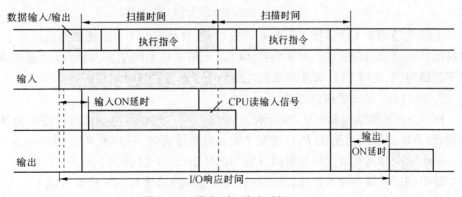

图 9.16　最大 I/O 响应时间

最大 I/O 响应时间＝PLC 扫描时间×2＋输入 ON 延迟时间＋输出 ON 延迟时间

假设 PLC 扫描时间为 20ms，输入 ON 延迟时间为 1.5ms，输出 ON 延迟时间为 15ms，则最小 I/O 响应时间为 36.5ms，最大 I/O 响应时间为 56.5ms。

2. PLC 对远程 I/O(经过 SYSBUS)的响应时间

由图 9.17 和 9.18 可以看出，当传输时间小于扫描时间时，远程 I/O 最小响应时间为：

最小 I/O 响应时间＝PLC 扫描时间＋输入 ON 延迟时间＋输出 ON 延迟时间

远程 I/O 最大响应时间为：

最大 I/O 响应时间＝PLC 扫描时间×3＋输入 ON 延迟时间＋输出 ON 延迟时间

假设 PLC 扫描时间为 20ms，输入 ON 延迟时间为 1.5ms，输出 ON 延迟时间为 15ms，则最小 I/O 响应时间为 36.5ms，最大 I/O 响应时间为 76.5ms。

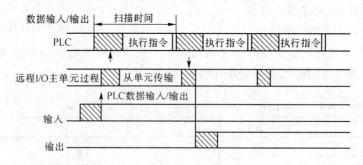

图 9.17 远程 I/O 最小 I/O 响应时间

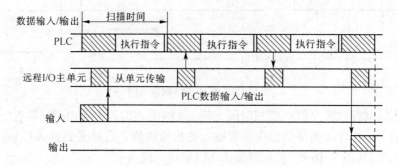

图 9.18 远程 I/O 最大 I/O 响应时间

上述也适用于 I/O 链接单元和光传输单元，只是将与 I/O 链接单元相连的 PLC 的扫描时间加到上面的公式中。如果特殊 I/O 单元用于从站机架上，则传输时间可能大于或等于扫描时间，此时 PLC 和从站单元之间的 I/O 点在扫描时不被刷新。

3. PC Link 系统的响应时间

PC Link 系统结构如图 9.19 所示，0# PLC 与 7# PLC 通过各自的链接单元及通讯线路相连，系统要求当接至 0# PLC 的某个输入按钮接通时，7# PLC 所连接的某输出线圈接通。最小响应时间和最大响应时间分别如图 9.20 和 9.21 所示，为：

最小响应时间＝输入接通延迟时间＋0# PLC 的扫描时间＋传输时间＋7# PLC 的扫描时间＋输出接通延迟时间

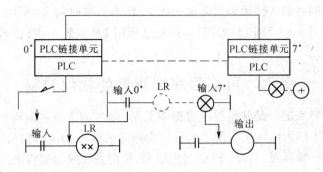

图 9.19　PLC Link 系统图

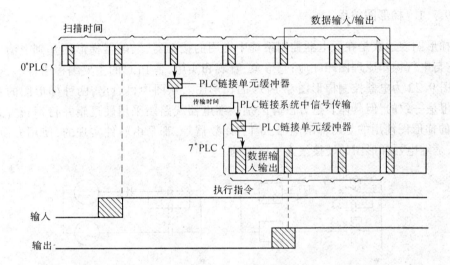

图 9.20　链接系统最小响应时间

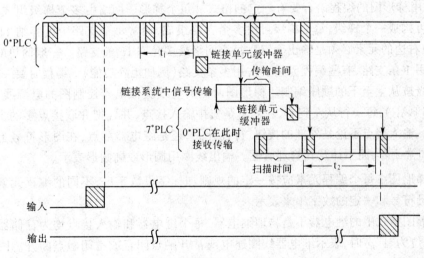

图 9.21　链接系统最大响应时间

最大响应时间＝输入接通延迟时间＋$0^{\#}$PLC 的扫描时间×(所用 LR 点数÷I/O 点数＋1)＋传输时间×3＋$7^{\#}$PLC 的扫描时间×(所用 LR 点数÷I/O 点数＋1)＋输出接通延迟时间

9.7 可编程序控制器的软件编制

PLC 的显著特点之一是其编程语言简单易学,是专为工业控制而开发的装置。PLC 的编程语言吸取了广大电气工程技术人员最为熟悉的继电器线路图的特点,形成了其特有的编程语言——梯形图。自从 PLC 问世以来,使用最普遍的编程语言是梯形图与语句表(梯形图助记符)。

9.7.1 梯形图编程

梯形图表达式是在原电器控制系统中常用的接触器、继电器梯形图基础上演变而来的,它与电气操作原理图相呼应;它形象、直观和实用,是 PLC 的主要编程语言。

图 9.22 为电器控制梯形图和 PLC 的梯形图。从图中可看出,两种梯形图的基本表示思想是一致的,但具体表达方法有区别。继电器线路图采用硬逻辑并行运行方式。而 PLC 的梯形图使用的是内部继电器、定时/计数器等,都是由软件实现的,使用方便,修改灵活,是继电器梯形图的硬接线无法比拟的。

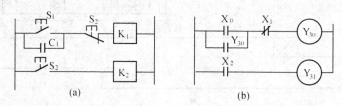

图 9.22 电器控制梯形图与 PLC 梯形图对照

采用梯形图的编程语言要有一定的格式。每个梯形图网络由多个梯级组成,每个输出元素可构成一个梯级,每个梯级可由多个支路组成,通常每个支路中可容纳 11 个编程元素,最右边的元素必须是输出元素。每个网络最多允许 16 条支路。一般简单的编程元素只占用 1 条支路,有些编程元素要占用多条支路(例如矩阵功能)。编程时要一个梯级、一个梯级按从上至下的顺序编制。梯形图两侧的竖线类似电器控制图的电源线,称作母线(BUS BAR),每一行从左到右,左侧总是安排输入接点,并且把并联接点多的支路靠近最左端。输入接点不论是外部的按钮、行程开关,还是继电器触点,在图形符号上只用常开"┤├"和常闭"┤/├",而不计及其物理属性。输出线圈用圆形或椭圆形表示。

在梯形图中每个编程元素应按一定的规则加标字母数字串,不同的编程元素常用不同的字母符号和一定的数字串来表示。

梯形图格式中的继电器不是物理继电器,每个继电器和输入接点均为存储器中的一位,相应位为"1"态时,表示继电器线圈通电或常开触点闭合或常闭触点断开。图中流过的电流不是物理电流,而是"概念"电流。它是用户程序解算中满足输出执行条件的形象表示方式。"概念"电流只能从左向右流动。梯形图中的继电器接点可在编制程序时无限引用,既可常开又可常闭。图中用户逻辑解算结果,马上可为后面用户程序的解算所利用。图中的输入触点和输出线圈不是物理触点和线圈。用户程序的解算是根据 PLC 内 I/O 映像区每位的状态,而不是解算时现场开关的实际状态。输出线圈只对应输出映像区的相应位,不能用该编程元素直接驱动现场机构,该位的状态必须通过 I/O 模板上对应的输出单元才能驱动现场执行机构。

9.7.2　命令语句表达式编程

有些场合希望使用便携式编程器编制用户程序,但是便携式编程器无法直接用梯形图编制用户程序。为使编程语言保持梯形图的简单、直观、易懂的特点,于是产生了梯形图的派生语言——语句表(梯形图助记符)。

语句是用户程序的基础单元,每个控制功能由一个或多个语句组成的用户程序来执行。每条语句是规定 CPU 如何动作的指令,它的作用和微机的指令一样,而且 PLC 的语句也是由操作码和操作数组成,故其表达式也和微机指令类似。

PLC 的语句都包含两部分:操作码和操作数。操作码表示哪一种操作或运算,操作数内包含为执行该操作所必需的信息,告诉 CPU 用什么地方的东西来执行此操作。

不同型式的 PLC 往往采用不同的符号集,因此同一个梯形图,书写的语句形式不尽相同。

9.8　OMRON C200H PLC 指令系统

OMRON C200H PLC 有着丰富的编程指令系统,由于指令太多,本文篇幅有限,仅就常用的指令加以介绍,其它指令可参见相关的手册。

9.8.1　输入和输出指令

1. LD　在总线上或一个程序段开始都要使用该指令,以启动常开触点或启动互锁(IL)点和跳转(JMP)点的常开触点及暂存(TR)点。

操作码:LD

指令格式:　　　地址　　LD　　操作数

2. LD NOT 启动总线、互锁点或跳转点上的常闭触点。

操作码:LD　NOT

指令格式:　　　地址　　LD NOT　　操作数

3. OUT 把程序块或分块的结果送到指定的继电器,或把程序分块的结果送到某一暂存点。

操作码:OUT

指令格式:　　　地址　　OUT　　操作数

3. OUT NOT 把程序块或分块的结果取反送到指定的继电器。

操作码:OUT NOT

指令格式:　　　地址　　OUT NOT　　操作数

9.8.2　逻辑运算指令

1. AND　常开触点逻辑与操作。

操作码:AND

指令格式:　　地址　AND　　　操作数

2. AND NOT　　常闭触点逻辑与操作。

操作码:AND NOT

指令格式:　　地址　AND NOT　　　操作数

3. OR　常开触点逻辑或操作。

操作码:OR

指令格式:　　地址　OR　　　操作数

4. OR NOT　　常闭触点逻辑或操作。

操作码:OR NOT

指令格式:　　地址　OR NOT　　　操作数

5. AND LD　　程序分块的逻辑与操作,主要用于两个程序块的连接。

操作码:AND LD

指令格式:　　地址　AND LD

6. OR LD　　程序分块的逻辑或操作,主要用于两个程序块的连接。

操作码:OR LD

指令格式:　　地址　OR LD

9.8.3　锁存指令

R	S	KEEP 指定的继电器
0	0	不变
0	1	ON
1	0	OFF
1	1	OFF(R 优先)

KEEP　进行继电器的锁存操作,使该继电器具有一个 R-S 触发器的功能,它维持一个 ON 或 OFF 状态直到它的两个输入端之一把它置位或复位。

操作码:KEEP(11)

指令格式:　　地址　KEEP(11)

由操作数指定的继电器的状态取决于置位(S)端和复位(R)端的输入条件,其关系由下表给出。该指令编程的顺序为先编 S 端,再编 R 端,最后编 KEEP 指令。

可以用来作为锁存的位,来自那些 IR、HR、AR 和 LR 数据区,如果使用一个 HR 位或 AR 位作为一个锁存,那么被锁存的数据就被保持,甚至在一个电源发生故障时仍被保持。图 9.23 给出了 KEEP 指令应用编程的例子,锁存继电器 HR0000 的置位输入为三种异常条件,当某一异常条件有效时,HR000 将被置位,从而接通报警指示灯 00500 进行报警,直到有复位输入时,HR000 才被复位,报警才能解除。

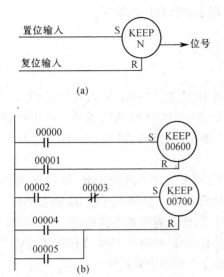

地　址	指　　令	数　据
00000	LD	00000
00001	LD	00001
00002	KEEP(11)	00600
00003	LD	00002
00004	AND NOT	00003
00005	LD	00004
00006	OR	00005
0007	KEEP(11)	00700

图 9.23　KEEP 指令编程示例

9.8.4　条件分支指令

1. IL 和 ILC　互锁及互锁清除指令。

操作码：IL(02)，ILC(03)

指令格式：　　地址 IL(02)

　　　　　　　地址 ILC(03)

在程序列中 IL 和 ILC 必须成对使用，但可以用 IL－IL－ILC 方式组合。其功能是：如果 IL 的上条指令结果为 OFF，那么就执行 IL 互锁指令，从 IL 到 ILC 之间的那部分程序就不执行，相应的继电器输出为 OFF，所有的定时器复位为全零，所有的计数器、移位寄存器、锁存继电器保持当前值；如果 IL 的上条指令结果为 ON，则互锁无效。

图 9.24 为 IL－ILC 指令的编程举例。

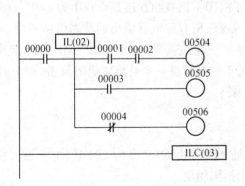

图 9.24　IL—ILC 指令编程示例

地　址	指　　令	数　据
00000	LD	0000
00001	IL(02)	—
00002	LD	00001
00003	AND	00002
00004	OUT	00504
00005	LD	00003
00006LD	OUT	00505
00007	LD NOT	00004
00008	OUT	00506
00009	ILC(03)	—

2. JMP 和 JME 跳转及跳转结束指令,用于控制程序的跳转。

操作码:JMP(04),JME(05)

指令格式: 地址 JMP(04)

地址 JME(05)

JMP 和 JME 指令在程序中要成对使用。当 JMP 条件(JMP 输入的状态)为 ON 时,跳转无效;当 JMP 输入条件为 OFF 时,跳转有效,使用 JMP 和 JME 的分支程序就跳过了 JMP 和 JME 之间的程序,转向 JME 后面的第一条指令,此时,其中的所有继电器的输出和计数器保持原状态。

当一个程序中有多个跳转时,使用跳转编号 N 来区分不同的 JMP 和 JME 对,在 00 和 99 之间的任何一个两位数都可以作为一个跳转编号。然而当 JMP00 和 JME00 之间的指令被跳过时,这些指令仍被处理但不被执行,这样就需要处理时间,在一个程序段中,JMP00 - JME00 可被多次使用。另一方面,在具有 00 以外跳转编号的 JMP 和 JME 之间的指令均不需要处理并且全部跳过,非零跳转编号在程序中只能使用一次。

JMP/JME 编程举例如图 9.25 所示。

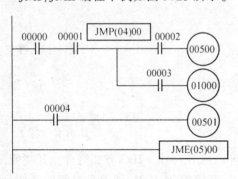

地 址	指 令	数 据
00000	LD	00000
00001	AND	00001
00002	JMP(04)	00
00003LD	LD	00002
00004	OUT	00500
00005	LD	00003
00006	OUT	01000
00007	LD	00004
00008	OUT	00501
00009	JME(05)	00

图 9.25 JMP/JME 指令编程示例

在上面这段程序中,00000 和 00001 是 JMP 的条件,当它们均为 ON 时,JMP 和 JME 之间的程序正常运行,一旦 JMP 的条件为 OFF(即不论 00000 还是 00001 为 OFF,或两者同为 OFF),则 JMP 和 JME 之间的程序都不执行,所有继电器输出的状态保持不变。

有上述可以看出,跳转与连锁指令间存在一定的差异,由于 JMP/JME 分支起作用时,I/O 位、计时器等的状态被保持,因此适用于控制需要一个持续输出的设备,而 IL/ILC 分支用于控制那些不需要一个持续输出的设备。

9.8.5 微分指令

1. DIFU 前沿微分指令,即当指令的输入信号由 OFF 变为 ON 时(上升沿),使指定的继电器变为 ON,且 ON 的时间维持一个扫描周期。

操作码:DIFU(13)

指令格式: 地址 DIFU(13) 操作数

2. DIFD 后沿微分指令,即当指令的输入信号由 ON 变为 OFF 时(下降沿),使指定的继电器变为 ON,且 ON 的时间维持一个扫描周期。

操作码:DIFD(14)

指令格式: 地址 DIFD(14)

对于 C200H 而言,一个程序中最多可用 512 对 DIFU 和 DIFD。图 9.26 为一个使用微分指令的示例。

上例中当 00000 由 OFF 变为 ON 时,内部继电器 01000 变为 ON,且只维持一个扫描周期,当 00000 由 ON 变为 OFF 时,内部继电器 01001 变为 ON,且只维持一个扫描周期。

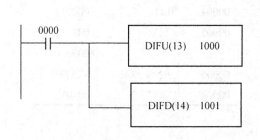

地 址	指 令	数 据
00000	LD	00000
00001	DIFU(13)	01000
00002	DIFD(14)	01001
00003	END(01)	

图 9.26 微分指令编程示例

9.8.6 定时和计数指令

1. TIM 递减性,四位 BCD 码,精度为 0.1s 的定时操作指令。

操作码:TIM

指令格式: 地址 TIM 编号

设定值

TIM 是以 0.1s 为单位计时的,其设定值 SV 的范围为 0~999.9s,具有 0.1s 的精确度。定时器指令的编号都与 TC 区的一个实际地址相对映,编号不得重复。其设定值 SV 可以取自 IR、HR、AR、LR、DM 以及立即数,设定值必须以 BCD 码表示,且时间值必须在 0~9999 之间,否则将发生错误。如果使用一个非 BCD 码值,虽然程序仍继续执行,但不能期望定时精确。

只有当输入端为 ON 时,进行定时(减 1 计数),即 TIM 开始启动。不论 TIM 运行与否,只要输入端为 OFF,或当 IL 条件变为 OFF 时,在一个 IL/ILC 回路中的定时器都将被复位。当定时器到达定时时间时,定时器输出为 ON,定时器将被复位。一旦电源发生故障,也会使定时器复位。复位时,送入设定值。

TIM 指令应用编程如图 9.27 所示。

2. TIMH 递减性,四位 BCD 码,精度为 0.01s 的定时操作指令。

操作码:TIMH(15)

指令格式: 地址 TIMH(15) 编号

设定值

TIMH 为高速定时指令,是以 0.01s 为单位计时的,其设定值 SV 的范围为 0~99.9s,具有 0.01s 的精确度。定时器指令的编号都与 TC 区的一个实际地址相对映,编号不得重复。其设定值 SV 可以取自 IR、HR、AR、LR、DM 以及立即数,设定值必须以 BCD

码表示。

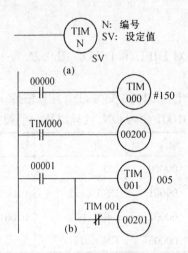

地　址	指　令	数　据
00000	LD	00000
00001	TIM	000
		♯150
00002	LD	TIM000
00003	OUT	00200
00004	LD	00001
00005	TIM	001
		005
00006	AND NOT	TIM001
00007	OUT	00201

图 9.27　TIM 指令编程示例

TIMH 操作与 TIM 相同。

TIMH 指令应用编程如图 9.28 所示。

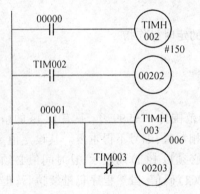

地　　址	指　　令	数　　据
00000	LD	00000
00001	TIM(15)	002
		♯150
00002	LD	TIM002
00003	OUT	00202
00004	LD	00001
00005	TIM(15)	003
		♯006
00006P	AND. NOT	TIM003
00007	OUT	00203

图 9.28　TIMH 指令编程示例

3. CNT　单向递减计数器,可进行预置四位 BCD 码的减法计数。当计数器输入信号从 OFF 变为 ON 一次,它的当前计数值 PV 就执行一次减 1。

操作码:CNT

指令格式:　　地址　　CNT　　编号
　　　　　　　　　　　　预置值

要使用 CNT,就必须提供一个计数输入、一个复位输入、预置值 SV 和一个计数器编号。计数器指令的编号都与 TC 区的一个实际地址相对映,编号不得重复。其预置值 SV 可以取自 IR、HR、AR、LR、DM 以及立即数。预置值 SV 必须为四位 BCD 码,计数范围为 0~9999。当 PV 值减为 0 时,计数器输出变为 ON 状态,并一直保持到复位输入端 R 变为 ON。当 IL 条件为 OFF 时,在一个 IL/ILC 回路内的 CNT 保持它的当前值 PV。当 R 输入由 OFF 变为 ON 时,CNT 的当前值 PV 变为预置值 SV,当 R 输入保持 ON 状态时,计数器不响应 CP 的 OFF→ON 计数输入信号,CNT 的输出为 OFF。

CNT 指令应用编程如图 9.29 所示。

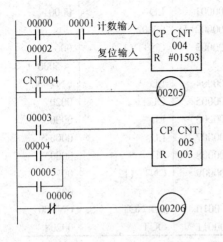

地　　址	指　　　令	数　　据
00000	LD	00000
00001	AND	00001
00002	LD	00002
00003	CNT	004
		♯0150
00004	LD	CNT004
00005	OUT	00205
00006	LD	00003
00007	LD	00004
00008	OR	00005
00009	CNT	005
		003
00010	LD.NOT	00006
00011	OUT	00206

图 9.29　CNT 指令编程示例

4. CNTR 可逆递减计数器,可进行预置四位 BCD 码,具有加、减两个计数方法。当计数器输入信号从 OFF 变为 ON 一次,它的当前计数值 PV 就执行一次加 1 或减 1。

操作码:CNTR(12)

指令格式:　　　地址　　　CNT(12)　　　编号
　　　　　　　　　　　　　　　　　　　预置值

要使用 CNTR,就必须提供一个增和减计数输入、一个复位输入、预置值 SV 和一个计数器编号。加减计数方法由递增输入 II 和递减输入 DI 控制,当 II 和 DI 中的一个发生一次 OFF→ON 变化时,CNTR 产生一次加 1 或减 1 计数,当同一时刻如果增和减两个输入信号都变为 ON 时不进行计数,PV 值保持不变。后面三条与 CNT 一样。计数器指令的编号都与 TC 区的一个实际地址相对映,编号不得重复。其预置值 SV 可以取自 IR、HR、AR、LR、DM 以及立即数。预置值 SV 必须为四位 BCD 码,计数范围为 0~9999。当 PV 值为 0000 时,若发生减 1 操作,则当前值 PV 被置为设定值 SV,同时计数器输出为 ON。当 PV 值为 SV 值时,若发生加 1 操作,则 PV 值将变为 0000,同时计数器输出为 ON。

CNTR 指令应用编程如图 9.30 所示。

9.8.7　数据移位指令

本节介绍全部数据移位指令,只是在移位的位数和方向上有所不同,操作数的个数也有所不同,数据区的取值除移位寄存器指令 SFT 只能取自 IR、HR、AR 和 LR 外,其余的指令均可取自 IR、HR、AR、LR、DM 和 *DM。当采用 DM 间接寻址时,若 DM 的内容超出了 DM 的实际范围,指令将使 ER 置位。

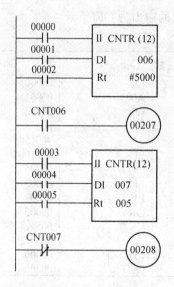

地　　址	指　　令	数　　据
00000	LD	00000
00001	LD	00001
00002	LD	00002
00003	CNTR(12)	006
		♯5000
00004	LD	CNT006
00005	OUT	00207
00006	LD	00003
00007	LD	00004
00008	LD	00005
00009	CNTR(12)	007
		005
00010	LD. NOT	CNT007
00011	OUT	00208

图 9.30　CNTR 指令编程示例

1. SFT(10)　寄存器移位指令,该指令把 SFT 指令指定通道中的数据移一位,方向由低位到高位。

操作码:SFT(10)

指令格式:　　　地址　　SFT(10)　　　B
　　　　　　　　　　　　　　　　　　　　E

SFT 指令必须指定一个开始通道和一个结束通道作为数据(B 和 E),B 和 E 是某一个继电器区的两个通道号,结束通道号 E 必须小于或等于开始通道号 B,并且 B 和 E 必须是在同一个数据区。SFT 的移位操作是在从 B 开始到 E 结束的所有连续通道上进行的。当移位脉冲 CP 产生一次 OFF→ON 变化时,SFT 指令将从开始通道起始,结束通道 E 截止,以二进制为单位从最低位向最高位移动一位。移位结果,把 IN 端移入低位,高位数值移出通道遗失。当复位输入端 R 为 ON 时,使 B 和 E 的所有通道置零,且不接受新数据。图 9.31 是移位操作的示意图,开始通道位 HR0,结束通道位 HR01。当来一个 CP,向右移一位,外部数据进入开始通道的低位,并逐个依次推向高位,把终止通道的最高位移出。如果仅在一个通道内传送,则 B=E。

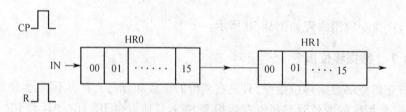

图 9.31　SFT 指令移位操作的示意图

图 9.32 为 SFT 指令的编程例子。

2. SFTR(84)/@SFTR(84)　可逆寄存器移位指令,该指令把指定通道中的数据向左或向右移一位。

操作码:SFT(10)

指令格式:　　　地址　　SFTR(84)/ @SFTR(84)　　　　B

　　　　　　　　　　　　　　　　　　　　　　　　　E

SFTR 指令必须指定一个开始通道和一个结束通道作为数据(B 和 E),B 和 E 是某一个继电器区的两个通道号,结束通道号 E 必须小于或等于开始通道号 B,并且 B 和 E 必须是在同一个数据区,如果仅在一个通道内传送,则 B=E。同时必须提供包括复位输入、移位脉冲输入和数据输入的控制通道。控制通道如图 9.33 所示,方向控制、输入数据、移位脉冲和复位输入分别对应控制通道的第 12、13、14、15 位。

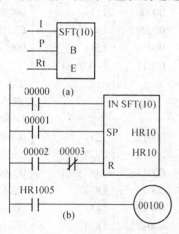

地　　　址	指　　令　　令	数　　据
00000	LD	00000
00001	LD	00001
00002	LD	00002
00003	AND. NOT	00003
00004	SFT(10)	HR10
		HR10
00005	LD	HR1005
00006	OUT	00100

图 9.32　SFT 指令编程示例

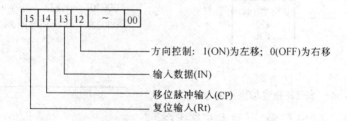

图 9.33　控制通道 C 定义

方向控制位的状态决定移位操作是左移(由低位向高位)还是右移(由高位向低位),该位为 ON 时进行左移,反之为右移。当移位脉冲 CP 产生一次 OFF→ON 变化时,在 B 和 E 之间的连续通道上进行一次移位操作,若是左移,数据输入位的状态移入 B 通道的第 0 位,E 通道的第 15 位移入标志 CY 中,若是右移,数据输入位的状态移入 E 通道的第 15 位,B 通道的第 0 位移入标志 CY 中。当复位输入 R_t 为 ON 时,控制通道的所有位及进位标志 CY 被清零,SFTR 不能接受输入数据。

SFTR 的编程举例如图 9.34 所示。程序前半段采用外部输入信号 00002 控制 SFTR 的移位脉冲,为防止当 00002 为 ON 时每次扫描都将产生依次移位脉冲 03514 的 OFF→ON 变化而引起误动作,在此加入一条 DIFU 微分指令。程序后半段直接采用@SFTR 指令而省去DIFU指令,简化了程序的设计。

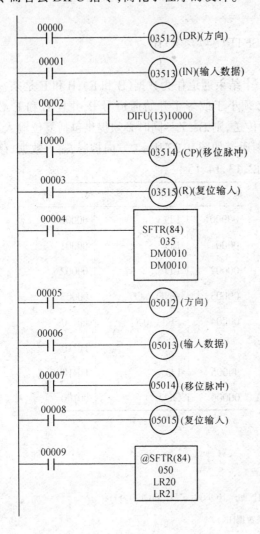

地　　址	指　　令	数　　据
00000	LD	00000
00001	OUT	03512
00002	LD	00001
00003	OUT	03513
00004	LD	00002
00005	DIFU(13)	10000
00006	LD	10000
00007	OUT	03514
00008	LD	00003
00009	OUT	03515
00010	LD	00004
00011	SFTR(84)	
		035
		DM0010
		DM0010
00012	LD	00005
00013	OUT	05012
00014	LD	00006
00015	OUT	05013
00016	LD	00007
00017	OUT	05014
00018	LD	00008
00019	OUT	05015
00020	LD	00009
00021	@SFTR(84)	
		050
		20
		21

图 9.34　SFTR 指令编程示例

3. ASL(25)/@ASL(25)　算术左移指令。

操作码:ASL(25)/@ASL(25)

指令格式:　　　地址　ASL(25)/@ASL(25)

　　　　　　　　　　CH

当 ASL 的输入为 ON 和@ASL 的输入发生一次 OFF→ON 变化时,将在 CH 通道进行一次算术左移位,将 CH 通道的所有位左移一位,第 0 位补 0,第 15 位移入进位标志 CY 中,当 CH 通道的内容为 0000H 时,将使 EQ 标志置位。

4. ASR(26)/@ASR(26)　算术右移指令。

操作码:ASR(26)/@ASR(26)

指令格式:　　　地址　ASR(26)/@ASR(26)

　　　　　　　　　　CH

当 ASR 的输入为 ON 和@ASR 的输入发生一次 OFF→ON 变化时,将在 CH 通道进行一次算术右移位,将 CH 通道的所有位右移一位,第 15 位补 0,第 0 位移入进位标志 CY 中,当 CH 通道的内容为 0000H 时,将使 EQ 标志置位。

5. ROL(27)/@ROL(27)　循环左移指令,该指令将进位标志位 CY 与 CH 通道中的数据一起进行左移操作。

操作码:ROL(27)/@ROL(27)

指令格式:　　地址　ROL(27)/@ROL(27)
　　　　　　　　　　CH

当 ROL 的输入为 ON 和@ROL 的输入发生一次 OFF→ON 变化时,将 CY 位移入 CH 的第 0 位,将 CH 通道的第 15 位移入 CY 位,CH 中的内容依次左移一位。当 CH 通道的内容为 0000H 时,将使 EQ 标志置位。CY 标志可通过 STC(40)和 CLC(41)强制置 1 或清 0。

6. ROR(28)/@ROR(28)　循环右移指令,该指令将进位标志位 CY 与 CH 通道中的数据一起进行左移操作。

操作码:ROR(28)/@ROR(28)

指令格式:　　地址　ROR(28)/@ROR(28)
　　　　　　　　　　CH

ROR 指令与 ROL 指令的操作相类似。只是,将 CY 位移入 CH 的第 15 位,将 CH 通道的第 0 位移入 CY 位,CH 中的内容依次右移一位。

ROL 和 ROR 指令操作示意图见图 9.35。

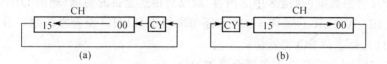

图 9.35　ROL 和 ROR 指令操作示意图

7. SLD(74)/@SLD(74)　数字左移指令。

操作码:SLD(74)/@SLD(74)

指令格式:　　地址　SLD(74)/@SLD(74)
　　　　　　　　　　　B
　　　　　　　　　　　E

当 SLD 的输入为 ON 和@SLD 的输入发生一次 OFF→ON 变化时,将 B 和 E 之间的连续通道的内容左移 4 位,将 B 通道的低 4 位(0~3 位)补 0,E 通道的高 4 位(12~15 位)丢失。对于通道 B、E 的要求同 SFT 指令,只是 B、E 之间不得相差 50 个通道。

8. SRD(75)/@SRD(75) 数字右移指令。

操作码:SRD(75)/@SRD(75)

指令格式:　　地址　SRD(75)/@SRD(75)
　　　　　　　　　　　B
　　　　　　　　　　　E

SRD 与 SLD 指令操作完全类似,所不同的是进行右移操作,即将 B 通道的低 4 位(0～3 位)丢失,E 通道的高 4 位(12～15 位)补 0。

9. WSFT(16)/@WSFT(16)　字移位指令。

操作码:WSFT(16)/@WSFT(16)

指令格式:　　　地址　WSFT(16)/@WSFT(16)

　　　　　　　　　　　　　　　B

　　　　　　　　　　　　　　　E

WSFT 指令的操作类似与 SFT 指令的操作,该指令在 B、E 之间的一串连续通道中进行数据左移操作,一次移动 16 位,移位后 B 通道的内容全部补 0,E 通道的内容全部移失,换言之,就是通道间的全部内容整体移位。对于通道 B、E 的要求与 SFT 指令完全相同。

9.8.8　数据传送指令

1. MOV(21)/@MOV(21)及 MVN(22)/@MVN(22)　　数据传送指令及数据取反传送指令。

操作码:MOV(21)/@MOV(21)及 MVN(22)/@MVN(22)

指令格式:　　　地址　　MOV(21)/@MOV(21)或 MVN(22)/@MVN(22)

　　　　　　　　　　　　　　S

　　　　　　　　　　　　　　D

当 MOV/MVN 输入为 ON 和@MOV/@MVN 的输入发生一次 OFF→ON 变化时,数据传送指令 MOV 将源数据(通道 S 中的内容)传送至目的通道(通道 D)中,数据取反传送指令 MVN 将源数据(通道 S 中的内容)取反后传送至目的通道(通道 D)中。S、D 取值区域为 IR、HR、AR、LR、DM 和 * DM,S 还可取值于 SR、TC 或者立即数。当目的通道中的数据为 0 时,标志位 EQ 将置位。

2. BSET(71)/@BSET(71) 多通道置数指令。

操作码:BSET(71)/@BSET(71)

指令格式:　　　地址　BSET(71)/@BSET(71)

　　　　　　　　　　　　　　S

　　　　　　　　　　　　　　B

　　　　　　　　　　　　　　E

BSET 将源数据 S 送至 B、E 之间的多个连续通道中。结束通道号 E 必须小于或等于开始通道号 B,并且 B 和 E 必须是在同一个数据区。

S 的取置区域为 IR、SR、HR、AR、LR、TC、DM、* DM 和立即数,B、E 的取值区域为 IR、HR、AR、LR、TC、DM、* DM。

3. XFER(70)/@XFER(70)　块传送指令。

操作码:XFER(70)/@XFER(70)

指令格式:　　　地址　XFER(70)/@XFER(70)

　　　　　　　　　　　　　　N

　　　　　　　　　　　　　　S

D

当 XFER 输入为 ON 和@XFER 的输入发生一次 OFF→ON 变化时,XFER 指令将从 S 开始的 N 个连续通道中的数据传送至从 D 开始的 N 个连续通道中。S、D 和 N 的取值区域为 IR、HR、AR、LR、TC、DM 和 *DM,其中 N 还可以从 SR 或立即数取值,N 必须为一个四位 BCD 码。源通道和目标通道可以在同一个数据区,但它们各自的块区必须不重叠。

4. XCHG(73)/@XCHG(73)　数据交换指令。

操作码:XCHG(73)/@XCHG(73)

指令格式:　　　地址　　XCHG(73)/@XCHG(73)

E1

E2

当 XCHG(73)输入为 ON 和@XCHG(73)的输入发生一次 OFF→ON 变化时,将通道 E1 和 E2 的内容进行互换。E1、E2 的取值范围为 IR、HR、AR、LR、TC、DM 和 *DM。

5. DIST(80)/@DIST(80)及 COLL(81)/@COLL(81)　变址传送指令。

操作码:DIST(80)/@DIST(80)及 COLL(81)/@COLL(81)

指令格式:　　　地址　　DIST(80)/@DIST(80)

S

DB_S

Of

地址　　COLL(81)/@COLL(81)

SB_S

Of

D

当 DIST(80)输入为 ON 和@DIST(80)的输入发生一次 OFF→ON 变化时,将 S 通道的内容传送到 DB_S + Of 所指定的通道中;当 COLL(81)输入为 ON 和@COLL(81)的输入发生一次 OFF→ON 变化时,将 SB_S + Of 所指定的通道的数据传送到通道 D 中。要求 DB_S + Of 所指定的通道必须与 DB_S 处在同一个数据区,同样 SB_S + Of 所指定的通道必须与 SB_S 处在同一个数据区。地址偏移量 Of 必须是一个四位 BCD 码。

S、D、DB_S、SB_S 和 Of 取值范围为 IR、HR、AR、LR、TC、DM 和 *DM,Of 和 S 还可以是立即数,S 也可取自 SR。

6. MOVB(82)/@MOVB(82)　位传送指令。

操作码:MOVB(82)/@MOVB(82)

指令格式:　　　地址　　MOVB(82)/@MOVB(82)

S

C

D

当 MOVB(82)输入为 ON 和@MOVB(82)的输入发生一次 OFF→ON 变化时,将 S 中的指定位传送至 D 中的指定位。控制数据 C 的高 8 位和低 8 位均为两个 15 以内的

BCD码,S 中的位由 C 的低 8 位指定,D 中的位由 C 的高 8 位指定。S 的取值区域为 IR、
SR、HR、AR、LR、TC、DM 和 *DM 以及立即数,C、D 的取值区域为 IR、HR、AR、LR、TC、
DM 和 *DM,C 还可以是立即数。

7. MOVD(83)/@MOVD(83)　数字传送指令。

操作码:MOVD(83)/@MOVD(83)

指令格式:　　　地址　MOVD(83)/@MOVD(83)

　　　　　　　　　　　S

　　　　　　　　　　　C

　　　　　　　　　　　D

将一个通道的 16 个二进制位划分成 4 个数字位来看待,每个数字位含 4 个二进制
位,传送操作是以数字位为单位进行的。当 MOVD(83)输入为 ON 和@MOVD(83)的输
入发生一次 OFF→ON 变化时,将 S 中某一数字位开始的若干个连续的数字位传送至 D
中某一数字位开始的连续区域内。S、C、D 的取值范围与 MOVB 相同。控制数据 C 指定
了传送的位数及源、目标通道的起始位,如图 9.36 所示。多数字传送举例见图 9.37。

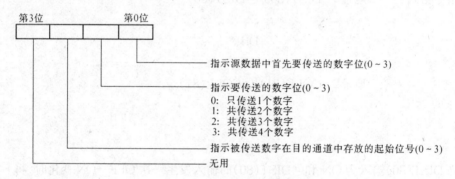

图 9.36　控制数据 C 定义

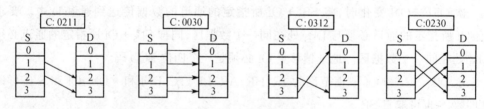

图 9.37　多数字传送举例

9.8.9　数据比较指令

1. CMP(20)/@CMP(20)　数据比较指令。

操作码:CMP(20)/@CMP(20)

指令格式:　　　地址　CMP(20)/@CMP(20)

　　　　　　　　　　　C1

　　　　　　　　　　　C2

当 CMP(20)输入为 ON 和@CMP(20)的输入发生一次 OFF→ON 变化时,该指令比较 C1 和 C2 两个通道中数据的大小,若 C1<C2,则标志位 LE 置位;若 C1=C2,则 EQ 置位;若 C1>C2,则 GR 置位。C1 和 C2 取值区域为 IR、SR、HR、AR、LR、TC、DM、*DM和立即数。

CMP 编程举例见图 9.38。

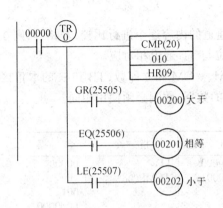

地　　址	指　　令	数　　据
00000	LD	00000
00001	OUT	TR0
00002	CMP(20)	
		010
		HR09
00003	AND	25505
00004	OUT	00200
00005	LD	TR0
00006	AND	25506
00007	OUT	00201
00008	LD	TR0
00009	AND	25507
00010	OUT	00202

图 9.38　CMP 指令编程示例

2. BCMP(68)/@BCMP(68)　块比较指令。

操作码:BCMP(68)/@BCMP(68)

指令格式:　　　地址　BCMP(68)/@BCMP(68)

　　　　　　　　　　　CD
　　　　　　　　　　　CB
　　　　　　　　　　　R

将 16 个范围值(上限值和下限值)以下限值在前、上限值在后的顺序存放在以 CB 通道起始的 32 个连续通道中,然后将数据 CD 与这 16 个范围值依次进行比较,若下限值≤CD≤上限值,则在结果通道 R 的相应位上置 1,否则置 0。R 的 16 个位分别对应于 16 组范围,其中第 0 位对应于 CB 的一组范围值。

CB 取值区域为 IR、HR、LR、TC、DM、*DM,R 的取值区域为 IR、HR、LR、AR、DM、*DM。CD 和数据块中的数据必须使用相同的数制。

该指令的编程举例如图 9.39 所示。

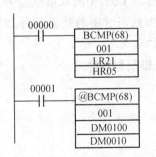

地　　址	指　　令	数　　据
00000	LD	00000
00001	BCMP(68)	
		001
		LR21
		HR05
00002	LD	00001
00003	@BCMP(68)	
		001
		DM0100
		DM0010

图 9.39　BCMP 指令编程示例

· 219 ·

3. TCMP(85)/@TCMP(85)　　表比较指令。

操作码:TCMP(85)/@TCMP(85)

指令格式:　　　地址　　TCMP(85)/@TCMP(85)

　　　　　　　　　　　　CD

　　　　　　　　　　　　TB

　　　　　　　　　　　　R

将 CD 通道的内容与 TB 开始的 16 个连续通道的内容逐个进行比较,若相等,则在结果通道 R 的相应位上置 1,否则置 0。R 的第 0 位与 TB 通道相对应。

CD 取值区域为 IR、SR、HR、AR、LR、TC、DM、*DM 和立即数,TB 和 R 的取值区域为 IR、HR、LR、AR、DM、*DM。CD 和 TB 表中的数据、数制必须使用相同。

该指令的编程举例如图 9.40 所示。

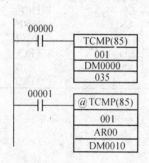

地　　址	指　　令	数　据
00000	LD	00000
00001	TCMP(68)	
		001
		DM0000
		035
00002	LD	00001
00003	@TCMP(68)	
		001
		AR00
		DM0010

图 9.40　TCMP 指令编程示例

9.8.10　数制转换指令

1. BIN(23)/@BIN(23)　　BCD 码至二进制数转换指令。

操作码:BIN(23)/@BIN(23)

指令格式:　　　地址　　BIN(23)/@BIN(23)

　　　　　　　　　　　　S

　　　　　　　　　　　　R

该指令的功能是将 S 通道的 4 位 BCD 码转换成 16 位二进制数,结果存放在结果通道 R 中。S 的取值范围为 IR、SR、HR、AR、LR、TC、DM、*DM,R 的取值范围为 IR、HR、AR、LR、DM、*DM。当转换结果为 0 时,EQ 标志位置 1,当 S 中的数据不是 BCD 码时,ER 标志位置 1。

2. BINL(58)/@BINL(58)　　双通道 BCD 码至二进制数转换指令。

操作码:BINL(58)/@BINL(58)

指令格式:　　　地址　　BINL(58)/@BINL(58)

　　　　　　　　　　　　S

　　　　　　　　　　　　R

该指令的功能是将 S 和 S+1 通道的 8 位 BCD 码转换成 32 位二进制数,结果存放在结果通道 R 和 R+1 中。S 和 R 的取值范围与 BIN 指令相同,标志位的操作也与 BIN 指令相同。

3. BCD(24)/@BCD(24)　　二进制数至 BCD 码转换指令。

操作码:BIN(23)/@BIN(23)

指令格式:　　地址　BCD(24)/@BCD(24)

　　　　　　　　　　　　S

　　　　　　　　　　　　R

该指令的功能是将 S 通道的 16 位二进制数转换成 4 位 BCD 码数存放在结果通道 R 中。S 和 R 的取值范围与 BIN 指令相同。当转换结果为 0 时,EQ 标志位置 1,当转换结果大于 9999 时,ER 标志位置 1,指令不执行,R 中的内容保持不变。

4. BCDL(59)/@BCDL(59)　　双通道二进制数至 BCD 码转换指令。

操作码:BCDL(59)/@BCDL(59)

指令格式:　　地址　BCDL(59)/@BCDL(59)

　　　　　　　　　　　　S

　　　　　　　　　　　　R

该指令的功能是将 S 和 S+1 通道的 32 位二进制数转换成 8 位 BCD 码数存放在结果通道 R 和 R+1 中。S 和 R 的取值区域与 BCD 指令相同。当转换结果为 0 时,EQ 标志位置 1,当转换结果大于 99999999 时,ER 标志位置 1,指令不执行,R 和 R+1 中的内容保持不变。

5. MLPX(76)/@MLPX(76)　　数字译码指令。

操作码:MLPX(76)/@MLPX(76)

指令格式:　　地址　MLPX(76)/@MLPX(76)

　　　　　　　　　　　　S

　　　　　　　　　　　　Di

　　　　　　　　　　　　RB

MLPX 可以把源通道 S 中的最多 4 个十六进制数分别换算为从 0 到 15 的一个十进制数,然后根据这个值把结果通道 RB 中与该值相对应的位置 1,换算结果总是存放在 RB、RB+1、RB+2、RB+3 中。换算的起始位号以及要进行换算的十六进制的位数由 Di 确定,Di 的定义如图 9.41 所示,MLPX 操作示例见图 9.42。

S 的取值范围为 IR、SR、HR、AR、LR、TC、DM 和 ∗DM,Di 的取值区域为 IR、HR、AR、LR、DM、∗DM 和 TC,RB 的取值区域为 IR、HR、AR、LR、DM 和 ∗DM。

6. DMPX(77)/@DMPX(77)　　数字编码指令。

操作码:DMPX(77)/@DMPX(77)

指令格式:　　地址　DMPX(77)/@DMPX(77)

　　　　　　　　　　　　SB

　　　　　　　　　　　　R

　　　　　　　　　　　　Di

DMPX 将 SB 开始的若干个连续通道中最高位为 1 的位号变为一个十六进制数,结

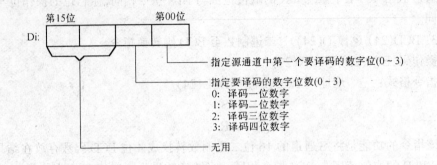

指定源通道中第一个要译码的数字位(0~3)

指定要译码的数字位数(0~3)
0: 译码一位数字
1: 译码二位数字
2: 译码三位数字
3: 译码四位数字

无用

图 9.41　MLPX Di 格式定义

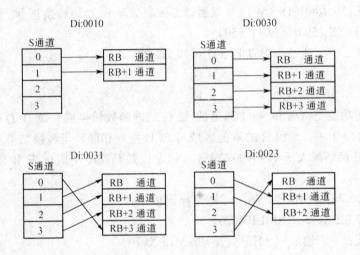

图 9.42　MLPX 操作示例

果存放在 R 的某一个十六进制位上。一次最多对四个通道进行编码。进行编码的通道数和存放在 R 中的起始位号由 Di 确定,Di 的定义如图 9.43 所示,DMPX 操作示例见图 9.44。

SB、Di、R 的取值区域分别与 MLPX 的 S、Di 和 RB 相同。

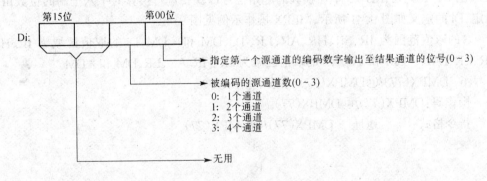

指定第一个源通道的编码数字输出至结果通道的位号(0~3)

被编码的源通道数(0~3)
0: 1个通道
1: 2个通道
2: 3个通道
3: 4个通道

无用

图 9.43　DMPX Di 格式定义

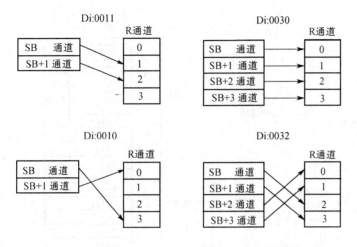

图 9.44　DMPX 操作示例

7. ASC(86)/@ASC(86)　ASCII 码转换指令。

操作码：ASC(86)/@ASC(86)

指令格式：　　　地址　　ASC(86)/@ASC(86)

　　　　　　　　　　　　S

　　　　　　　　　　　　Di

　　　　　　　　　　　　RB

ASC 把指定的数字（具有 0～F 的一个值）的四位内容转换为 8 位的 ASCII 码，然后把转换结果存放在指定的目标通道的低 8 位或高 8 位。数字标志 Di 的定义如图 9.45 所示，ASC 操作示例见图 9.46。

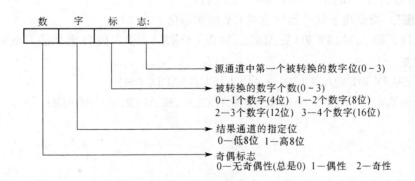

图 9.45　ASC Di 格式定义

9.8.11　BCD 码运算指令

1. INC(38)/@INC(38) 及 DEC(39)/@DEC(39)　递增及递减指令。

操作码：INC(38)/@INC(38) 及 DEC(39)/@DEC(39)

指令格式：　　　地址　　INC(38)/@INC(38) 或 DEC(39)/@DEC(39)

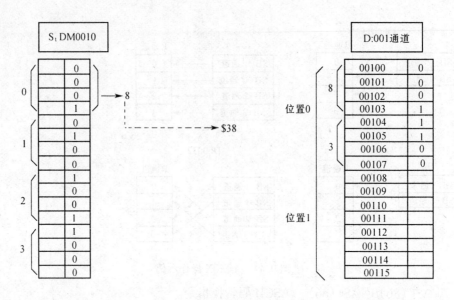

图 9.46 ASC 指令操作示例

CH

INC 将 CH 通道中的 BCD 数加 1,结果回送到 CH 通道中,而 DEC 将 CH 通道中的 BCD 数减 1,结果回送到 CH 通道中。上述两个指令均不影响 CY 的标志位,当 CH 通道中的数不是 BCD 码数时,ER 置位,当 CH 中结果为 0,EQ 标志位置位。CH 通道的取值区域为 IR、HR、AR、LR、DM 和 *DM。

2. STC(40)/CLC(41)　　进位标志 CY 置 1 与清 0 指令。

操作码:STC(40)/ CLC(41)

指令格式:　　　　地址　　STC(40)/CLC(41)

STC/CLC 指令用于算术运算前对 CY 的初始化。

3. ADD(30)/@ADD(30) 及 ADDL(54)/@ADDL(54)　　BCD 数加法及双通道 BCD 数加法指令。

操作:ADD(30)/@ADD(30) 及 ADDL(54)/@ADDL(54)

指令格式:　　　　地址　　ADD(30)/@ADD(30) 或 ADDL(54)/@ADDL(54)

Au

Ad

R

ADD 指令进行 (Au) + (Ad) + CY 操作,结果存放在结果通道 R 中,而 ADDL 指令功能与 ADD 类似,只是完成的是两个连续通道的 8 位 BCD 数加法,即 (Au + 1,Au) + (Ad + 1,Ad) + CY 操作,结果存放在结果通道 (R + 1、R) 中。Au、Ad 通道中的数据必须是 BCD 码,否则 ER 标志位置位。当 R 中的结果为 0 时,EQ 标志位置位,当 R 溢出(有进位)时,CY 标志位置位。Au、Ad 的取值区域为 IR、SR、HR、AR、LR、TC、DM、*DM 和立即数,R 的取值区域为 IR、HR、AR、LR、DM 和 *DM。

4. SUB(31)/@SUB(31) 及 SUBL(55)/@SUBL(55)　　BCD 数减法及双通道 BCD 数

减法指令。

操作码:SUB(31)/@SUB(31)及 SUBL(55)/@SUBL(55)

指令格式:　　地址　　SUB(31)/@SUB(31)或 SUBL(55)/@SUBL(55)

　　　　　　　　　　　Mi

　　　　　　　　　　　Su

　　　　　　　　　　　R

SUB 指令进行 $(Mi)-[(Su)+CY]$ 操作,结果存放在结果通道 R 中,而 SUBL 指令功能与 SUB 类似,只是完成的是两个连续通道的 8 位 BCD 数减法,即 $(Mi+1,Mi)-[(Su+1,Su)+CY]$ 操作,结果存放在结果通道 $(R+1、R)$ 中。Mi、Su 通道中的数据必须是 BCD 码,否则 ER 标志位置位。当 Mi = Su,R 中的结果为 0 时,EQ 标志位置位,当 Mi < Su 时,R 为负数,并用 BCD 补码表示,此时 CY 标志位置位。Mi、Su 和 R 的取值区域与 ADD 指令的 Au、Ad 和 R 相同。

5. MUL(32)/@MUL(32)及 MULL(56)/@MULL(56)　　BCD 数乘法及双通道 BCD 数乘法指令。

操作码:MUL(32)/@MUL(32)及 MULL(56)/@MULL(56)

指令格式:　　地址　　MUL(32)/@MUL(32)或 MULL(56)/@MULL(56)

　　　　　　　　　　　Md

　　　　　　　　　　　Mr

　　　　　　　　　　　R

MUL 指令进行 $(Md)\times(Mr)$ 的 4 位 BCD 码乘法操作,结果存放在结果通道 $(R+1,R)$ 中,而 MULL 指令进行 $(Md+1,Md)\times(Mr+1,Mr)$ 的 8 位 BCD 码乘法操作,结果存放在结果通道 $(R+3,R+2,R+1,R)$ 中。Md、Mr 通道中的数据必须是 BCD 码,否则 ER 标志位置位。当 R 中的结果为 0 时,EQ 标志位置位。Md、Mr 和 R 的取值区域与 ADD 指令的 Au、Ad 和 R 相同。

6. DIV(33)/@DIV(33)及 DIVL(57)/@DIVL(57)　　BCD 数除法及双通道 BCD 数除法指令。

操作码:DIV(33)/@DIV(33)及 DIVL(57)/@DIVL(57)

指令格式:　　地址　　DIV(33)/@DIV(33)及 DIVL(57)/@DIVL(57)

　　　　　　　　　　　Dd

　　　　　　　　　　　Dr

　　　　　　　　　　　R

DIV 指令进行 $(Dd)\div(Dr)$ 的 4 位 BCD 码除法操作,结果存放在结果通道 R 和 R+1 中,R 中为商,R+1 中为余数。而 DIVL 指令进行 $(Dd+1,Dd)\div(Dr+1,Dr)$ 的 8 位 BCD 码乘法操作,结果存放在结果通道 R,R+1,R+2 和 R+3 中,$(R+1,R)$ 中为商,$(R+3,R+2)$ 中为余数。Dd、Dr 通道中的数据必须是 BCD 码,否则 ER 标志位置位。当 R 中的结果为 0 时,EQ 标志位置位。Dd、Dr 和 R 的取值区域与 ADD 指令的 Au、Ad 和 R 相同。

7. FDIV(79)/@FDIV(79)　　浮点数除法指令。

操作码:FDIV(79)/@FDIV(79)

指令格式： 地址 FDIV(7 9)/@FDIV(79)
Dd
Dr
R

Dd、Dr、R均为浮点数,各占两个通道,其格式如图9.47所示。FDIV的功能为执行(Dd)÷(Dr)的浮点数除法操作,商采用四舍五入,存放在R通道中。Dd、Dr的尾数必须是BCD码,否则ER标志位置位,R的尾数也为BCD数。

Dd、Dr、R的取值区域与DIV指令相同。Dd、Dr的取值范围为$0.0000001 \times 10^{-7} \sim 0.9999999 \times 10^7$,R的取值范围为$0.0000000 \times 10^{-7} \sim 0.9999999 \times 10^7$。

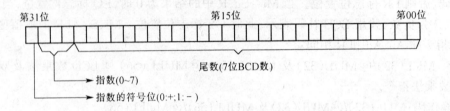

图9.47 FDIV浮点数格式

8. ROOT(72)/@ROOT(72) 平方根指令。

操作码:ROOT(72)/@ROOT(72)

指令格式： 地址 ROOT(7 2)/@ROOT(72)
Sq
R

Sq+1、Sq为一个8位BCD数,该指令将其开平方,并将结果的整数部分存放在R通道中。Sq的取值区域为IR、HR、AR、LR、TC、DM、*DM和立即数,R的取值区域为IR、HR、AR、LR、DM和*DM。标志位的操作与DIV指令相同。

9.8.12 二进制数运算指令

1. ADB(50)/@ADB(50) 二进制加法指令。

操作码:ADB(50)/@ADB(50)

指令格式： 地址 ADB(50)/@ADB(50)
Au
Ad
R

ADD指令进行(Au)+(Ad)+CY的16位二进制加法操作,结果存放在结果通道R中,其取值区域和标志位操作与ADD指令相同,CY按二进制进位。

2. SBB(51)/@SBB(51) 二进制减法指令。

操作码:SBB(51)/@SBB(51)

指令格式： 地址 SBB(51)/@SBB(51)

$$Mi$$
$$Su$$
$$R$$

SBB 指令进行 (Mi) − [(Su) + CY] 的 16 位二进制减法操作, 结果存放在结果通道 R 中, 当 Mi < Su 时, R 为负数, 并用 BCD 补码表示, 此时 CY 标志位置位。其取值区域和标志位操作与 SUB 指令相同。

3. MLB(52)/@MLB(52)　二进制乘法指令。

操作码: MLB(52)/@MLB(52)

指令格式: 　地址　MLB(52)/@MLB(52)
$$Md$$
$$Mr$$
$$R$$

MLB 指令进行 (Md) × (Mr) 的 16 位二进制乘法操作, 结果存放在结果通道 (R + 1, R) 中, 其取值区域和标志位操作与 MUL 指令相同。

4. DVB(53)/@DVB(53)　二进制除法指令。

操作码: DVB(53)/@DVB(53)

指令格式: 　地址　DVB(53)/@DVB(53)
$$Dd$$
$$Dr$$
$$R$$

DVB 指令进行 (Dd) ÷ (Dr) 的 16 位二进制除法操作, 结果存放在结果通道 R 和 R + 1 中, R 中为商, R + 1 中为余数。其取值区域和标志位操作与 DIV 指令相同。

9.8.13　逻辑运算指令

1. COM(29)/@COM(29)　逻辑取反指令。

操作码: COM(29)/@COM(29)

指令格式: 　地址　COM(29)/@COM(29)
$$CH$$

该指令将 CH 中的内容按位取反后, 结果仍存在 CH 中。CH 的取值区域为 IR、HR、AR、LR、DM 和 *DM。当 CH 中的结果为 0 时, EQ 标志位置位。当 *DM 寻址的通道不存在时, ER 标志位置位。

2. ANDW(34)/@ANDW(34)　逻辑与指令。

操作码: ANDW(34)/@ANDW(34)

指令格式: 　地址　ANDW(34)/@ANDW(34)
$$I1$$
$$I2$$
$$R$$

该指令将 I1、I2 通道中的内容进行按位与运算, 结果送至 R 通道中。I1、I2 的取值区域为 IR、SR、HR、AR、LR、TC、DM、∗DM 和立即数,R 的取值区域及标志位操作与 COM 指令相同。

3. ORW(35)/@ORW(35) 逻辑或指令。

操作码:ORW(35)/@ORW(35)

指令格式: 　　地址　ORW(35)/@ORW(35)

　　　　　　　　　　　　I1

　　　　　　　　　　　　I2

　　　　　　　　　　　　R

该指令将 I1、I2 通道中的数据进行按位或运算,结果送至 R 通道中。其取值区域及标志位操作与 ANDW 指令相同。

4. XORW(36)/@XORW(36)　逻辑异或指令。

操作码:XORW(36)/@XORW(36)

指令格式: 　　地址　XORW(3 6)/@XORW(36)

　　　　　　　　　　　　I1

　　　　　　　　　　　　I2

　　　　　　　　　　　　R

该指令将 I1、I2 通道中的数据进行按位异或运算,结果送至 R 通道中。其取值区域及标志位操作与 ANDW 指令相同。

5. XNRW(37)/@XNRW(37)　逻辑同或指令。

操作码:XNRW(37)/@XNRW(37)

指令格式: 　　地址　XNRW(3 7)/@XNRW(37)

　　　　　　　　　　　　I1

　　　　　　　　　　　　I2

　　　　　　　　　　　　R

该指令将 I1、I2 通道中的数据进行按位同或运算,结果送至 R 通道中。其取值区域及标志位操作与 ANDW 指令相同。

9.8.14　子程序

C200H PLC 指令系统提供了子程序定义和调用指令,支持子程序功能,为系统编程提供了更加方便的手段。

1. SBN(92)/RET(93)　子程序定义指令。

操作码:SBN(92)/RET(93)

指令格式: 　　地址　SBN(92)　N/RET(93)　N

SBN 和 RET 分别表示一个子程序的开始和结束。一般在主程序的后面,在 END 的前面安放子程序。在扫描期间,当 CPU 执行时遇到第一个 SBN 时,它就假设已执行到了主程序的末端。N 为子程序的编号(00~99),总共可定义 100 个子程序。SBN 99 为一个特殊的子程序,它可以由系统控制按一定的时间间隔调用执行,称为调度中断程序。

2. SBS(91)/@SBS(91)　子程序调用指令。

操作码：SBS(91)/@SBS(91)

指令格式：　　　地址　SBS(91)　　N/@SBS(91)　　N

该指令用于调用第 N 号子程序。当主程序执行过程中遇到 SBN N 时，程序控制转向子程序 N，此处 N 为一个 2 位数字的子程序标号。当在 SBN N 和 RET 之间的子程序执行完时，控制就返回到主程序中 SBN N 后面的那条指令上。主程序中调用子程序的次数不受限制，子程序中可以嵌套子程序，最多可以嵌套 16 级。当指定的子程序 N 不存在或子程序调用自身、子程序嵌套超过 16 级时，ER 标志位置位，子程序将不被执行。

图 9.48 示出了子程序的编程与调用执行过程。

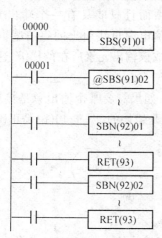

地　址	指　令	数　据
00000	LD	00000
00001	SBS(91)	01
…	…	…
00013	LD	00001
00014	@SBS(91)	02
…	…	…
00095	SBN(92)	01
…	…	…
00100	RET(93)	—
00101	SBN(92)	02
…	…	…
00111	RET(93)	—

图 9.48　子程序编程及调用示例

另外，C200H PLC 指令系统还提供了中断控制指令、步进指令和专用指令，有关详细内容请参见 OMRON 编程手册。

9.9　编程原则及编程技巧

9.9.1.　编程一般步骤

编制一个 PLC 控制程序的基本步骤为：

1）确定控制任务　　将 PLC 应用于一个控制任务，首先要确定系统的要求，确定系统所需的输入/输出点数，然后确定控制动作发生的顺序和相应的动作时间，鉴别被控制对象之间的物理关系和响应特性。从控制动作的开始到结束，每一个相关的动作都必须用同样的方法确定。

2）分配输入/输出设备到 PLC 的 I/O 位　　决定哪些外部设备将发送信号到 PLC 和哪些设备从 PLC 接受信号，用 5 位数定义一个 I/O 位，通常前 3 位表示通道，后 2 位表示在通道中的位数。同时分配相关 I/O 的内部继电器 IR 或工作位，分配计时器和计数器等。

3）画出梯形图以描述所需操作的顺序和它们之间的内部关系。

4）通过编程器、图形编辑器或微机编程软件把写好的指令传送至 CPU，如果使用编程器，还应将梯形图转换为助记符指令代码。

5) 对程序错误进行检查。

6) 调试程序以纠正错误。

7) 运行程序并测试执行错误。

9.9.2　编程原则

1) 在梯形图中最左侧的竖母线代表控制电源的高电位,最右侧的竖母线代表控制电源的低电位,信号从左向右传递,回路导通使输出继电器线圈励磁动作。右侧竖母线可忽略不画。

2) 每个梯形图由多个梯级组成,每个梯级必须而且只能具有一个输出元素,即OUT,或 TIM,或 CNT,或其它特殊功能指令。从左侧电源母线引出的每条逻辑线在到达右侧竖母线之前必定汇集于某个输出元素,从而构成该输出元素所在的梯级,这些逻辑线称为此梯级的支路,每个梯级可以有多个支路。

3) 每个梯级的每个支路都不能以输出元素开始,如果需要某个输出总是接通,则可以用 SR 区中的常 ON 位作为输入元素.如图 9.49(a)是错误的,图 9.49(b)是正确的。

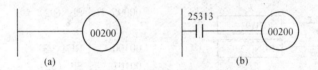

图 9.49　输出元素图例

4) 在一个程序中,同一个位号或通道号不能重复用作输出,只能输出一次。但是被用作输出的位号可以多次用作输入,既可以用作常开触点,又可以用作常闭触点。同一个位号可以无数次用作输入元素。

5) 一段完整的梯形图程序必须以 END 结束。

6) 计时器/计数器不能直接产生一个外部输出信号,必须用 OUT 编程到一个输出。

9.9.3　编程技巧

尽管梯形图编程简单、易学,但要编制一个直观、易于理解,并且还能够节省程序存储空间的性能优良的程序还需掌握一定的技巧,甚至可以减少不易发现的程序错误。

1)I/O 位、工作位和定时/计数器的编号可以多次使用,作为输入不受限制,多次使用可以简化程序和节省存储单元。然而有时人为地减少一个输入位的使用次数,常常导致程序的复杂化。

2)在不使程序复杂难懂的情况下,应尽可能少占用内存。如图 9.50(a)中程序与图9.50(b)中程序功能完全一样,图(a)就要比图(b)多使用 OUT TR0 和 LD TR0 两条语句,造成扫描时间和程序存储区的浪费。

3)由于定时器/计数器的编号必须在 000~511 范围内分配,且不允许重复,所以一种简便的分配方法是:定时器编号从 000 开始分配,而计数器编号从另一端开始编号,这就帮助我们防止一个定时器和一个计数器使用同一个编号的错误。

4)在对复杂的梯形图网络进行编码时,可以使用 END 指令,将其划分为一些简单的

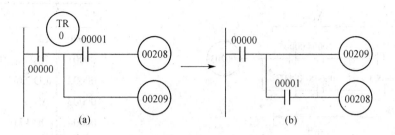

图 9.50　节省内存编程图例

功能模块,对这些模块逐个进行编码和调试,容易取得较高的效率。

5)由于 PLC 的扫描方式是从左至右,从上至下地对梯形图网络进行扫描,上一梯级的执行结果会影响下一级的输入状态,故在编程时应加以考虑,以免将控制关系搞错。

9.9.4　编程举例

1)并联-串联回路　对于一个并联-串联回路编程,首先只是编并联回路块,然后编串联回路块。图 9.51 的例子中,先编 a 块,然后编 b 块。

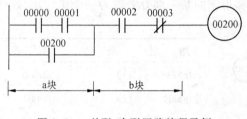

图 9.51　并联-串联回路编程示例

地　址	指　令	数　据
00000	LD	00000
00001	AND	00001
00002	OR	00200
00003	AND	00002
00004	AND NOT	00003
00005	OUT	00200

2)串联-并联回路　要想编一个串联-并联回路,就要把回路分为串联回路块和并联回路块。先将每一个块编程,然后把这些块结合起来成为一个回路。图 9.52 的例子中,把回路分为 a 块和 b 块,对每个块进行编程。然后用 AND LD 把 a 块和 b 块结合起来。

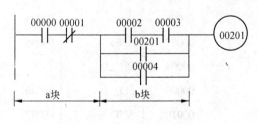

图 9.52　串联-并联回路编程示例

地　址	指　令	数　据
00000	LD	00000
00001	AND NOT	00001
00002	LD	00002
00003	AND	00003
00004	OR	00201
00005	OR	00004
00006	AND LD	
00007	OUT	00201

3)在串联中联接并联回路　在串联回路中要想编两个或更多个并联回路块,首先把全回路分成几个并联回路块。再把每一个并联回路块分为几个独立的块。对每个并联回路块编程,然后再串联起来。图 9.53 所示例子中,先编 a1 块,然后编 a2 块,再用 OR LD 把这两个块合起来。用同样的方法,编 b1 和 b2 块,再把它们合起来。最后用 AND LD 把两个并联回路块合起来。

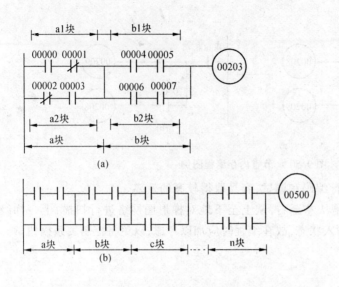

地 址	指 令	数 据
00000	LD	000001
00001	AND NOT	00001
00002	LD NOT	00002
00003	AND	00003
00004	OR LD	
00005	LD	00004
00006	AND	00005
00007	LD	00006
00008	AND	00007
00009	OR LD	
00010	AND LD	
00011	OUT	00203

图 9.53   串联中联接并联回路编程示例

4）对复杂回路如图 4.54 所示,可以把梯形图的某一部分看成为一个单元块,这样便于理解和转换助记符指令代码。

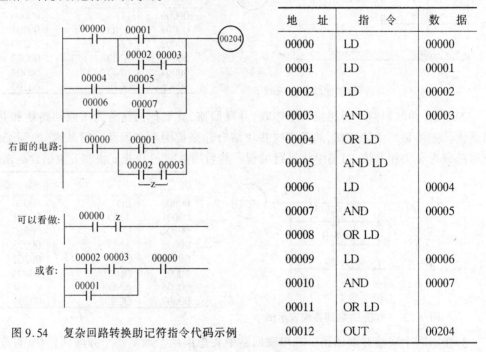

地 址	指 令	数 据
00000	LD	00000
00001	LD	00001
00002	LD	00002
00003	AND	00003
00004	OR LD	
00005	AND LD	
00006	LD	00004
00007	AND	00005
00008	OR LD	
00009	LD	00006
00010	AND	00007
00011	OR LD	
00012	OUT	00204

图 9.54   复杂回路转换助记符指令代码示例

5）复杂回路常常可以通过改写被简化,如图 9.55(a)可以改写为图 9.55(b)。

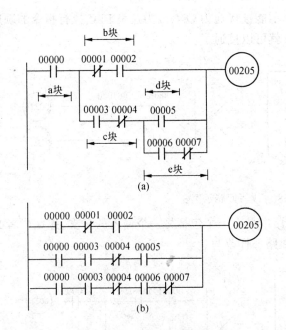

地 址	指 令	数 据
00000	LD	00000
00001	LD	00001
00002	LD	00002
00003	AND	00003
00004	OR LD	
00005	AND LD	
00006	LD	00004
00007	AND	00005
00008	OR LD	
00009	LD	00006
00010	AND	00007
00011	OR LD.	
00012	OUT	00204

图 9.55　复杂回路简化编程示例

6)避免出现有问题的回路

把不合理的编码改写,则可减少扫描时间并可有效地使用程序存储器空间。如图 9.56左边的回路比右边的回路需要多一个程序步(一个 OR LD)。

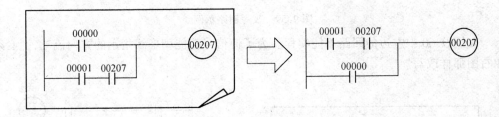

图 9.56　改写回路示例 1

在图 9.57 左边的回路比右边的回路多使用一个程序步(LD)又额外多一个临时继电器区(TR)中的位。重新改写这种编码,则减少扫描时间并可使程序存储器容量的使用更有效。

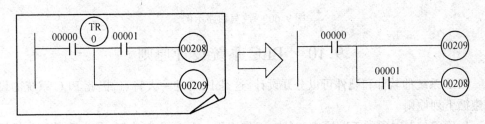

图 9.57　改写回路示例 2

在图 9.58 左边回路的输出 00210 不能被接通为 ON,因为这是 PLC 执行指令的顺序决定的。改写这种编码,则输出 00210 就可以接通了。

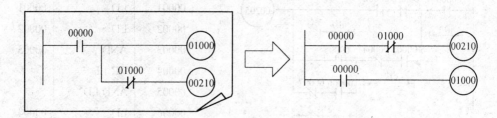

图 9.58　改写回路示例 3

如图 9.59 左边的回路,在一个回路中具有一个包括另一个输入的分支,那么或者必须使用一个 TR 位或者把回路像右边回路那样改写。

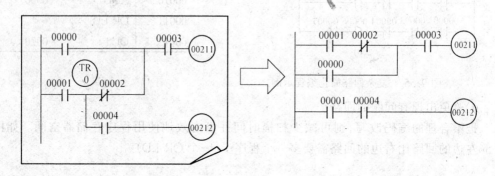

图 9.59　改写回路示例 4

在图 9.60 中左边的回路不能编程。为了使信号流能朝虚线指示的方向流动,则必须像右图那样改写。

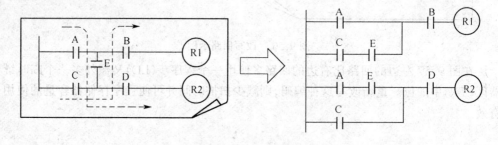

图 9.60　改写回路示例 5

9.10　PLC 系统设计原则

PLC 系统的软件和硬件可以分开设计,这是 PLC 的一大特点,因此 PLC 系统的设计应遵循下列原则。

1.确定控制对象的工艺要求和基本工作流程　在应用 PLC 时,首先要详细分析被控对象、控制过程与要求,了解基本工艺流程后列出控制系统的所有功能和指标要求,包括各控制对象的驱动要求,各控制对象的动作顺序、相互之间的约束关系,控制参数(模拟量的精度、开关量的点数)等等。

2.确定控制方案　实现参数控制的具体方案,确定采用可编程控制器所需的硬件结构,包括输入端口的数目及类型,输出端口的数目及接口要求,定时器的个数及计数长度、A/D 和 D/A 转换器的个数及精度,以及主控制器的结构要求,如时钟频率、插槽数量、内存及 ROM 空间等。对于有通讯网络要求的系统,还应进行系统通讯和网络结构设计。

3.选择机型及相关的功能模块　一般来说各生产厂家的产品在可靠性上都是过关的,机型的选择主要是指在功能上如何满足自己需要,而不浪费机器容量。

在选择机型前,用户首先要在以下几个方面对控制对象进行估计:

1)有多少个开关量输入,电压分别为多少;

2)有多少个开关量输出,输出功率为多少;

3)有多少模拟量输入输出点;

4)是否有特殊控制要求,如高速计数器等;

5)机房与现场的最远距离为多少;

6)现场对控制器响应速度有何要求。

PLC 机型的选择还应考虑 PLC 构成的系统的类型,一般可分为三种类型:

(1)单体控制的小系统　这种系统一般使用一台 PLC 就能完成控制任务,控制对象常常是一台设备,或几个设备中的一个功能。单体控制的小系统中,没有 PLC 间的通讯问题,但有时要求功能齐全,容量变化大,有些还要与原系统的其它机型连接,因此,要从以下几个方面加以考虑:

a)对设备集中、功率较小的控制对象,选用局部式结构,且选择低电压高密度输入输出模块。

b)对设备分散、功率大的控制对象,应选用分布式结构,且选择高电压低密度输入输出模块。

c)对有专门要求的设备,输入输出容量不是关键参数,重要的是选择功能强,且满足控制速度要求的高速计数功能模块。

(2)慢过程大系统　这种系统分为两类,一类是设备本身对运行速度要求不高,但设备距离远,控制动作多,一般要到一万个控制点以上,如大型料场、高炉、码头、大型车站信号控制等。另一类是设备本身对运动的速度要求高,但部分子系统要求并不高,如大型热连续轧钢厂,冷轧钢厂中的辅助生产机组和控制系统供油、供风系统等。慢过程大系统的特点是,设备对运行速度要求不高或系统中某一部分对运动速度要求不高,但设备间有联锁关系,所有设备都要统一管理。对这一类的对象,一般不选用大型机,因为编程、调试均不方便,一旦发生故障,影响面大,一般都采用多台中小型机和低速网络连接。

这种结构所用的控制器台数虽然多了,但程序编写省力、调试方便、故障影响面小,所以从整体上看是合理的。

(3)实时控制快速系统　在中小型的快速系统中,PLC 控制器不仅仅完成逻辑控制和主令控制,它已逐步进入了设备控制级,如高速线材、中低速热轧等速度控制系统。构成这样系统就要考虑选用输入容量大、运行速度快、计算功能强的大型机。但对于这样系统，大型 PLC 也难以满足控制要求，这时可用多台 PLC，采用可靠的高速网能满足系统信息快速交换的要求，但高速网的一般价格均很贵，适用于大量信息交换的系统。对信息交换速度高，交换的信息又不多的系统，可以采用 PLC 的输出端口与另一台 PLC 的输入端口硬件互锁，通过输入输出直接传送信息，这样传送速度快而且可靠。当然这种方式传送的信息不能太多，否则输入输出点占用太多，给控制容量上造成困难。

4. 输入输出定义 输入输出定义是指整体输入输出点的分布和单个输入输出点的名称定义两个方面。若定义得比较合理，则给编程、调试和文本打印等带来很多方便。

1) 单台 PLC 系统的输入输出点的分配 一台 PLC 完成多个功能，最好是按控制功能把输入输出点分段，相同功能的输入模块和输出模块组成一组。因此在机架上形成输入模块和输出模块交叉插放。

2) 多台 PLC 系统中输入输出点的分配 应根据整体控制上的要求，按系统控制类别统一把输入输出点分段，规定出每台 PLC 都要遵循的原则。输入输出点分配要根据各台控制器控制功能相似程序进行。相似程度高的，可以规定到每一个独立的点；相似程度低的，可以粗略划分段。

3) 输入输出信号名称定义 给信号定义名称要简短、明确、合理。逻辑变量在名称定义时应注意下面两种情况。

(1) 信号的有效状态 逻辑变量有"0"状态和"1"状态之分。有些信号在"1"状态有效，有些则在"0"状态有效。所以定义的名称不仅要说明信号的含义，而且要把它的有效状态表达出来。

例如图 9.61 所示的按钮开关定义图，图中 I20.1 为电动机启动按钮，I20.2 为电动机停止按钮。"1"状态为开关闭合，"0"状态为开关断开。若规定所有输入输出信号名称都是对"1"状态有效，则两信号应定义为：

I20.1　　电动机启动

I20.2　　非电动机启动

若没有明确规定信号名称是对"1"有效，则应在每个名称中加以说明：

I20.1　　电动机启动，"1"状态有效

I20.2　　电动机停止，"0"状态有效

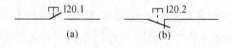

图 9.61　按钮开关定义

应注意的是过程变量中的常开触点与逻辑指令组中的常开触点和常闭触点不同，前者是指信号的有效状态，后者的常开和常闭则是变量的运动方式。

(2) 信号有效方式 在实际控制中，有些是持续状态有效，有些则是信号发生变化时有效。所谓持续状态有效，作为逻辑条件，是指信号状态必须保持，这类信号多为带锁定的按钮、扳动开关、极限联锁信号、断电器和接触器的辅助触点等。在编写程序时，使用的

是信号的状态,一般直接作为逻辑条件写入程序中,在名称定义上也不必特别说明。信号变化时刻有效是指信号由一种状态向另一种状态变化时发出控制要求。这类信号多为引起设备停车的故障信号和不带锁定的按钮。当一个设备的启动和停止由两个按钮完成时就是这种情况。

(3)输入输出变量表　在对输入输出进行分配和名称定义后,要把输入输出列成表,以备编程时使用。

5. 内存估计　用户程序所需的内存量受下述各因素的影响:

1)内存利用率;

2)逻辑量输入输出的总点数;

3)模拟量输入输出的点数;

4)程序编写者的编程水平。

在编程器上用图形编辑的程序是以机器语言的形式存放于内存中。同样的梯形图,不同厂家的产品,在把梯形图变成机器语言存放时所需的内存量不同。它与产品品种和编程水平有关。

6. I/O模块配置及系统电源容量校验　模块确定后根据每个模块各支路同时工作,即系统工作最大可能需要的电流数来校核电源容量,当各机架负荷不均时,亦可将模块的配置给予适当调整。

7. 编制程序　编程时,首先要合理划分模块,其次是合理利用指令,严格注意信息名称定义。最后经过单块调试,软硬件联调与系统总调。程序必须经过一段时间的运行考验,才可以投入实际现场工作。

9.11　PLC系统的可靠性

9.11.1 运行环境的改善

由于PLC直接用于工业控制,生产厂都把它设计得能在恶劣条件下可靠地工作。尽管如此,每种控制器都有自己的环境技术条件,用户在选用时,特别是设计控制系统时,必须对环境条件给予充分的考虑。并且尽可能地改善系统的运行环境,以求系统更加可靠地工作。

1. 对温度条件的改善　可编程序控制器及其外部电路都是由半导体集成电路、晶体管和电阻电容等器件构成的,温度的变化将直接影响这些元器件的可靠性和寿命。

温度高时容易产生下列问题:IC、晶体管等半导体器件性能恶化,故障率增加,寿命降低;电容器件漏电流增大;模拟回路的漂移增大,精度降低等。如果温度偏低,模拟回路除精度降低外,回路的安全系数也变小,超低温时可能引起控制系统动作不正常。特别是温度的急剧变化,由于电子器件热胀冷缩,更容易引起电子器件性能的恶化和温度特性变坏。

控制系统的温度超过极限温度(55℃)时,可以采取下面的有效措施,迫使环境温度低于极限值。

1)盘、柜内设置风扇或冷风机,通过滤波器把自然风引入盘柜内。由于风扇寿命不那么长,必须和滤波一起定期检修。使用冷风机时注意不能结露。

2)把控制系统置于有空调的控制室内,不能直接放在阳光下。

3)控制器的安装要考虑通风,控制器的上下、左右、前后都要留有约50mm的空间距离,I/O模块配线时要使用导线槽,以免妨碍通风。

4)安装时要把发热体,如电阻器或交流接触器等远离控制器,或者把控制器安装在发热体的下面。

环境温度过低可采用如下对策:

1)盘、柜内设置加热器,冬季时这种加热特别有效,可使盘、柜内温度保持在0℃以上,或者在10℃左右。设置加热器时要选择适当的温度传感器,以保证能在高温时自动切断加热器电源,低温时自动接通电源。

2)停运时,不切断控制器和I/O模块电源,靠其本身的发热量维持其温度,特别是夜间低温时,这种措施是有效的。

3)温度有急剧变化的场合,不要打开盘、柜的门,以防冷空气进入。

2.对湿度条件的改善　在湿度大的环境中,水分容易通过模块上IC的金属表面的缺陷浸入内部,引起内部元件性能的恶化,印刷电路板可能由于高压或高浪涌电压而引起短路。在极干燥的环境下,绝缘物体上可能带静电,特别是MOS集成电路,由于输入阻抗高,可以由于静电感应而被损坏。控制器不运行时,由于温湿度有急剧变化可能引起结露,结露后会使绝缘电阻大大降低,由于高压有泄漏,可使金属表面生锈。特别是交流220V、110V的输入、输出模块,由于绝缘性能的恶化可能产生预料不到的事故。

对于上述湿度环境应采用如下对策:

1)盘柜设计成封闭型,并放置吸湿剂。

2)把外部干燥的空气引入盘柜内。

3)印刷电路板上再覆盖一层保护层,如喷松香水等。

4)在温度低极干燥的场合进行检修时,人体应尽量不接触集成电路和电子元件,以防感应电损坏器件。

3.对振动和冲击环境的改善　一般的可编程序控制器能承受的振动和冲击的频率为10~50Hz,振幅为0.5mm,加速度到$2g$,冲击为$10g(g=10\text{m/s}^2)$。超过这个极限时,可能会引起电磁阀或断路器误动作、机械结构松动、电气部件疲劳损坏,以及连接器的接触不良等后果。

防振和防冲击的措施如下:

1)如果振动源来自盘、柜之外,可对相应的盘、柜采用防振橡皮,以达到减振的目的,亦可把盘柜设置在远离振源的地方。

2)如果振动来自盘柜内,则要把产生振动和冲击的设备从盘柜内移走,或者单独设置盘柜。

3)强固控制器或I/O模块印刷板、连接器等可产生松动的部件或器件,连接线亦要固定紧。

4.对周围空气的改善　周围空气中不能混有尘埃、导电性粉末、腐蚀性气体、水分、油分、油雾、有机溶剂等。否则,会引起下列不良现象:尘埃可引起接触不良,或阻塞过滤器的网眼,使盘内温度上升;导电性粉末可引起误动作,绝缘性能变差和短路等;油和油雾可能引起接触不良和腐蚀塑料;腐蚀性气体和盐分会引起印刷电路板或引线的腐蚀,造成开关或继电器的可动部件接触不良。

如果周围空气不洁,可采取下面相应措施:

1)盘、柜采用密封型结构。

2)盘、柜内打入高压清洁空气,使外界不清洁空气不能进入盘、柜内部。

3)印刷电路板表面涂一层保护层,如松香水等。

上述各种措施都不能保证在任何情况下绝对有效,有时需要根据具体情况具体分析,采用综合防护措施。

9.11.2 控制系统的冗余

使用 PLC 构成控制系统时,虽然可编程控制器的可靠性或安全性高,但无论使用什么样的设备故障总是难免的,因此,在控制系统设计中必须充分考虑可靠性和安全性。

为了保证控制系统的可靠性,除了选用可靠性高的可编程控制器,并使其在允许的条件下工作外,控制系统的冗余设计是提高控制系统可靠性的有效措施。

1.环境条件留有余量　改善环境条件,其目的在于使可编程控制器工作在合适的环境中,且使环境条件有一定的富余量,最好留有三分之一的余量。

2.控制器的并列运行　输入/输出分别连接两台内容完全相同的可编程控制器,实现复用,当某一台出现故障时,可切换到另一台继续运行,从而保证整个系统运行的可靠性。必须指出的是,可编程控制器并列运行方案仅适用于输入/输出点数比较少,布线容易的小规模控制系统。对于大规模的控制系统,由于输入/输出点数多,电缆配线复杂,同时控制系统成本相应增加,而且几乎是成倍增加,因而限制了它的应用。

3.双机双工热后备控制系统　双机双工热后备控制系统的冗余设计仅限于控制器的冗余,I/O 通道仅能做到同轴电缆的冗余,不可能把所有 I/O 点都冗余,只有那些不惜成本的场合才考虑全部系统冗余。

9.11.3 控制系统的供电

供电系统的设计直接影响控制系统的可靠性,因此在设计供电系统时应考虑下列因素:

1)输入电源电压在一定的允许范围内变化;

2)当输入交流电断电时,应不破坏控制器程序和数据;

3)在控制系统不允许断电的场合,要考虑供电电源的冗余;

4)当外部设备电源断电时,应不影响控制器的供电;

5)要考虑电源系统的抗干扰措施。

根据上述考虑,使用如下几种常用的供电方案来提高可编程控制器控制系统的可靠性是有效的。

1.使用隔离变压器供电　图 9.62 所示为使用隔离变压器的供电系统示意图,控制器和 I/O 系统分别由各自的隔离变压器供电,并与主回路电源分开。这样,当输入、输出供电中断时不会影响可编程控制器的供电。

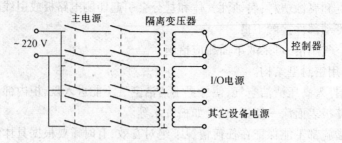

图 9.62　使用隔离变压器供电系统

2.使用 UPS 供电　不间断电源 UPS
是电子计算机的有效保护装置,平时处于充
电状态,当输入交流电(220V)失电时,UPS
能自动切换到输出状态,继续向系统供电。
图 9.63 是使用 UPS 的供电示意图。该方
案对于非长时间停电的系统,其效果是显著
的。

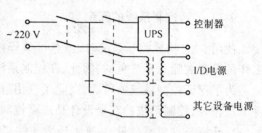

图 9.63　使用 UPS 的供电系统

9.11.4　系统的抗干扰

PLC 系统中混入输入、输出的干扰,或
感应电压,容易引起错误的输入信号,从而引起错误的输出信号。为了使控制器稳定地工
作,提高整体控制系统的可靠性,在控制系统中采取一些有效的抗干扰措施是非常必要
的。

下面按照不同的干扰源,分别介绍常用的抗干扰措施。

1.抗电源干扰

1)使用隔离变压器　使用隔离变压器将屏蔽层良好地接地,对抑制电网中的干扰
信号有良好的效果。为了改善隔离变压器的抗干扰效果,必须注意两点:一是屏蔽层要良
好接地,二是次级连接线要使用双绞线。双绞线能减少电源线间干扰。

2)使用滤波器　使用滤波器代替隔离变压器,在一定的频率范围内有一定的抗电
网干扰作用,惯用的方法是既使用滤波器,同时又使用隔离变压器。连接方法如图 9.64
所示。

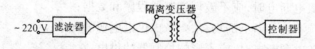

图 9.64　滤波器和隔离变压器同时用的系统

3)分离供电系统　将控制器、I/O 通道和其它设备的供电分离开来,也有助于抗电
网干扰。

2.控制系统接地

控制系统的接地一般有如图 9.65 所示的三种方法:图(a)为控制器和其它设备分别

接地方式,这种接地方法最好;如果做不到每个设备专用接地,也可以使用图(b)的共用接地方式;一般不采用图(c)的串联接地方式,特别应该避免与电动机、变压器等动力设备串联接地。接地还应注意:

1)采用第 3 种接地方式,接地电阻应小于 100Ω;

2)接地线应尽量粗,一般用大于 $2mm^2$ 的线接地;

3)接地点应尽量靠近控制器,接地点与控制器间的距离不大于 50m;

4)接地线应尽量避开强电回路和主回路的电线,不能避开时,应垂直相交,并尽量缩短平行走线长度。

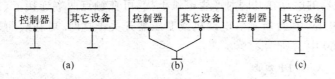

图 9.65　接地方法

3. 防 I/O 信号干扰

1)防止输入信号的干扰

除采用滤波器及使控制器良好接地来抑制干扰外,下面介绍几种抗输入干扰的措施。

(1)如图 9.66 所示,在输入端有感性负荷时,为了防止反冲击感应电势,在负荷两端并接电容 C 和电阻 R(为交流输入信号时),或并接续流二极管 VD(为直流输入信号)。交流输入方式时,C、R 的选择要适当,才能起到较好的效果,一般参考值为:负荷容量在 20VA 以下一般选用 $0.1\mu F \pm 120\Omega$;负荷容量在 10VA 以上时,一般选 $0.47\mu F \pm 47\Omega$ 比较适宜。如果与输入信号并接的电感性负荷较大时,使用继电器中转效果更好。

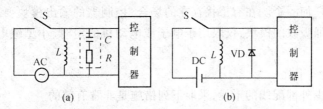

图 9.66　与输入信号共接感性负载

(2)防感应电压的措施

在感应电压大的场合,如果可能的话,改交流输入为直流输入;在输入端并接浪涌吸收器;在长距离配线和大电流场合,感应电压大,可用继电器转换。

2)防止输出信号的干扰

防止干扰可采取以下措施。

1)交流感性负载场合,在负载的两端并接 C、R 作为浪涌吸收器。如图 9.67 所示,C、R 越靠近负载,其抗干扰效果越好。

2)直流负载场合,在负载的两端并接续流二极管 VD,如图 9.68 所示,二极管也要靠近负载。二极管的

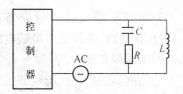

图 9.67　交流感应负载的抗干扰

反向耐压应是负载电压的 4 倍。

续流二极管与开关二极管相比,动作有延时。如果这个延时时间是不允许的,同样可用图 9.67 所示的连接 C、R 浪涌吸收器的方法解决。

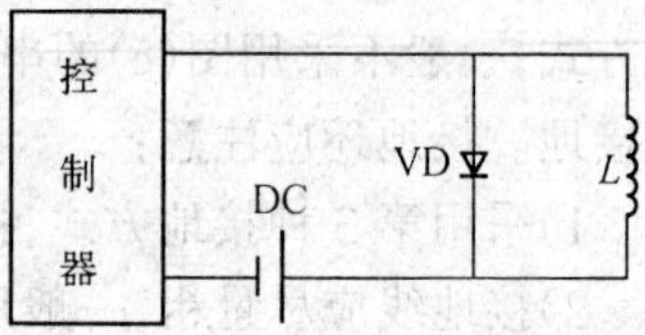

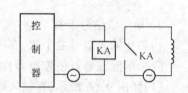

图 9.68　直流感应负载的抗干扰

3)控制器触点(开关量)输出的场合,不管控制器本身有无抗干扰措施,都要采取图 9.67(交流负载)和图 9.68(直流负载)的抗干扰对策。

4)在开关时产生干扰较大的场合,交流负载可使用双向晶闸管输出模块。

5)交流接触器的触点在开闭时产生电弧干扰,可在触点两端连接 C、R 浪涌吸收器,效果较好,如图 9.69 中 A 所示。电动机或变压器开关干扰时,可在线间采用 C、R 浪涌吸收器,如图 9.69 中 B 所示。

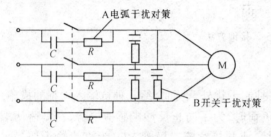

图 9.69　防大容量负载干扰对策

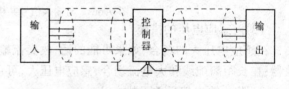

图 9.70　用中间继电器驱动负载

6)在控制盘内用中间继电器进行中间驱动负载的方法是有效的,如图 9.70 所示。

对于电子设备的抗干扰技术,主要原则是抑制干扰源。控制器输出信号的干扰,可使用上述措施中的任何一个。在有干扰存在的场合,控制器的输出模块要选用装有浪涌吸收器的。没有浪涌吸收的模块,仅限用于电子或电动机的定时、小型继电器、驱动指标灯等。

4. 防外部配线干扰

为防止或减少外部配线的干扰,采取下列措施是非常有效的。

1)交流输入输出信号与直流输入输出信号分别使用各自的电缆。

2)在 30m 以上的长距离配线时,输入信号与输出信号线分别使用各自的电缆。

图 9.71　屏蔽电缆的处理

3)集成电路或晶体管设备的输入、输出信号线,必须使用屏蔽电缆,屏蔽电缆的处理如图 9.71 所示,输入、输出侧悬空,而在控制器侧接地。

4)控制器的接地线与电源线或动力线分开。

5)输入、输出信号线与高电压、大电流的动力线分开配线。

6)远距离配线有干扰或敷设电缆有困难,费用较大时,采用远程 I/O 的控制系统有利。

7)配线距离要求

(1)30m 以下的短距离配线时,直流和交流输入输出信号线不要使用同一电缆。在不得不使用同一配线管时,直流输入输出信号线要使用屏蔽线。

(2)30~300m 的中距离配线时,不管直流还是交流,输入、输出信号线都不能使用同一根电缆,输入信号线一定要用屏蔽线。

(3)300m 以上的长距离配线时,建议用中间继电器转换信号,或使用远程 I/O 通道。

第十章 直流拖动数字控制系统设计

10.1 伺服系统的主要技术要求

任何一个需要对转速或位置进行控制的伺服系统对控制性能都有具体要求。由于系统种类不同、用途各异,技术要求也就不尽相同。例如,精密机床要求加工精度达到百分之几毫米甚至几微米;重型铣床的进给机构需要在很宽的范围内调速,快速移动时最高速度达到 600 mm/min,而精加工时最低转速只有 2 mm/min 左右,最高和最低转速相差 300 倍左右;点位控制数控机床要求定位精度达到几微米,速度跟踪误差约低于定位精度的 1/2;轧制薄钢带的高速冷轧机最高轧速高达 37 m/s 以上,而成品厚度误差不大于 1% 等等。所有这些要求,都是生产设备具体量化的技术指标,经过一定折算,可以转化为电机拖动系统的稳态或动态指标,作为设计系统时的依据。

这里我们以最常见的位置控制系统和速度控制系统为对象,分别就其主要技术要求作一简单介绍。位置控制系统和速度控制系统既有共同之处,也有不同之处。它们的共同之处为:通过系统的执行元件直接或通过机械传动装置间接带动被控对象,完成给定控制规律要求的机械动作。系统拖动被控对象运动的过程中,执行元件输出轴都要承受各种性质的负荷,而承受这些负荷是系统能正常工作的起码要求。

10.1.1 位置控制系统的主要技术要求

(1) 系统静态误差 ε_0:指系统输入指令为常值时,输入与输出之间的误差。位置控制系统一般为无静差系统,用线性理论分析,系统静止协调时不存在位置误差。实际上,系统测量元件的分辨率有限,系统输出轴存在干摩擦造成的死区,这些均可造成系统静态误差。

(2) 速度误差 e_v 和正弦跟踪误差 $e_{\sin}$:当位置控制系统处于等速跟踪状态时,系统输出轴与输入轴(即主令轴)之间瞬时的位置误差(角度或角位移)称为速度误差 e_v。当系统作正弦摆动跟踪时,输出轴与输入轴之间的瞬时误差的振幅值称为正弦跟踪误差 $e_{\sin}$。

(3) 速度品质因数 K_v 和加速度品质因数 K_a:速度品质系数 K_v 指输入斜坡信号时,系统稳态输出角速度 ω_0(或线速度 v_0)与速度误差 e_v 的比值。加速度品质系数 K_a 指输入等加速度信号时,系统输出稳态角加速度 ε(或线加速度 a)与对应的系统误差 e_a 的比值。

(4) 最大跟踪角速度 $\omega_{\max}$(或线速度 $v_{\max}$)、最低平滑角速度 $\omega_{\min}$(或线速度 $v_{\min}$)、最大角加速度 $\varepsilon_{\max}$(或线加速度 $a_{\max}$)。

(5) 振荡指标 M 和频带宽度 ω_b:位置控制系统闭环幅频特性 $A(\omega)$ 的最大值 $A(\omega_p)$

与 $A(0)$ 的比值,称为振荡指标 M。当闭环幅频特性 $A(\omega_b)=0.707$ 时所对应的角频率 ω_b 称为系统的带宽。

(6) 系统对阶跃信号输入的响应特性:当系统处于静止协调状态(零初始状态)下,突加阶跃信号时,系统最大允许超调量 $\sigma\%$、过渡过程时间 t_s 和振荡次数 N。

(7) 等速跟踪状态下,负载扰动(阶跃或脉动扰动)所造成的最大瞬时误差和过渡过程时间。

(8) 对系统工作制(长期运行、间歇循环运行或短时运行)、MTBF、可靠性以及使用寿命的要求。

当然,还应包括诸如环境条件、成本、通用性、标准化程度、效率、维护维修、结构尺寸以及安装条件等的限制。

10.1.2 速度控制系统的主要技术要求

(1) 被控对象的最高运行速度:如最高转速 n_{max}、最高角速度 ω_{max} 或最高线速度 v_{max}。

(2) 最低平滑速度:通常用最低转速 n_{min}、最小角速度 ω_{min} 或最小线速度 v_{min} 表示。有时也用调速范围 D 表示

$$D = \frac{n_{max}}{n_{min}} = \frac{\omega_{max}}{\omega_{min}} = \frac{v_{max}}{v_{min}} \qquad (10.1)$$

(3) 速度调节的连续性和平滑性要求:在调速范围内,是有级调速还是无级调速、是可逆的还是不可逆的。

(4) 静差率 s 或转速降 Δn(或 $\Delta \omega$、Δv):转速降指控制信号一定的情况下,系统理想空载转速与满载时转速 n_e 之差,即

$$\Delta n = n_0 - n_e \qquad (10.2)$$

静差率指控制信号一定的情况下,Δn 与 n_0 的百分比,即

$$s = \frac{n_0 - n_e}{n_0} \times 100\% = \frac{\Delta n}{n_0} \times 100\% \qquad (10.3)$$

调速范围和静差率这两项指标并不是彼此孤立的,只有对两者同时提出要求才有意义。一个调速系统的调速范围,是指在最低速时还能满足静差率要求的转速可调范围。脱离了对静差率的要求,任何调速系统都可以做到很高的调速范围;反过来也一样,脱离了调速范围,要满足给定的静差率也很容易。不难导出,调速范围与静差率的关系为

$$D = \frac{n_0 s}{\Delta n (1-s)} \qquad (10.4)$$

上式表示调速范围、静差率和额定速降之间应满足的关系。对于一个调速系统,它的特性硬度或 Δn 值是一定的,因此,由式(10.4)可见,如果对静差率的要求越严,即要求 s 越小时,系统允许的调速范围就越小。

例如,某调速系统额定转速为 $n=1430$r/min,额定速降 $\Delta n = 115$r/min,当要求静差率 $s \leqslant 30\%$ 时,允许的调速范围为

$$D = \frac{1430 \times 0.3}{115 \times (1-0.3)} = 5.3$$

如果要求 $s \leqslant 20\%$ 时,允许的调速范围只有

$$D = \frac{1430 \times 0.2}{115 \times (1-0.2)} = 3.1$$

(5) 对阶跃信号输入下系统的响应特性:系统处于稳态时,把在阶跃信号作用下系统的最大超调量 $\sigma\%$ 和响应时间 t_s 作为技术指标。

(6) 负载扰动作用下系统的响应特性:负载扰动对系统动态过程的影响是调速系统的重要技术指标之一。转速降和静差率只能反映系统的稳态性能,衡量抗扰能力一般取最大转速降(升) Δn_{max} 和响应时间 t_{st} 来度量。

(7) 对系统工作制(长期运行、间歇循环运行或短时运行)、MTBF、可靠性以及使用寿命的要求。

当然,和位置控制系统一样,也应包括对诸如环境条件、成本、通用性、标准化程度、效率、维护维修、结构尺寸以及安装条件等的限制。

以上技术要求往往是由用户提出的,在工程设计过程中,常常用到相位裕度、幅值裕度、开环截止频率等间接技术指标,这些指标在自控原理中均已提到,这里不再赘述。

10.2 直流伺服电动机的选择

无论是位置控制系统还是速度控制系统,被控对象是否能达到预期的运行状态,完全取决于系统的稳态和动态性能,其中伺服电动机和被控对象相联系的动力学特性对其影响很大。也就是说,负载及其性质是伺服电动机选择和传动装置设计计算的原始数据。

关于负载的摩擦特性、传动链间隙、刚度和固有频率、惯性力矩等,以及这些参数如何向输入输出轴等效的方法,我们在第七章作过说明,不再重述。这里需要说明的是,在工程实践中,为了便于计算,常将摩擦特性近似为库仑摩擦,即近似地认为是常值,但始终与运动方向相反。在动态计算时,为了便于运用线性理论的方法,又将摩擦特性近似用线性特性表示。我们已经知道,为了提高系统的精度和改善低速平稳性,希望减小摩擦,或者更为重要的是减小动、静摩擦的差值。通常采取的措施有:改善润滑条件,尽量避免干摩擦;采用滚动摩擦代替滑动摩擦,动摩擦代替静摩擦,用粘滞摩擦代替干摩擦。在要求高的场合,可以采用静压导轨、静压轴承、空气轴承等技术。另外,合理选择减速器的形式,提高传动效率,对减小整个系统的摩擦特性具有重要的意义。

10.2.1 直流伺服电动机的分类

伺服控制系统中使用的直流电动机和一般动力用的直流电动机在工作原理上是完全相同的,但由于各自的功能和用途的不同,对伺服控制系统中应用的直流伺服电动机的性能提出了以下几点要求:响应速度要快,即要求尽量减小电动机转子的转动惯量;良好的低速平稳性;尽可能宽的调速范围;机械特性要硬;换向器和电刷间的接触火花要小,以减小伺服噪声;过载能力要强。

在伺服系统中使用的直流伺服电动机,按转速的高低可分为高速直流伺服电动机和

低速大转矩宽调速电动机两类。

1. 高速直流伺服电动机

目前在伺服控制系统中常用的高速直流伺服电动机有小惯量无槽电枢直流伺服电动机和空心杯电枢直流伺服电动机。

小惯量无槽电枢直流伺服电动机又称表面绕组电枢直流伺服电动机。这种电机的优点是：转子转动惯量小，响应速度快；转矩惯量比大，过载能力强，最大转矩可达额定转矩的 10 倍；低速性能好，转矩波动小，线性度好，摩擦小，调速范围可达数千比一。但是，它也有一些缺点：转速高，需要减速器；由于它的气隙大，安匝数多，效率低；过载时间不能过长；电机本身惯量小，负载惯量所占比重可能较大，因此存在惯量匹配问题。

空心杯电枢直流伺服电动机也有人称之为超低惯量伺服电动机。这种电机的优点是：转动惯量小，灵敏度高，快速性好，损耗小，效率高，转矩波动小；低速平稳，噪声小；散热条件好；电枢电感很小，换向性能好，几乎不产生火花。

2. 低速大转矩宽调速电动机

低速大转矩宽调速电动机也称大惯量电动机或力矩电机，与前面的小惯量电动机相比，它的特点是：转矩转动惯量比大，响应速度快；热容量大，可长时间过载；转速低，可直接驱动，从而省掉减速器等。

10.2.2 伺服电动机的选择

伺服电动机应能提供足够的功率，使负载按需要的规律运动。因此，伺服电动机输出的转矩、转速和功率应能满足拖动负载运动的要求，控制特性应保证所需要的调速范围和转矩变化范围。

1. 功率估算

选择电动机的首要依据是功率问题，如果要求电动机在峰值转矩下以最高转速不断地驱动负载，则电动机的功率 P_M 可按下式估算

$$P_M \approx (1.5 - 2.5) \frac{M_p \omega_p}{1020 \eta} \quad (\text{kW}) \qquad (10.5)$$

式中：M_p——峰值转矩(N·m)；

ω_p——最大角速度(rad/s)；

η——传动效率。

当电机长时间连续地、周期性地工作在变负载条件下，通常应按负载均方根功率来估算。即式(10.5)中的 M_p 为负载均方根转矩，ω_p 为负载角速度。

按功率初选电机后，一系列的技术数据，如额定转矩、额定转速、额定电压、额定电流、转子转动惯量、过载倍数等，可由产品目录查得或经计算求得。

2. 发热校核

伺服电动机处于连续工作时的发热条件与周期性负载的均方根力矩相对应，故在初选电动机后，必须根据负载转矩的均方根值来核对电机的发热情况。由于折算负载均方根为

$$M_{MR} = \sqrt{\frac{1}{T} \int_0^T (M_L^M)^2 \mathrm{d}t} \tag{10.6}$$

式中 M_L^M 为折算到电机轴上的负载转矩。为满足发热条件,要求电动机的额定转矩大于或等于折算负载均方根转矩。当然,也可以直接由发热条件来选择电动机。

3. 转矩过载校核

转矩过载校核的公式为

$$M_{L\cdot\max}^M \leqslant M_{M\cdot\max} \tag{10.7}$$

$$M_{M\cdot\max} = \lambda M_e \tag{10.8}$$

式中:$M_{L\cdot\max}^M$——折算到电机轴上负载转矩的最大值;

$M_{M\cdot\max}$——电机的峰值转矩(过载转矩);

M_e——电机的额定转矩;

λ——过载倍数。

需要注意的是,最大负载转矩 $M_{L\cdot\max}^M$ 的持续作用时间一定要在电机允许过载倍数 λ 的持续时间之内。

10.3 伺服检测装置的选择

10.3.1 伺服系统对检测装置的一般要求

在伺服控制系统中,测量装置的作用是将被检测量转换成等效的电信号(如直流电流、直流电压、脉冲信号等)。测量装置本身的精度和分辨率对整个伺服控制系统精度的影响极大。伺服系统对测量装置的主要要求可以归纳为如下几点:

(1)精度和分辨率要高,其误差应比整个系统允许的误差要小得多;

(2)被测量与输出电信号之间在给定的工作范围内应具有线性关系;

(3)输出电信号不受短时或长时间的扰动(如温度、老化、电网电压波动以及电磁干扰等)的影响,亦即输出电信号中所含扰动干扰成份要小;

(4)输出信号应能在所要求的频带内准确复现被测量,尽量避免储能元件造成的动态滞后;

(5)机电测量装置自身的转动惯量及摩擦转矩要小;

(6)测量装置应有足够的输出功率,以便不失真地传递信号或作进一步信号处理;

(7)对可靠性、经济性、使用寿命、环境条件、体积、重量等的要求。

10.3.2 速度检测装置的选择

多数伺服系统都需要测速装置,目前应用最多的速度检测元件为直流测速发电机和增量式光电编码器。

1. 直流测速发电机

直流测速发电机是将机械角速度转换为成比例的电压信号的机电装置。它对伺服系统的主要作用是为速度控制提供转速负反馈。尽管它存在由于气隙和温度变化以及电刷的磨损而引起测速发电机输出斜率的改变等问题，但它具有在宽广的范围内提供速度信号的能力等优点。因此，直流测速发电机是速度伺服控制系统中主要的反馈元件。

目前，伺服系统中应用较多的是永磁式直流测速发电机。

理想的直流测速发电机的输出电压 U_n 应与被测轴的角速度 n 成正比，即

$$U_n = \alpha n \tag{10.9}$$

事实上，直流测速发电机的输出电压 U_n 中，还包含有纹波分量或无用信号，通常被称为测速发电机的噪声。它由以下几种因素所引起。

换向纹波是构成测速发电机噪声的主要成份，它是由测速发电机的电刷和换向器之间的相对运动引起的。所产生的信号是周期性的，其基波频率为

$$f_c = \frac{100}{6} Kun \tag{10.10}$$

式中，u 为换向器的片数，当 u 为偶数时 K 取 1；但 u 为奇数时 K 取 2；n 为转速。

换向器噪声的幅值随转速的增加而有所增加，但并非成比例地增加。因为伺服系统的响应对低频信号最有效，所以换向纹波的影响在低速时尤为明显。

电枢偏心是产生噪声的第二个重要因素，它产生周期性的有害信号，其基波频率等于测速发电机的角频率。由于这一信号频率相对比较低，所以对系统是有害的。但在数值上，与换向纹波相比，通常是比较小的。高频噪声主要是由电磁感应等多种因素引起的。由于其频率比较高，比较容易滤除，所以对系统的影响不大。

直流测速发电机工作在"额定"转速附近时，其线性度一般是比较好的(0.5%左右)，但当工作在较高转速时应注意非线性问题。由于电刷和换向器之间有接触压降，在低速时所产生的电动势不足以克服接触电压降时，其输出具有死区，如图 10.1 所示。

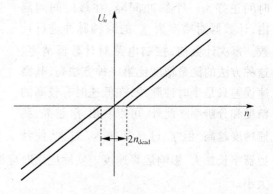

图 10.1　直流测速发电机理想与实际的特性

当测速发电机与电机轴直接耦合，且与负载轴同轴连接时，若系统输出角速度 $u \leqslant n_{dead}$，则速度反馈信号 $U_n \approx 0$，系统如同开环运行，因而使系统低速运行极不平稳。因而要保证系统的平稳调速范围 D，应使测速发电机的输出死区 $n_{dead} < n_{min}$（系统所要求的最低平滑速度）。此外，还应注意测速机的负载能力，以使负载引起的非线性效应尽可能小。

2. 增量式光电编码器

由于受到模拟式元件所固有的各种无法预料的变化的影响，直流测速发电机实际上是一种性能比较差的速度测量装置。气隙和温度变化以及电刷的磨损都会引起测速发电机输出斜率的改变，降低初始精度。

采用增量式光电编码器测量转速的方法有三种。第一种方法是在给定的时间间隔内对编码器所产生的的脉冲计数，称为 M 法测速。设计数时间间隔为 T_g，编码器每转产生

的脉冲数为 N,在 T_g 时间间隔内测得的脉冲数为 N_1,则根据下面的公式可以求出转速

$$n = 60 \frac{N_1}{NT_g} \quad (\text{r/min}) \tag{10.11}$$

采用这种方法测量转速的原理如图 10.2 所示。时钟脉冲在规定的时间内打开选通门,同时在每次计数前对计数器清零。这种测量方法与被测速度有关,当转速较低时,测速误差较大,因此这种方法适用于转速较高的场合。

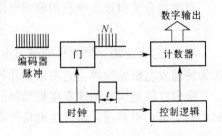

图 10.2　增量式编码器测量转速原理之一

第二种方法称为 T 法测速,这种方法是通过测量相邻两个脉冲的间隔时间来确定转速。具体原理为,用一个已知频率 f_c 的时钟脉冲向一个计数器发送脉冲,此计数器由测速脉冲的两个相邻脉冲控制起始和终止计数。设计数器的计数值为 N_2,则测得的转速为

$$n = 60 \frac{f_c}{NN_2} \quad (\text{r/min}) \tag{10.12}$$

这种测速方法的原理如图 10.3 所示,编码器的脉冲信号进入控制电路,控制电路输出一个选通信号,去打开门电路,使开门时间正好为一个脉冲间隔,在该时间间隔内,计数器对频率为 f_c 的时钟脉冲进行计数。每次计数前,控制电路对计数器清零。这种方法的测量精度比第一种方法高,其测速误差只是个时钟脉冲,在低速时有较高的精度和分辨率。此外,可以看出 f_c 越高,测速精度越高,但 f_c 过高又使 N_2 过大,使计

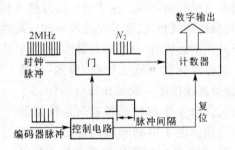

图 10.3　增量式编码器测量转速原理之二

数器字长加大,影响运算速度。实际应用时应根据最低转速和计算机的字长来确定 f_c 的大小。

第三种方法称为 M/T 法测速,这种方法同时测量检测时间和在此时间内脉冲编码器产生的脉冲数来确定转速。具体方法是用规定时间间隔 T_g 以后的第一个测速脉冲去终止时钟脉冲计数器,并由此计数器的计数值 N_2 来确定检测时间 T。显然检测时间为

$$T = T_g + \Delta T \tag{10.13}$$

设电机在 $T(\text{s})$ 时间内转过的角位移位为 $\theta(\text{rad/s})$,则实际转速为

$$n = \frac{60\theta}{2\pi T} = \frac{60\theta}{2\pi(T_g + \Delta T)} \quad (\text{r/min}) \tag{10.14}$$

若编码器每转输出 N 个脉冲,在 T 时间内的计数值为 N_1,则角位移表示为

$$\theta = 2\pi n / N \tag{10.15}$$

同时,考虑在检测时间 $T = T_g + \Delta T$ 内,由计数频率为 f_c 的参考时钟脉冲来定时,且计数

值为 N_2 ,则检测时间可表示为

$$T = N_2/f_c \qquad (10.16)$$

于是,被测转速为

$$n = \frac{60f_cN_1}{NN_2} \qquad (10.17)$$

注意,式(10.17)中的 $60f_c/N$ 为常数,在检测时间 T 内,分别计取测速脉冲和时钟脉冲的个数 N_1 和 N_2 ,即可计算出电机转速。计取测速脉冲的个数相当于 M 法,而计取时钟脉冲的个数相当于 T 法,因此这种方法兼有上述两种方法的优点,在高速和低速时均有较高的分辨能力。所示这种方法是目前应用最为普遍的一种方法。

10.3.3 位置检测装置的选择

位置测量元件的作用是检测位移(角位移或线位移),起着相当于人眼睛的作用。实践表明,一个设计完善的闭环伺服系统的定位精度和加工、测量精度主要由检测元件决定,因此,高精度伺服系统对测量元件的质量要求是相当高的。常用的位置检测元件有旋转变压器、感应同步器、光电编码器以及光栅式编码器等。

1. 正余弦旋转变压器

旋转变压器的工作原理与普通变压器相似。由于普通变压器的输入、输出两个绕组的位置是固定的,所以输出电压与输入电压之比为常数。而旋转变压器由于其输入输出绕组分别固定在定子和转子上,如图 10.4 所示,所以输出电压大小与转子位置有关。若在定子绕组上施加一交流激磁信号,则在转子的正弦绕组和余弦绕组中激励出正弦信号 e_s 和余弦输出信号 e_c ,即

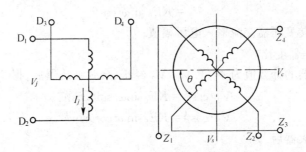

图 10.4 正余弦旋转变压器原理

$$\begin{cases} e_s = kU_m\sin\omega t\sin\theta \\ e_c = kU_m\sin\omega t\cos\theta \end{cases} \qquad (10.18)$$

式中:k—— 旋转变压器的变压比;

ω—— 激磁信号角频率;

U_m—— 激磁信号的幅值;

θ—— 旋转变压器转角。

两极旋转变压器的测角精度可达几角分,对于更高精度的要求,可选用多极旋转变压器,其最高精度可达 $3''\sim7''$ 。

对旋转变压器转角的转换有许多方案。随着大规模集成电路的发展,已有将其转角直接转换成数字量的专用集成电路,可以方便地输入到计算机中。这里我们介绍一种型号为 IRDC1730 和 IRDC1733 的集成电路,其输入为旋转变压器的正、余弦信号,输出为反映其转角的 12 位数字信号。IRDC1730/1733 的工作原理简图如图 10.5 所示。

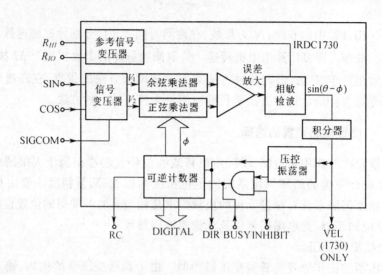

图 10.5　IRDC1730/1733 工作原理简图

来自旋转变压器输出绕组的正、余弦信号分别接至 IRDC1730/1733 的 SIN 和 COS 输入端,经片内的信号变压器,输出 V_1,V_2

$$V_1 = KE_0 \sin\omega t \sin\theta$$
$$V_2 = KE_0 \sin\omega t \cos\theta$$

式中:E_0—— 旋转变压器交流输入电压幅值;

　　K—— 变压器变比。

设可逆计数器的计数值为 $\phi(°)$,V_1、V_2 经正、余弦乘法器后,得

$$V_1 \cdot \cos\phi = KE_0 \sin\omega t \sin\theta\cos\phi$$
$$V_2 \cdot \cos\phi = KE_0 \sin\omega t \cos\theta\sin\phi$$

两信号经误差放大器后,为

$$KE_0 \sin\omega t (\sin\theta\cos\phi - \cos\theta\sin\phi) = KE_0 \sin\omega t \sin(\theta - \phi) \tag{10.19}$$

相敏检波后的直流电压正比于 $\sin(\theta - \phi)$,积分后再去控制压控振荡器。压控振荡器有两个输出信号,一个是反映转子旋转方向的信号 DIR,接至可逆计数器的加/减控制端;另一个输出信号是振荡脉冲信号,它经过一个与门后接至计数器输入端,作为可逆计数器的计数脉冲。片内这些电路,构成闭环控制回路,稳态时 $\phi = \theta$,即输出的数字量正好是旋转变压器的转角。

当旋转变压器转子有一定转速时,输出值与实际转角有一个动态误差,其大小由下式决定

$$\theta - \phi = \frac{\text{转子速度} \times \text{相移}}{\text{激磁信号频率}}(°) \tag{10.20}$$

关于该专用芯片的具体使用要求,可查阅有关技术说明。

2. 感应同步器

感应同步器是一种电磁感应式的高精度位移检测装置,实质上,它是多级旋转变压器的展开形式。感应同步器分为旋转式和直线式两种,分别用于测量角位移和线位移。其具体结构在自控元件课程中已有详细叙述,这里我们只介绍其使用方法。

感应同步器根据其激磁绕组激磁电压形式的不同,分为鉴相式和鉴幅式两种测量方式。

(1)鉴相式

在这种工作方式下,给滑尺的正弦和余弦绕组分别通以幅值相等、频率相同,但相位差 90° 的交流激磁电压,即 $V_A = V_m \sin\omega t$,$V_B = V_m \cos\omega t$,则将在定尺上的绕组中感应出与激磁电压同频率的交变感应电势,该电势随着定尺与滑尺的相对位置不同而产生超前或滞后的相位差 θ。按照叠加原理,可以求出感应电势为

$$e = KV_m \sin\omega t \cos\theta - KV_m \cos\omega t \sin\theta = KV_m \sin(\omega t - \theta) \tag{10.21}$$

式中,θ 为滑尺相对于定尺的折算角。若绕组的节距为 P,相对位移为 x,则

$$\theta = \frac{x}{P} 360° \tag{10.22}$$

由此可见,在一个节距内 θ 与 x 一一对应,因此,只要测得相角 θ,就可以知道滑尺相对定尺的位移 x。

(2)鉴幅式

在这种工作方式下,给滑尺的正弦和余弦绕组分别通以频率和相位均相同,但幅值不同的交流激磁电压,使 $V_A = V_m \sin\theta_1 \sin\omega t$,$V_B = V_m \cos\theta_1 \sin\omega t$,$\theta_1$ 为指令位移角。若滑尺相对定尺移动一个距离 θ,则在定尺绕组上的感应电势为

$$e = KV_A \cos\theta - KV_B \sin\theta = KV_m (\sin\theta_1 \cos\theta - \cos\theta_1 \sin\theta) \sin\omega t =$$
$$KV_m \sin(\theta_1 - \theta) \sin\omega t \tag{10.23}$$

上式把感应同步器的位移与感应电势幅值 $KV_m \sin(\theta_1 - \theta)$ 联系起来,当 $\theta = \theta_1$ 时,$e = 0$。亦即,只要 $e = 0$,说明指令角 θ_1 的大小就等于角位移 θ。这就是鉴幅测量方式的基本原理。前面所讲专用集成电路 IRDC1730/1733 的测角原理就是鉴幅工作方式,它也可以用于检测感应同步器的位移。具体方法为定尺绕组通以激磁电压,滑尺上正弦绕组和余弦绕组的感应电势经放大后接至 SIN 和 COS 信号输入端。

3. 光电编码器

光电编码器有两种类型,即增量式编码器和绝对式编码。如前所述,增量式编码器除了可以作为速度检测元件外,更多地是用于角位移检测。增量式编码器和绝对式编码器相比具有结构简单、价格低、精度容易保证等优点,所以目前采用较多。

4. 光栅及光栅式编码器

光栅及光栅式编码器是一种高精度的位置检测元件,其特点是精度高、响应速度快和量程范围广等。但是这种传感器对使用条件和环境等因素的要求比较苛刻。

10.4　直流电动机的 PWM 调速原理

10.4.1　直流电动机的调速方法

直流电动机具有良好的起、制动性能,适于宽范围平滑调速,在工业机器人、金属切削机床、轧钢设备、各种运动仿真设备等需要高性能可控电力拖动领域中占有很重要的地位。

直流电动机的开环机械特性可以表达为

$$n = \frac{U_d - I_d R}{K_e \phi} \tag{10.24}$$

式中:n —— 直流电动机的转速,单位为 r/min;

U_d —— 电枢两端的电压,单位为 V;

I_d —— 电枢电流,单位为 A;

R —— 电枢回路的总电阻,单位为 Ω;

K_e —— 由电动机结构所决定的电动势常数;

ϕ —— 励磁磁通,单位为 Wb。

由式(10.24)可知,控制直流电动机转速可以有三种方法:

1. 电动机加以恒定激磁,用改变电枢两端电压 U_d 的方式实现调速控制,这种方法称为电枢控制。

2. 电枢加以恒定电压,用改变激磁电压,即改变励磁磁通的方法实现调速控制,这种方法称为磁场控制。

3. 用改变电枢回路的电阻值 R 的方法实现调速控制。

虽然磁场控制具有控制功率小的优点,但它调速范围比较窄,所以,这种方法往往只是配合电枢控制方案,在基速(即电动机的额定转速)以上作小范围的升速。改变电枢回路的电阻值 R 只能做到有级调速。电枢控制却具有在宽范围内平滑调速的优点,因此,目前广泛使用的,还是电枢控制。

由于目前伺服系统中用的多为永磁直流伺服电机,所以其开环机械特性可以简化为

$$n = \frac{U_d - I_d R}{C_e} \tag{10.25}$$

其中,C_e 为电动机结构所决定的电动势常数。

10.4.2　直流电动机的 PWM 调速

70 年代以来,随着国际上电力电子技术(即大功率半导体技术)的飞速发展,推出了新一代的全控式电力电子器件,如可关断的晶闸管(GTO)、大功率晶体管(GTR)、场效应晶闸管(P-MOSFET),以及近年来最新推出的绝缘门极晶体管(IGBT)。这些全控式功率器件的应用,使直流电源可以以 1~10 kHz 的频率交替地导通和关断,用改变脉冲电压的宽度来改变平均输出电压,调节直流电动机的转速,从而大大改善直流伺服系统的性能。

脉宽调制放大器属于开关型放大器。由于各功率元件均工作在开关状态,功率损耗比较小,故这种放大器特别适用于较大功率的系统,尤其是低速、大转矩的系统。开关放

大器分脉冲宽度调制型(PWM)和脉冲频率调制型两种,也可采用两种形式的混合型,但用得最广泛的是脉宽调制型。

根据对电动机旋转方向的要求,PWM 放大器有可逆和不可逆之分。可逆 PWM 放大器有 T 型(双极型)和 H 型(桥型)两种。因 T 型要求晶体管耐压高,又需要双电源,故多采用 H 型电路。H 型 PWM 变换器根据控制方式的不同可分为双极式、单极式和受限单极式三种,这里我们只介绍双极式一种,如图 10.6 所示。

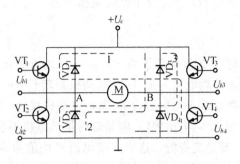

图 10.6　双极式 H 型 PWM 放大器电路

此种电路有三种运行方式:双极式、单极式和受限单极式。双极式是最基本的一种运行方式,它的控制方法是在每一对角线上的两个晶体管上加相同极性的基极脉冲电压,但两组脉冲电压的相位相反,如图 10.7 所示。设开关频率为 f_s,开关周期为 T。

在一个开关周期内,当 $0 \leqslant t < t_{on}$ 时,U_{b1} 和 U_{b4} 为正,晶体管 T_1 和 T_4 饱和导通;而 U_{b2} 和 U_{b3} 为负,T_3 和 T_4 截止。这时,$+ U_s$ 加在电枢 AB 两端,$U_{AB} = U_s$,电枢电流 i_d 沿回路 1 流通。当 $T_{on} \leqslant t < T$ 时,U_{b1} 和 U_{b4} 变负,T_1 和 T_4 转为截止;U_{b2} 和 U_{b3} 变正,但 T_2 和 T_3 并不能立即导通,因为在电枢电感释放储能的作用下,i_d 沿回路 2 经 D_2 和 D_3 续流,在 D_2 和 D_3 上的压降使 T_2 和 T_3 的 c-e 极承受着反压,这时,$U_{AB} = - U_s$。U_{AB} 在一个周期内正负相间,这是双极式 PWM 放大器的特征,其电压电流波形示于图 10.7。

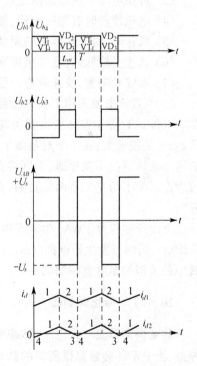

图 10.7　双极式 PWM 放大器电压和
电流波形

由于电压 U_{AB} 的正负变化,使电流波形存在两种情况,如图 10.7 中的 i_{d1} 和 i_{d2}。i_{d1} 相当于电动机负载较重的情况,这时平均负载电流大,在续流阶段电流仍维持正方向,电动机始终工作在第一象限的电动状态。i_{d2} 相当于负载很轻的情况,平均电流小,在续流阶段电流很快衰减到零,于是 T_2 和 T_3 的 c-e 极两端失去反压,在负的电源电压($- U_s$)和电枢反电动势的合成作用下导通,电枢电流反向,沿回路 3 流通,电机处于制动状态。与此相仿,在 $0 \leqslant t < t_{on}$ 期间,当负载较轻时,电流也有一次倒向。

双极式 H 型 PWM 变换器电枢两端的平均电压用公式可以表示为

$$U_d = \frac{t_{on}}{T}U_s - \frac{T - T_{on}}{T}U_s = \left(\frac{2T_{on}}{T} - 1\right)U_s \tag{10.26}$$

以 $\rho = U_d/U_s$ 来定义 PWM 电压的占空比,则 ρ 与 t_{on} 的关系为

$$\rho = \frac{2t_{on}}{T} - 1 \tag{10.27}$$

调速时,ρ 的变化范围为 $-1 \leqslant \rho \leqslant 1$,当 ρ 为正值时,说明正脉冲比负脉冲的宽度大,电枢两端的平均电压为正,所以电动机正转;当 ρ 为负值时,说明正脉冲比负脉冲的宽度小,电枢两端的平均电压为负,所以电动机反转;当 $\rho = 0$ 时,说明正负脉宽相等,电枢两端平均电压为零,电机停转,但是这时虽然电机不动,电枢两端的瞬时电压和瞬时电流却都不为零,而是交变的。这个交变电流平均值为零,不产生平均转矩,徒然增大电机的损耗。但它的好处是使电机轴产生高频的微振,起到所谓"动力润滑"的作用,消除正、反向时的静摩擦死区。

双极式 H 型 PWM 变换器的优点如下:

(1) 主电路简单,所需功率元件少;

(2) 电流一定连续,开关频率高,谐波少,电机损耗和发热都小;

(3) 可使电动机在四象限运行;

(4) 电机停转时有微振电流,能消除静摩擦死区;

(5) 低速时,每个晶体管的驱动脉冲仍较宽,有利于保证晶体管的可靠导通;

(6) 低速平稳性好,稳速精度高,调速范围宽;

(7) 系统频带宽,快速响应性能好,动态抗扰能力强;

(10) 直流电源采用不控三相整流时,电网功率因数高。

双极式 H 型 PWM 变换器也有它的缺点:在工作过程中,4 个电力晶体管都处于开关状态,开关损耗大;在一个对角线上的两个晶体管由导通变为可靠截止前,另一对角线上的两个晶体管决不能导通,否则将会出现上下两管直通(即同时导通)的事故,降低装置的可靠性。为了防止上下两管直通,在一管关断和另一管导通的驱动脉冲之间,应设置逻辑延时。

上面所述仅是 PWM 功率变换器的主电路,隶属该主电路的还应有脉宽调制器电路(UPM)、调制波发生器电路(GM)、逻辑延时环节 DLD 和电力晶体管的基极驱动器 GD。其中最关键的是脉宽调制器。

10.4.3 脉宽调制器

脉宽调制器是一个电压-脉冲变换装置,由控制系统控制器输出的控制电压 U_c 进行控制,为 PWM 装置提供所需的脉冲信号,其脉冲宽度与 U_c 成正比。常用的脉宽调制器有以下几种:

(1) 用锯齿波作调制信号的脉宽调制器;

(2) 用三角波作调制信号的脉宽调制器;

(3) 用多谐振荡器和单稳态触发器组成的脉宽调制器;

(4) 数字式脉宽调制器。

下面以锯齿波脉宽调制器和数字式脉宽调制器为例说明脉宽调制器的原理。

锯齿波脉宽调制器是一个由运算放大器和几个输入信号组成的电压比较器(图10.8)。运算放大器工作在开环状态或正反馈状态,稍微有一点输入信号就可以使其进入饱和状态,当输入电压极性改变时,输出电压就在正、负饱和值之间变化,这样就完成了把连续电压变成脉冲电压的转换作用。加在运算放大器反向输入端上的有三个信号。一个输入信号是锯齿波

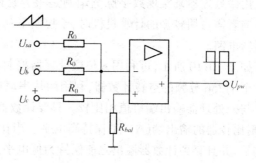

图 10.8　锯齿波脉宽调制器

调制信号 U_{sa},由锯齿波发生器提供,其频率是主电路所需的开关调制频率,一般在 $1\sim$ 4 kHz。另一个输入信号是控制电压 U_c,其极性和大小随时可变,与 U_{sa} 相加,从而在运算放大器的输出端得到周期不变、脉冲宽度可变的调制输出电压 U_{pw}。由于不同控制方式的 PWM 变换器对调制脉冲电压 U_{pw} 的要求是不一样的,如对双极式可逆变换器来说,要求当输出平均电压 $U_d = 0$ 时,U_{pw} 的正负脉冲宽度相等,这时希望控制电压 U_c 也恰好为零。为此,在运算放大器的输入端引入第三个输入信号——负偏移电压 U_b,其值为

$$U_b = -\frac{1}{2}U_{sa\,max} \tag{10.28}$$

这时 U_{pw} 的波形示于图10.9。

当 $U_c > 0$ 时,$+U_c$ 的作用和 $-U_b$ 相减,则在运算放大器输入端三个信号合成电压为正半波宽度增大,经运算放大器倒相后,输出脉冲电压 U_{pw} 的正半波变窄,如图 10.9(b)所示。

当 $U_c < 0$ 时,$-U_c$ 的作用和 $-U_b$ 相加,则情况相反,输出脉冲电压 U_{pw} 的正半波变宽,如图 10.9(c)所示。

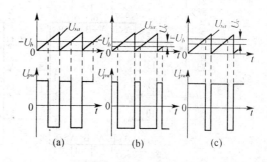

图 10.9　锯齿波脉宽调制波形图
(a) $U_c = 0$; (b) $U_c > 0$; (c) $U_c < 0$

这样,改变了控制电压 U_c 的极性,也就改变了双极式 PWM 变换器输出平均电压的极性,因而改变了电动机的转向。改变了 U_c 的大小,则调节了输出脉冲电压的宽度,从而调节电动机的转速。只要锯齿波的线性度足够好,输出脉冲的宽度是和控制电压 U_c 的大小成正比的。

其它模拟式的脉宽调制器的原理都与此相仿。

数字式脉宽调制器可随控制信号的变化而改变输出脉冲序列的占空比。在数字脉宽调制器中,控制信号是数字,其值确定脉冲的宽度。不管脉宽如何,只要维持调制脉冲序

列的周期不变就能达到改变占空比的目的。

　　用微处理器来实现数字脉宽调制是很容易的,通常有两种方法:软件方法和硬件方法。前者需占用较多的计算机机时,于控制不利,所以这里我们只介绍一种硬件数字脉宽调制器电路。

　　如图 10.10 所示,可利用 8 位微处理器控制实现脉宽调制。两片 74LS161 计数器构成一个 1/256 分频的空转计数器,利用两片串联的 74LS85 电压比较器,将计数器的输出始终与微处理器输出端口值相比较。只要计数器的输出值小于微处理器输出端口的控制字,则比较器的输出端(A>B)保持高电平。当比较器两个输入值相等时,(A>B)端变为低电平,并且直到计数器溢出之前保持为低电平。溢出后,(A>B)端又恢复为高电平,并重复执行该过程。

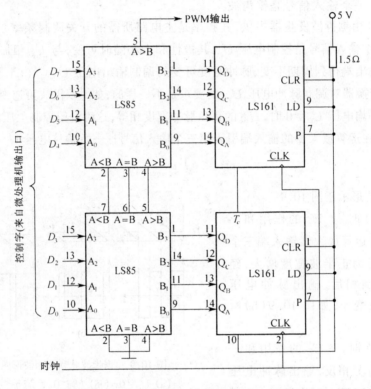

图 10.10　计数器—比较器式 PWM 电路

　　输出波形的周期为 $T = 256T_c$,而脉冲宽度为 $t = CT_c$。其中 C 为控制字的值,T_c 为时钟周期。当控制字为零时,该电路提供一个零输出电平。当控制字为最大值 255 时,(A>B)端仍不能呈全通状态,而是每隔 256 个时钟脉冲,它将降低到低电平一次,并且在一个时钟周期内保持低电平,这对伺服控制并无害处。

　　通过串联电压比较器和计数器的方法很容易扩展图 10.10 所示的电路,以便使用较多的控制字位数来提高精度。若需要多路输出通道,可增加电压比较器的附加线路,并在所有通道上将同样的计数信号馈送到比较器。

　　此外,还有许多种不同形式的数字 PWM 变换器电路,其扩展方式也很灵活。

10.4.4　泵升电压限制电路

当脉宽调速系统的电动机制动或停车时,储存在电机和负载转动部分的动能将变成电能,并通过 PWM 变换器回馈给直流电源。一般直流电源是由不可控的整流器供电的,不可能向电网回馈电能,这样只能对滤波电容器充电而使电源电压升高,这种现象是 PWM 原理调速的特有问题,称作"泵升电压"。如果要让电容器全部吸收回馈能量,将需要很大的电容量,否则泵升电压将迫使电容器的电压上升到很高而损坏器件。若使用大量电容器(在容量为几千瓦的调速系统中,电容至少要几千微法),将大大增加调速装置的体积和重量,这往往是不可接受的,更何况过大的滤波电容还会导致合闸浪涌电流过大或合闸时间过长等一系列问题。对泵升电压这一问题的解决办法是,可以采用由分流电阻 R_L 和开关管 V 组成的泵升电压限制电路,如图 10.11 所示。

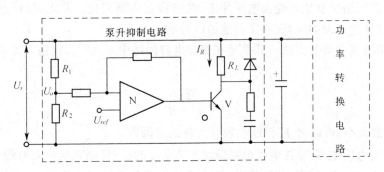

图 10.11　泵升电压限制电路

当滤波电容的端电压超过规定的泵升电压允许数值时,V 导通,接入分流电路,把回馈能量的一部分消耗在分流电阻 R_L 中。对于更大功率的系统,为了提高效率,可以在分流电路中接入逆变器,把一部分能量回馈到电网中去。当然,这样一来,系统就更复杂了。

10.4.5　合闸浪涌电流的抑制

前面已经提到,PWM 变换器的供电电源通常采用整流、电容储能、滤波电路,当供电电源在接通交流电网电压时,由于回路中没有限制电流的元件而会有较大的合闸浪涌电流(储能电容充电电流)。在高压大功率系统中,功率转换电路的供电电源直接从交流电网经整流后获取,整流电压高,而且由于滤波和储能的需要,储能电容量往往很大,因而合闸浪涌电流很大,电流持续时间也长。即使低压供电系统,合闸浪涌电流也是相当大的。合闸浪涌电流的大小随电源开关合闸瞬间交流电压的相位以及输入滤波回路的内阻不同而异,一般上百瓦数量级的供电电源,合闸浪涌电流能达到 100~200A 之巨。

图 10.12 所示为电源输入回路的等效电路,R_s 为等效内阻,显然最大合闸浪涌电流为

$$I_p = \sqrt{2}\,U/R_s \tag{10.29}$$

式中:U——交流电源(或电网)电压的有效值。

R_s 一般为线路导线的电阻,数值很小,在合闸瞬间储能电容近似把电源短路,这样大的浪涌电流不仅会引起电源开关触点的熔接,或使输入熔断器熔断,在出现浪涌电流时所

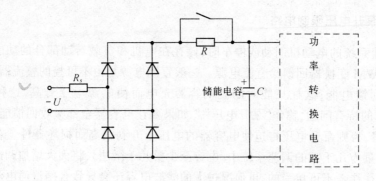

图 10.12　用表示内阻的供电电路

产生的干扰将会给系统控制电路与其它相邻的用电设备带来妨碍;就储能电容器和整流器本身而言,多次而反复地经受大电流冲击,性能将会逐渐变化。总之,合闸浪涌电流会引起一系列可靠性方面的问题,必须设法加以抑制。

限制合闸浪涌电流的方法不外乎是在储能电容回路中串入限流电阻。加入后的合闸浪涌电流为

$$I_p = \frac{\sqrt{2}U}{R_s + R} \tag{10.30}$$

适当选择 R 的大小,可以将 I_p 限制在设计允许的范围内。

然而,限流电阻 R 只是在电源合闸瞬间才必要的,一旦储能电容充电趋于稳态,控制电路启动,主回路向负载提供功率时,R 上产生极大的功耗将无法接受,而且也完全没有必要。因此,应该在电容充电基本结束,主回路向电动机提供功率前将 R 短接。

短接限流电阻 R(R 也称预载电阻)的方法通常有无触点和有触点两种类型。有触点电路一般用普通继电器或接触器经过简单的延时电路来实现,无触点方法常采用晶闸管来短接限流电阻 R。图 10.13 为使用直流接触器 KM 来防止合闸浪涌电流的实例。当电源开关闭和时,储能滤波电容 C 通过限流电阻 R 充电,充电电流被限制,当电容 C 上电压建立到设定值或是 C_k 上电压达到接触器 KM 吸合电压时,接触器触头吸合,R 被短接,基极驱动脉冲解除封锁,启动功率转换电路。也就是说,在合闸后,接触器未吸合前,在逻辑上应保证基极驱动电路被封锁,以使功率级向电动机提供功率时 R 就被短接。另外,当电源断开之后,储能电容可通过电阻 R_1、R_2 放电。

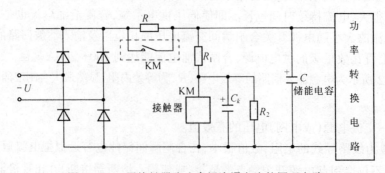

图 10.13　用接触器防止合闸浪涌电流的原理电路

10.4.6 脉宽调速系统的开环机械特性

在稳态情况下,脉宽调速系统中电动机所承受的电压仍为脉动电压,因此尽管有高频电感的平波作用,电枢电流和转速还是脉动的。所谓稳态,只是指电动机的平均电磁转矩与负载转矩相平衡的状态,电枢电流实际上是周期性变化的,只能算作是"准稳态"。脉宽调速系统在准稳态下的机械特性是其平均转速与平均转矩(电流)的关系。

对于双极式 H 桥 PWM 变换器,由于电路中具有反向电流通路,在同一转向下电流可正可负,无论是重载还是轻载,电流波形都是连续的,这就使机械特性的关系式简单得多。

电压方程可表述为

$$U_s = Ri_d + L\frac{\mathrm{d}i_d}{\mathrm{d}t} + E \qquad (0 \leqslant t < t_{on} \qquad (10.31)$$

$$-U_s = Ri_d + L\frac{\mathrm{d}i_d}{\mathrm{d}t} + E \qquad (t_{on} \leqslant t < T) \qquad (10.32)$$

一个周期内电枢两端的平均电压为 $U_d = \rho U_s$,平均电流用 I_d 表示,平均电磁转矩为 $T_{eav} = C_m I_d$,而电枢回路电感两端电压 $L\frac{\mathrm{d}i_d}{\mathrm{d}t}$ 的平均值为零。于是式(10.31)、(10.32)的平均值方程可写成

$$\rho U_s = RI_d + E = RI_d + K_e n \qquad (10.33)$$

则机械特性方程为

$$n = \frac{\rho U_s}{K_e} - \frac{R}{K_e}I_d = n_0 - \frac{R}{K_e}I_d \qquad (10.34)$$

或用转矩表示,

$$n = \frac{\rho U_s}{K_e} - \frac{R}{K_e K_m}T_{eav} = n_0 - \frac{R}{K_e K_m}T_{eav} \qquad (10.35)$$

其中,理想空载转速 $n_0 = \rho U_s / K_e$ 与占空比 ρ 成正比。图 10.14 绘出了第一、第二象限的机械特性,第三、第四象限与此类似。

10.4.7 脉宽调制器和 PWM 变换器的传递函数

根据脉宽调制器和 PWM 变换器的工作原理,当控制电压 U_c 改变时,PWM 变换器的输出电压要到下一个周期才能改变。所以,脉宽调制器和 PWM 变换器合起来可以看作是一个延时环节,它的延时最大为一个调制周期 T。由于调制频率很高,所以调制周期相对系统开环频率特性的截止频率一般都能满足

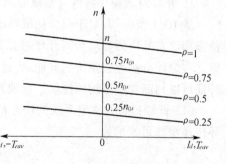

图 10.14 脉宽调速系统的机械特性

$$\omega_c \leqslant \frac{1}{3T} \tag{10.36}$$

这样,就可以将脉宽调制器和 PWM 变换器合在一起近似看成一个一阶惯性环节,甚至可以直接看成一个比例放大环节,即

$$W_{\text{PWM}}(s) = \frac{K_s}{Ts + 1} \tag{10.37}$$

式中　$K_s = \dfrac{U_d}{U_e}$ —— 脉宽调制器和 PWM 变换器的放大系数;

U_d ——PWM 变换器的输出电压,亦即加在电枢两端的电压;

U_c —— 脉宽调制器的控制电压。

10.5　模拟直流伺服系统的工程设计

当系统主通道的执行元件、放大元件、敏感检测元件等有关元件确定之后,以此为基础如何使系统满足所规定的品质指标,这是一个系统综合的问题。由于实现所要求品质指标的技术途径很多,所以解决问题的途径就不是唯一的。对于伺服系统的工程设计而言,目前应用最广泛的方法为对数频率特性综合法,亦即伯德图法。它的绘制很方便,可以确切地提供稳定性和稳定裕度的信息,而且还能大致衡量闭环系统稳态和动态性能。此方法适用于线性定常最小相位系统的设计,而且以单位反馈构成闭环。

10.5.1　希望对数频率特性的设计

对数频率特性综合法是一种基于图解的方法,它根据伺服系统各项设计指标的要求绘出一条希望的对数幅频特性 $L_{XW}(\omega)$(通常只画出开环对数幅频特性),也就是希望系统具有的频率特性或者系统的开环数学模型,再与系统原始模型所对应的固有特性进行图解比较,求出需要的校正装置特性,最后根据该特性确定校正装置及其参数。

1. 开环对数幅频特性与系统的品质指标

从 10.1 节可知,对于一个伺服系统的技术指标要求往往是多方面的,但其中系统的稳态和动态品质指标均与其开环对数频率特性有关,这正是绘制希望特性 $L_{XW}(\omega)$ 的依据。在定性分析控制系统的性能时,通常将伯德图分成高、中、低三个频段,从三个频段的特征可以判断控制系统的性能。反映系统性能的伯德图特征有以下几个方面。

(1) 低频段特性决定系统的稳态精度　对于一个具有 v 阶无差度的伺服系统,其开环传递函数可表示为

$$W(s) = \frac{K}{s^v} W_0(s) = \frac{K \displaystyle\prod_{j=1}^{m}(\tau_i s + 1)}{s^v \displaystyle\prod_{i=1}^{n}(T_1 s + 1)}$$

其对数幅频特性为

$$L(\omega) = 20\lg K - 20v\lg\omega + 20\lg|W_0(j\omega)|$$

当 $\omega \to 0$ 时,$W_0(s) \to 1$,所以当 $\omega \to 0$ 时,有

$$L(\omega) = 20\lg K - 20v\lg\omega \qquad (10.38)$$

式(10.38)所表示的直线称之为对数频率特性的低频渐进线。

当 $\omega = 1$ 时,低频渐进线的纵坐标代表了系统的品质因数,其值为

$$L(\omega)\big|_{\omega=1} = 20\lg K$$

而低频渐进线的斜率为 $-20v\,\mathrm{dB/dec}$。

这表明,稳态时系统的精度在很大程度上取决于无差度阶数 v 和放大系数 K。所以,低频段的设计,一是要根据被控制量的性质满足系统无静差度的要求,二是要满足精度要求。

在实际中,对于具有 v 阶无差系统的精度往往以"系统输出轴按最大角速度 ω_{max} 和最大角加速度 ε_{max} 作等效正弦跟踪时的允许误差不大于 $e_{\sin}$"来度量。通常,在等效正弦运动的假定条件下,根据对系统误差的要求,首先在开环对数幅频特性的坐标上确定精度点和精度界限,如图 10.15 所示。

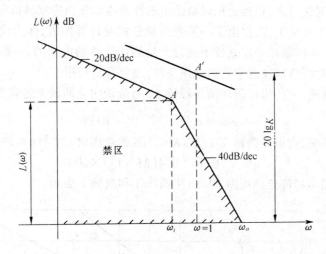

图 10.15　系统精度检查点和精度界限

等效正弦运动的角频率 ω_i 为
$$\omega_i = \frac{\varepsilon_{max}}{\omega_{max}} \qquad (10.39)$$

等效正弦运动的振幅为
$$A = \frac{\omega_{max}^2}{\varepsilon_{max}} \qquad (10.40)$$

当系统以 ω_{max} 和 ε_{max} 作等效正弦跟踪,要求误差为 $e_{\sin}$ 时,在 $\omega = \omega_i$ 时有

$$W(\mathrm{j}\omega_i) = \frac{\omega_{max}^2}{e_{\sin}\varepsilon_{max}} \qquad (10.41)$$

则
$$L(\omega_i) = 20\lg\left|\frac{\omega_{max}^2}{e_{\sin}\varepsilon_{max}}\right| \qquad (10.42)$$

图 10.15 中的 A 点 $(\omega_i, 20\lg|\omega_{max}^2/e_{\sin}\varepsilon_{max}|)$ 即为满足误差 $e_{\sin}$ 值的精度点。当 ω_{max} 和 $e_{\sin}$ 保持不变,而正弦运动角频率 $\omega < \omega_i$ 时,精度界限是 A 点左边 $-20\,\mathrm{dB/dec}$ 的直线;当 $e_{\sin}$ 和 ε_{max} 均保持不变,而 $\omega > \omega_i$ 时,精度界限是 A 点右边 $-40\,\mathrm{dB/dec}$ 的直线。系统希

望特性必须不进入此精度界限(如图 10.15 虚线区),才算满足精度要求。也就是说,表征系统品质因数($\omega = 1$ 处的幅值)的 A' 点不应进入"禁区"之内。

显然,系统开环对数幅频特性低频段的斜率和坐标位置与系统稳态精度密切相关。须说明的是:以上根据等效正弦跟踪误差 $e_{\sin}$ 绘制低频区时,没有考虑实际存在的非线性和干扰引起的误差。考虑附加误差时,会使"禁区"有所扩大,希望特性的低频段也要相应抬高。

(2) 系统的动态品质和中频段特性 伺服系统的动态品质通常是用零初始条件下的阶跃响应(时域性能)来衡量。作为评价系统阶跃响应上升时间快慢的指标有下列几项:

1) 响应速度(调整时间 t_s,上升时间 t_r,超调时间 t_p);

2) 相对稳定性(超调量 $\sigma\%$,振荡次数 N)。

在自控原理课程中我们已经知道,对于二阶以下系统,系统的开环传递函数和频率特性与其阶跃响应的各项指标有着简单的对应关系,而且有许多图表可供查用。但对高阶系统,情况则要复杂得多,很难把用时域给出的性能指标变换为频域指标。为了满足工程需要,不少人做了大量工作,提出了一系列经验公式或计算图表,作为设计的参考。这些图表和经验公式往往是在一定条件下通过大量的计算总结出来的,一般适用于一定类型的系统,在使用时应特别注意它们的适用条件,避免盲目套用。

对于二阶系统,振荡指标闭环谐振峰值 M 与阶跃响应的最大超调量 $\sigma\%$ 有以下关系

$$\sigma\% = e^{-\pi(M - \sqrt{M^2 - 1})} \times 100\% \tag{10.43}$$

对于高阶系统,当振荡指标在 $1.1 \leqslant M \leqslant 1.8$ 的范围时,M 与 $\sigma\%$ 的近似关系为

$$\sigma\% = [0.16 + 0.4(M - 1)] \times 100\% \tag{10.44}$$

式(10.43)和(10.44)可分别用图 10.16 中曲线 1 和曲线 2 表示。

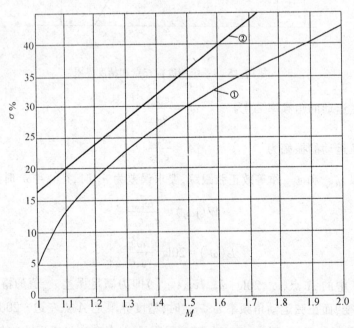

图 10.16 $\sigma\%$ 与 M 关系的列线图

中频段预期频率特性的设计主要应从稳定性的考虑出发,因此必须兼顾幅频特性与相频特性。中频段渐近对数幅频特性的基本形状应当是如图 10.17 所示, ω_c 点以 -20dB/dec 的斜率穿越零分贝线;在相当宽度内保持这一斜率(也可以有个别段斜率为零);在 ω_c 点两侧相当距离以外可以取 -40dB/dec 或 -60dB/dec 的斜率。若是 -60 dB/dec,则同样的 M 值需要中频段 -20dB/dec 段的跨度要适当延长。当系统阶跃响应没有超调量时,其 $M < 1$,系统开环对数幅频特性低频段和中频段的斜率应为 -20dB/dec 或 0dB/dec,除高频段外,不应出现更陡的斜率。具体确定中频段宽度时,初步可以按下式选择

$$L_M = 20 \lg \frac{M}{M-1} \tag{10.45}$$

$$L_L = 20 \lg \frac{M}{M+1} \tag{10.46}$$

$$h = \frac{M+1}{M-1} \tag{10.47}$$

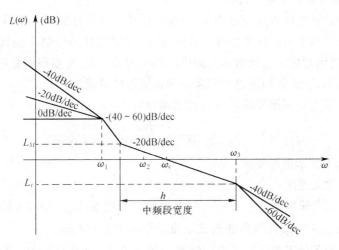

图 10.17　M 与系统开环对数幅频特性中频段的关系

当系统振荡指标处在 $1.1 \leqslant M \leqslant 1.8$ 范围时,其阶跃响应时间 t_s 与开环幅频特性截止频率 ω_c 的近似关系为

$$t_s \approx \frac{k\pi}{\omega_c} \tag{10.48}$$

其中 $\qquad\qquad\qquad k = 2 + 1.5(M-1) + 2.5(M-1)^2 \tag{10.49}$

当系统闭环谐振角频率与开环截止角频率 ω_c 比较接近,而开环相频特性在 ω_c 处变化又比较缓慢,则振荡指标 M 与相位裕度 γ 之间有以下近似关系

$$M \approx \frac{1}{\sin\gamma} \tag{10.50}$$

需要指出的是,中频段设计一定要考虑实际系统的构成条件,千万不要盲目追求过宽的频带。因为实际系统中存在噪声,带宽越宽,噪声误差就越大。所以,从抑制噪声的角度出发,设计实际系统时,一般要尽可能压低带宽。另外,实际系统增加带宽还要受到伺

服电动机容量的约束及机械结构谐振频率的限制。总之,中频段设计应注意系统的带宽不能超过所用对象的数学模型的适用频带。

(3) 高频段特性 高频段指的是比截止角频率 ω_c 高出多倍以上,对系统稳定性已经没有明显影响的频率段,所以高频段常称小参量区。高频段的性质主要影响到系统作迅速运动时的动态性质,例如在阶跃信号作用下系统的最大加速度。此外,高频段的性质还影响系统的抗干扰能力,高频段衰减越快,即高频特性负分贝值越低,说明系统抗高频噪声干扰的能力越强。一般以最简单的形式,并借助于斜率为 -40dB/dec 的渐进线画出来,该渐进线的位置由时间常数

$$T_3 = \frac{1}{\omega_c} \cdot \frac{M}{M+1} \tag{10.51}$$

来确定。另外,应确保高频段小时间常数之和满足

$$\sum_{i=3}^{m} T_i \leqslant \frac{1}{\omega_c} \cdot \frac{M}{M+1} \tag{10.52}$$

2. 希望开环对数幅频特性设计

伺服系统的设计应该在理论指导下,根据具体情况及设计的基本原则,统筹兼顾各项品质指标的要求。对于对数频率特性综合法设计,希望特性的绘制不能程序般地生搬硬套,没有必要在时域指标和品域指标之间追求确切的关系式,而重要的是应该掌握设计所应遵循的基本原则,下面我们通过实例来说明希望特性的设计。

例 10-1 设有一伺服系统的开环传递函数为

$$W_0(s) = \frac{K_0}{s(1+0.01s)(1+0.02s)(1+0.2s)}$$

要求满足如下技术指标要求:

(1) 具有一阶无差度;

(2) 最大跟踪角速度 $\omega_{\max} = 1\text{rad/s}$,最大跟踪角加速度 $\varepsilon_{\max} = 0.7\text{rad/s}^2$,速度误差 $e_v \leqslant 0.003\text{rad}$,按 $\omega_{\max}$ 和 $\varepsilon_{\max}$ 为幅值的正弦跟踪误差 $e_{\sin} \leqslant 0.006\text{rad}$;

(3) 在零初始条件下系统阶跃响应时间 t_s 小于 0.5s,超调量不大于 30%。

设计满足上述要求的希望特性。

解:首先,根据速度误差要求,计算速度品质因数

$$K_v = \frac{\omega_{\max}}{e_v} = \frac{1}{0.003} = 333.33\text{s}^{-1}$$

其次,确定正弦跟踪状态的精度检查点 A 的坐标

$$\omega_i = \frac{\varepsilon_{\max}}{\omega_{\max}} = 0.7\text{s}^{-1}$$

$$20\lg\left|\frac{\omega_{\max}^2}{e_{\sin}\varepsilon_{\max}}\right| = 20\lg\frac{1}{0.7 \times 0.006} = 47.5\text{dB}$$

由速度品质因数 K_v 和精度检查点 A 来决定低频段,精度界限如图 10.18 所示。希望特性 L_{XW} 应在禁区之外,以满足以上精度要求。

放大系数 K_0 可以根据需要调整,设系统的固有特性如图 10.18 中曲线 1 所示。

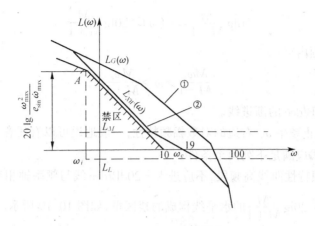

图 10.18　希望开环幅频特性

试取 $M=1.4$,代入式(10.43)和(10.44)得超调量 $\sigma\%$ 在 25% 到 32% 之间,再代入式 (10.45)和式(10.46)中,求得 $L_M=11\text{dB}$,$L_L=-4.7\text{dB}$。在图 10.17 中用两条虚线标出希望特性中频段 -20dB/dec 线段的界限。再将 $M=1.4$ 代入式(10.49),得 $k=3$,考虑阶跃响应时间 $t_s\leqslant 0.5\text{s}$,则由式(10.48)求得 $\omega_c\geqslant 19\text{s}^{-1}$。

至此,不难画出希望特性的低频段和中频段,高频段则取与固有特性的交接频率相一致,以得到最简单的校正装置,如图 10.18 中曲线 2 所示。

以上设计过程仅仅是理论上的,实际中能否达到设计要求则不得而知。因为尚未考虑到实际系统的许多限制条件,如机械谐振频率、执行电机的功率限制、系统可能受到的噪声信号频谱等。也就是说,实际系统的设计,首先要有带宽的概念,必须围绕这带宽来进行。带宽是动态性能指标中的第一位指标。

显然,系统的带宽不能超出对象数学模型所适用的带宽,希望特性的开环截止频率 ω_c 的选取应满足

$$\omega_c < \min\{\omega_s,\omega_R,\omega_K,\omega_N\} \tag{10.53}$$

式中:ω_s——测量元件的截止频率,或者说测量元件的线性频率范围;

　　　ω_R——机械谐振频率;

　　　ω_K——伺服电动机的极限频率,由伺服电动机的极限功率、转矩和转速所决定;

　　　ω_N——干扰噪声的频率。

3. 典型结构的伺服系统工程近似设计

以上是根据时域指标和精度要求来绘制期望特性,但这在实际中有时是行不通的。因为按精度要求和时域指标而确定的 ω_c 值在实际中有时是做不到的(主要是受控对象机械谐振频率所限)。在工程实践中,首先应分析适用的数学模型,根据式(10.53)的约束条件确定系统所能达到的 ω_c 值;再根据时域指标利用图 10.16 确定振荡指标 M 值,由此绘制系统的中、高频曲线,然后由精度要求确定系统的误差度阶次,校核禁区;最终决定系统结构。

首先,给定 ω_c 和 M 值,则对数幅频特性曲线中频部分 $L(\omega)$ 应处于下述幅值范围内

$$20\lg\frac{M}{M-1}\geqslant L(\omega)\geqslant20\lg\frac{M}{M+1}$$

即在下述频率范围内

$$\frac{M\omega_c}{M-1}>\omega>\frac{M\omega_c}{M+1} \tag{10.54}$$

的斜率应为 $-20\mathrm{dB/dec}$ 的渐进线。

其次,位于截止频率 ω_c 右边的对数幅频特性,一般地说可以有任意形状。通常,系统中固有环节的形式应满足下列两个条件。

(1) 对数幅频特性曲线高频段,不应进入 $-20\mathrm{dB/dec}$ 线与频率轴相交于 ω_c 的渐进线和相应于 $L_L(\omega)=20\lg\dfrac{M}{M+1}$ 的水平线构成的禁区里,如图 10.19 所示。

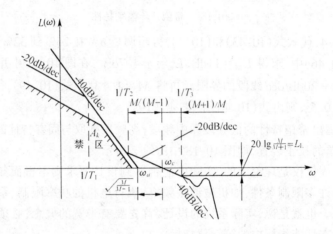

图 10.19　由 ω_c 和 M 来绘制的希望特性

(2) 小时间常数与振荡环节传递函数一阶算子 s 的系数之和,不应超过下列数值

$$\sum_{i=3}^{m}T_i\leqslant\frac{1}{\omega_c}\cdot\frac{M}{M+1}$$

实际中,绘制高频区幅频特性曲线时,可以针对最简单的形式,并借助 $-40\mathrm{dB/dec}$ 的渐进线描绘,该渐进线的位置由时间常数

$$T_3=\frac{1}{\omega_c}\cdot\frac{M}{M+1}=\frac{1}{\omega_a}\sqrt{\frac{M(M-1)}{M+1}}$$

确定。

在工程实践中,无论采用一阶无差度还是二阶无差度控制,上述条件均不能违背。依据上述原则,在选定 ω_c、M 时,中频段参量应按下式选取

$$\begin{cases}T_2\geqslant\dfrac{1}{\omega_c}\cdot\dfrac{M}{M-1}=\dfrac{1}{\omega_a}\sqrt{\dfrac{M}{M-1}}\\[3mm]T_3\leqslant\dfrac{1}{\omega_c}\cdot\dfrac{M}{M+1}\\[3mm]\omega_c=\omega_a^2T_2\end{cases} \tag{10.55}$$

一般应取不等式,使 M 值比给定值小,稳定裕度则大些。

对于低频段而言,根据系统的无差度而定,若为典型一阶无差度系统(特性呈 -20、-40、-20、-40dB/dec 形状),低频时间常数决定低频增益 K_v

$$K_v = \omega_a^2 T_1 = K_a T_1 \tag{10.56}$$

选择的大小,使得系统增益(速度品质因数)满足要求。

若为典型二阶无差度系统(特性呈 -40、-20、-40dB/dec 形状),相当于 $\omega_1 = 0$,速度品质系数 $K_v = \infty$,加速度品质因数 $K_a = \omega_a^2$。

这样即可绘制出图 10.19 所示的特性曲线。

至此,还需做的工作就是绘制精度检查点 $A_k(\omega)$。若满足要求,则设计结束。否则,应考虑采取复合控制系统结构。可见,在给定 ω_c 和 M 值的条件下,系统很可能不能满足精度要求。也就是说实际设计不是随心所欲,而是受客观条件的限制。

根据上述讨论,典型伺服系统的工程设计步骤可归纳为:

(1) 根据约束条件确定所能达到的 ω_c 值;

(2) 根据时域指标确定振荡度 M;

(3) 根据式(10.55)、(10.56)确定中频段参量;

(4) 根据精度要求选择系统无差度阶次,校核禁区,决定控制结构;

(5) 修改设计,修订技术指标,对各部件提出新的要求。

10.5.2　校正装置

根据稳态指标设计出来的伺服系统原始模型一般难以同时满足系统精度和动态品质要求。即使能满足精度要求,但一般它不能满足稳定性和稳定裕度的要

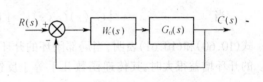

图 10.20　串联校正结构图

求。为使伺服系统满足稳态和动态品质要求,必须对原始模型附加合适的校正装置。工程上常用的校正装置为串联校正和并联校正,或者是两者的结合。

1. 串联校正装置

假设系统的结构如图 10.20 所示,校正后系统希望的开环传递函数为

$$W_{\text{XW}}(s) = W_c(s) G_0(s)$$

或　　　　　　　　$$W_c(s) = W_{\text{XW}}(s) / G_0(s) \tag{10.57}$$

式中:$G_0(s)$—— 原始模型的传递函数;

$W_c(s)$—— 串联校正装置的传递函数。

以对数幅频特性表示,则有

$$L_c(\omega) = L_{\text{XW}}(\omega) - L_0(\omega) \tag{10.58}$$

为了使串联校正装置简单和容易调整,应力求使校正装置的极点和零点数目尽量少。由式(10.57)可以看出,要达到这个目的,基本的办法是使预期开环频率特性的一部分极点和零点分别与校正对象的一部分零点和极点重合,使校正装置和系统固有部分的部分因子相消,因而就可以使校正装置简单一些。

2. 反馈校正装置

反馈校正是伺服系统动态综合的最常用方法。通常，被反馈包围的主环路元件往往是惯性最大的，且要求采用反馈校正后不降低系统的无差度阶数。其综合方法的实质在于变反馈校正装置为等效串联，但反馈校正具有串联校正无法比拟的优点。

局部反馈校正的典型结构如图 10.21 所示。从系统固有部分 $G_2(s)$ 的输出端引出反馈信号，设校正装置的传递函数为 $G_c(s)$，由 $G_2(s)$、$G_c(s)$ 构成的回路称为局部闭环或内环回路。而 $G_1(s)$ 与内环回路串联后再构成的闭环称为主回

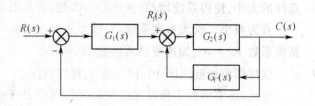

图 10.21　反馈校正结构图

路或外环回路。由图 10.21 可得，被反馈校正装置包围的局部闭环的传递函数，即该局部闭环的等效环节的希望特性为

$$\frac{C(s)}{R_1(s)} = \frac{G_2(s)}{1 + G_2(s)G_c(s)} \tag{10.59}$$

假设局部闭环本身是稳定的，局部闭环的开环增益为 $|G_2(s)G_c(s)|$。容易看出

当 $\qquad\qquad |G_2(s)G_c(s)| \ll 1$ 时，有 $\dfrac{C(s)}{R_1(s)} \approx G_2(s)$ $\qquad$ (10.60)

当 $\qquad\qquad |G_2(s)G_c(s)| \gg 1$ 时，有 $\dfrac{C(s)}{R_1(s)} \approx \dfrac{1}{G_c(s)}$ $\qquad$ (10.61)

式(10.60)和(10.61)表明，当局部闭环的开环增益很小时，局部反馈不起作用。当局部闭环的开环增益很大时，其传递函数几乎等于反馈通路传递函数 $G_c(s)$ 的倒数，而与固有特性 $G_2(s)$ 无关。实际上，实现局部反馈校正的基本原则就在于使 $|G_2(j\omega)G_c(j\omega)| \gg 1$。

例 10-2　假设图 10.21 中 $G_2(s)$ 代表随动系统的功率放大器及执行电机，$C(s)$ 是角度信号，则有

$$G_2(s) = \frac{K_2}{s(T_m s + 1)}$$

又假设 $G_c(s)$ 代表测速发电机，它与执行电机同轴连接，将执行电机的角度信号变成电压信号，反馈到功率放大器的输入端。$G_c(s)$ 的传递函数为

$$G_c(s) = K_c s$$

因此内环回路的传递函数为

$$\frac{C(s)}{R_1(s)} = \frac{\dfrac{K_2}{1 + K_2 K_c}}{s\left(\dfrac{T_m}{K_2 K_c} s + 1\right)}$$

如果使 $K_2 K_c \gg 1$，则上式简化为

$$\frac{C(s)}{R_1(s)} = \frac{1}{K_c s\left(\dfrac{T_m}{K_2 K_c} s + 1\right)}$$

可以看出,局部反馈校正使得等效环节中惯性环节的时间常数远小于原来系统固有部分的时间常数 T_m,即减弱了系统的惰性,因而可以大大加快系统的响应速度。虽然局部反馈使得系统的开环比例系数降低了,但只要在 $G_1(s)$ 中加入适当的放大器就可以补救。

10.5.3　多环路伺服控制系统

以上的设计计算,均是以系统高精度复现输入指令信号为基础的。而在实际系统中,系统的带宽是受到一定限制的,除受输入信号的作用外,还受到各种干扰的影响,其中负载扰动是较为普遍的一种干扰,实际有时往往是随机变化的干扰。另外,在系统控制过程中,又常常需要约束一个或几个中间参数(如电机转速、电流等)变化的极限值。因此,在确保系统跟随性能的同时,如何抑制干扰或对干扰作用进行过滤以及方便地解决中间参数极限值的约束,则是现代直流伺服系统工程设计的重点。这时系统往往就不是简单的单一回路结构,而是多环路系统,称从属控制系统或串级控制系统。设计这类系统时,原则上是用一快速回路来抑制干扰,而主环路仍选用较窄的带宽以保证精度。另外,通过限制外环调节器(校正装置)的输出信号为一定值,来约束内环输出参数(如负载电流、转速等)。

1. 多环路控制系统的结构组成

伺服控制技术实质上是围绕改善伺服驱动装置的静、动态特性来展开的。由直流伺服电动机驱动装置的数学模型可以看出,表征电动机性能的优劣的参数有两个,即电气时间常数 T_l 和机电时间常数 T_m。对于一般的直流伺服电动机,电气时间常数 T_l 的数值约在 $10\sim30$ms 的范围,这主要由整个电枢回路的阻抗及可能接入的平波电抗器决定。对于超低惯量的直流伺服电动机,T_l 的值可能仅为 1ms 左右。而机电时间常数的数值范围却很大,从数毫秒直至几秒。

目前看来普遍得到认同的观点是,对于直流伺服电动机最有效的控制方案就是有一个电流内环再套上转速控制外环,再加上一个位置环以进行位置控制。如果加速度是重要的,还可以加上相应的内控制环。这种多环路从属控制结构多年来在很多应用中已经证明是有效的。

多环路直流伺服系统的典型结构如图 10.22 所示。图中为一个总转动惯量为 J 的传

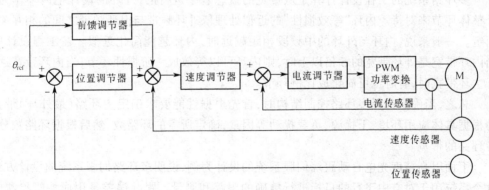

图 10.22　具有前馈输入的多环路伺服控制结构

动装置配上上述的控制环。可以看出,转矩－加速度－速度－位置控制的顺序是很自然的,它符合控制对象的结构。转矩(电枢电流)环完成最里边的控制功能,它可以近似地看成是给电枢提供一个外加的电流源。电流调节器首先用来改善功率电源和电动机的动态特性,因而它应该达到最快的控制作用。对峰值电流(峰值转矩)I_{dm}限幅后,这个内环还起到了保护功能。电流调节器的主要作用是在伺服电机允许的范围内产生一个适当的电枢电流 I_{dm},以抵消由负载 M_L 的作用以及惯量变化带来的影响。电流调节器的输入量为转速调节器输出的控制量,它控制着闭合的电流内环以及其后的积分环节。在转速环的基础上增加位置控制环,它产生适当的转速参考值 ω_{ref},以控制整个伺服驱动装置。

当然,这种多环路结构只能在下述假定条件下发挥作用,即越到内环,频带越宽,电流环响应速度最快,而位置环的响应最慢。很显然,只有在转速环能够快速执行位置调节器的指令时,位置环才能很好地发挥作用,亦即每个内环从属于外环。基于这些理由,设计各调节器的顺序应是先内环后外环,在每一步中将已经得到的设计结果都用一个简单的模型去近似。这种设计过程将使控制系统的设计大为简化,每一步只需处理整个系统的一部分。此外,还可以用限制相应参考(给定)信号的办法来对每个中间变量进行限幅;而且将控制环一个接一个地顺序投入运行使得现场调试工作大为简化。

多环路系统已经证明是很有效的,其优点在于:
(1) 结构清楚;
(2) 从最内环开始分步设计,从而可以分成几个小的步骤解决稳定性问题;
(3) 可由宽频带内环来迅速抑制扰动的影响;
(4) 通过选取适当的参考变量能够限制中间变量的数值;
(5) 将外环打开,就可简单地查错或进行现场调试。

当然,事物都是一分为二的,这种多环路结构有一个严重的缺点,这就是随着控制环路数的增加,对参考输入信号的响应就逐渐变慢。在简化的假定条件下可以证明,每增加一个环,等效时间常数至少要增加两倍。因此,多环路控制系统对参考输入信号的响应多半要慢于同等作用的单环控制系统(当然单环系统是稳定的)。对于这个缺点,可以采取图 10.19 所示的复合控制提高系统的动态精度。

2. 多环路伺服控制系统的设计

多环路系统的工程设计计算是从带宽的概念着手进行的,外环的设计把内环作为一个整体环节来对待。内环"等效惯性"的近似处理依外环频带与内环频带之间的相互关系而定。一般来说,内环与外环的中频段相距越远时,内环越能简化近似。在工程设计中,当内环带宽是外环带宽的 5 倍以上时,则内环可以等效成一阶惯性环节;当内环带宽远大于主环带宽时,有时也可简化成比例环节。

总之,当确定选择多环路控制结构时,首先根据性能要求确定主环路(最外环)带宽,再根据具体应用环境、干扰源、负载扰动等因素,确定所需的环路数,然后根据环路数分配各环路的带宽。

下面以高精度光电自动跟踪伺服系统的设计为例,说明多环路伺服系统的设计方法。这个系统用于对空中飞行的目标进行精确的跟踪和测量。跟踪误差是用成像管检测的,因而控制系统的固有特点是采样数据系统,受控的光电器件(电视摄像机)安装在电动机驱动的平台上,由直流力矩电动机驱动平台作方位和俯仰运动,实现对运动目标的自动跟踪。

图 10.23 是该系统一根轴的结构图,它由电视跟踪器、位置调节器以及速度环组成。系统的输入信号为 $\theta_T(t)$(目标坐标),输出为平台跟踪位置 $\theta_p(t)$,跟踪误差为 $e_p(t)$。

图中各环节的功能和参数如下:

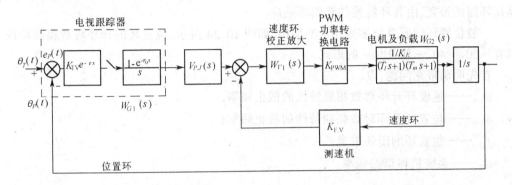

图 10.23   电视自动跟踪伺服系统

(1) 电视跟踪器由摄像机和信号处理电路组成。它是由一个误差检测元件,其数学模型包括一个具有有限范围(视场)的比例环节,时滞环节和采样保持环节组成。

电视跟踪器的增益 $K_{TV} = 1719 \text{V/rad}$

$e^{\tau s}$ 为图像建立、扫描等多种原因形成的时滞环节,τ 为滞后时间,一般可以忽略不计。

采样保持环节 $G_{ho}(s) = (1 - e^{-\tau_0 s})/s$,跟踪器每帧图像输出一次信号并保持一帧,帧频为 50Hz,故 $\tau_0 = 0.02\text{s}$。

(2) 功率转换电路、直流力矩电动机和传动部分,功率转换电路采用优质的晶体管 PWM 功率转换电路,开关频率为 20kHz,增益 $K_{PWM} = 10$。

为了提高机械谐振频率,采用力矩电动机直接耦合传动方式。直流力矩电动机和传动部分的传递函数为

$$W_{G2}(s) = \frac{1/C_e}{(T_l s + 1)(T_m s + 1)}$$

式中,$C_e = 3.8 \text{V/rad} \cdot \text{s}^{-1}$,$T_m = \dfrac{JR_a}{C_e K_m} = 1.2\text{s}$(包括负载在内),$T_l = \dfrac{L_a}{R_a} = 0.025\text{s}$。

(3) 测速发电机采用高灵敏度、低纹波直流测速发电机,测速反馈系数 $K_{F\cdot V} = 57\text{V/rad} \cdot \text{s}^{-1}$。

要求系统的主要技术指标如下:

角速度范围:$0.01°/\text{s} \sim 60°/\text{s}$;

最大工作角速度(保精度):$40°/\text{s}$;

最大角加速度:$60°/\text{s}^2$;

最大工作角加速度(保精度):$7°/\text{s}^2$;

线性范围阶跃信号过渡过程时间:$t_s < 2\text{s}$;

自动跟踪精度:最大误差小于 $6'$。

图 10.23 中的一些参数都与元器件或专用电路有关,一般是固定的。要由设计所决定的是回路增益和位置环、速度环的校正装置。

在着手设计时,必须明确内、外环的功能,弄清各环的带宽要求。这样,设计问题就可迎刃而解。通常,依据系统性能要求首先选择位置环的无差度阶数,由位置环的性能确定从属环路的带宽,由各环特性估计闭环响应。

一般位置环伺服系统多采用 I 型结构,如图 10.24 所示,位置环的开环对数幅频特性具有 -20、-40、-20dB/sec 的形式。

首先明确带宽问题,设

$\omega_{c \cdot v}$ ——速度环开环对数幅频特性的截止频率;

$\omega_{c \cdot p}$ ——位置环开环对数幅频特性的截止频率;

$f_{B \cdot p}$ ——位置环的闭环带宽;

ω_R ——系统机械谐振频率。

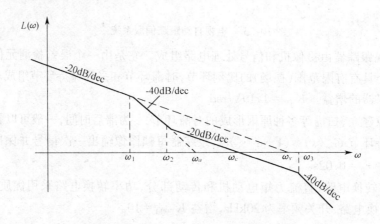

图 10.24 典型 I 型系统对数幅频特性

对于一阶无差度系统,开环特性的截止频率 $\omega_{c \cdot p}$ 与闭环带宽 $\omega_{B \cdot p}$($\omega_{B \cdot p} = 2\pi f_{B \cdot p}$)有如下近似关系

$$\omega_{B \cdot p} = 2\omega_{c \cdot p} \tag{10.62}$$

则

$$f_{B \cdot p} = \frac{\omega_{c \cdot p}}{\pi} \tag{10.63}$$

选取速度环开环截止频率　　$\omega_{c \cdot v} = (2 \sim 4)\omega_{c \cdot p}$

选取机械谐振频率　　　　　$\omega_R = (4 \sim 6)\omega_{c \cdot p}$ $\left.\right\}$ (10.64)

选取　　　　　　　　　　　$f_{c \cdot v} \leqslant f_R / 2$

即可使内环等效特性满足外环设计的要求。

在伺服系统中,加速度误差是极为重要的一项滞后误差。对于图 10.24 所示的特性,若取

$$\omega_c = (3 \sim 4)\omega_2 \tag{10.65}$$

$$\omega_3 = (3 \sim 4)\omega_c \tag{10.66}$$

则系统亦有足够的稳定性。若取定 $\omega_c = 4\omega_2$，$\omega_3 = 4\omega_c$，则

$$\omega_a = 2\omega_2 = \frac{1}{2}\omega_c$$

$$K_a = \omega_a^2 = \left(\frac{\omega_B}{4}\right)^2 = \left(\frac{2\pi}{4}\right)^2 f_B^2 = 2.5 f_B^2 \tag{10.67}$$

式(10.67)表征了一阶无差度系统的加速度品质因数 K_a 与闭环带宽 f_B 之间的关系。

对于二阶无差度系统，利用相同的带宽可获得略高一些的加速度品质因数，所得系数约为3.5(即 $K_a \approx 3.5 f_B^2$)，而不是2.5。上述关系大致适用于一阶无差度系统的其它类型的典型特性以及二阶无差度系统。

可见，加速度品质因数 K_a 受伺服带宽的限制。因此，在设计系统时，可根据系统的精度要求，先确定加速度品质因数 K_a，进而求出闭环伺服带宽 f_B，再依次确定 $\omega_{c \cdot p}$、$\omega_{c \cdot v}$ 和 ω_R。

本例中，
$$K_a = \sqrt{2}\frac{\ddot{\theta}_p}{e_p} = \frac{\sqrt{2} \times 7 \times 60}{6} \approx 100(\text{s}^{-2})$$

则位置环闭环带宽
$$f_{B \cdot p} = \sqrt{\frac{K_a}{2.5}} = 6.3\text{Hz}$$

位置环开环截止频率
$$f_{c \cdot p} \geqslant 3.2\text{Hz}$$

亦即
$$\omega_{c \cdot p} \geqslant 20\text{s}^{-1}$$

根据式(10.64)，速度环开环截止频率 $\omega_{c \cdot v}$ 应在 $40 \sim 80\text{s}^{-1}$ 的范围内选取。取速度环闭环带宽 $f_{B \cdot v} \geqslant 15\text{Hz}$，即 $\omega_{B \cdot v} = 47\text{s}^{-1}$，则要求系统的机械谐振频率 f_R 不得低于 $2f_{B \cdot v}$。这是带宽限制对机械传动设计提出的要求，选 $f_R \geqslant 35\text{Hz}$。

我们先来看速度反馈环，对速度反馈环的要求有三点：一是满足系统所要求的速度范围；二是满足位置环的动态特性，即速度环闭环带宽 $f_{B \cdot v}$ 应大于15Hz(等效时间常数在0.01s以下)，阻尼系数不低于0.6；三是满足转矩误差对速度环的要求，即要有足够大的开环增益、较好的机械特性和调速特性。

速度环的调速范围与增益成正比，而最低平稳速度与环路增益成反比，与转矩波动系数成正比。因此，就扩展调速范围和减小转矩误差而言，都必须增加环路总的放大系数。采用有差调节(0型系统)是获得高放大倍数的途径。已知 $f_{B \cdot v}$ 应大于15Hz，则开环特性的截止频率 $\omega_{c \cdot v} > \pi f_{B \cdot v} \approx 47\text{s}^{-1}$，选取 $\omega_{c \cdot v} = 60\text{s}^{-1}$，开环特性采用 0、-40、-20dB/dec 形式，第一个交接频率利用电动机传递函数中的第一个大惯性环节，采用串联校正(滞后-超前补偿)，速度环的结构如图10.25所示，其开环幅频特性如图10.26所示。

速度环开环传递函数为
$$W_{k \cdot v} = \frac{1\,500(0.067s + 1)}{(1.2s + 1)^2(0.004s + 1)}$$

其中，校正装置的传递函数为
$$W_{v \cdot J} = \frac{100(0.067s)(0.0075s + 1)}{(1.2s + 1)(0.0047s + 1)}$$

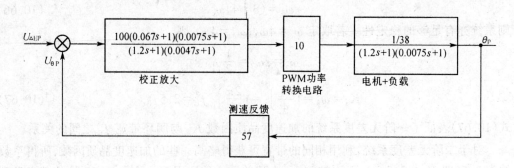

图 10.25　速度环结构图

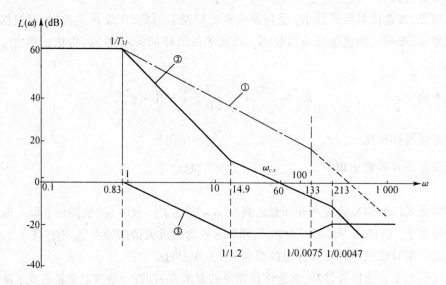

图 10.26　速度环开环对数幅频特性

1－ 未校正的特性 ；　 2－ 校正后的特性 ；　 3－ 校正装置的特性

速度环的闭环传递函数为

$$W_{B \cdot v} = \frac{0.0175(0.067s + 1)}{(1.2s + 1)^2(2.6 \times 10^{-6}s + 6.7 \times 10^{-4}) + (0.067s + 1)} \approx \frac{0.0175}{(0.01s + 1)^2}$$

实测系统速度环闭环特性及过渡过程曲线如图 10.27 所示。可见,速度闭环特性较好,符合位置环的要求。

速度环设计好之后,位置环就容易设计了。需要注意的是,因本例严格来说是一采样控制系统,若要按连续系统设计,则必须使

$$\omega_{c \cdot p} \leqslant \frac{M}{M + 1} \cdot \frac{1}{\tau_0/2 + \sum T_i}$$

这里,电视摄像机的帧频为 50Hz,则 $\tau_0 = 0.02s$,而 $\sum T_i = 0.01s$,且取 $M = 1.4$,则

$$\frac{M}{M + 1} \cdot \frac{1}{\tau_0/2 + \sum T_i} = 29s^{-1} > \omega_{c \cdot p}$$

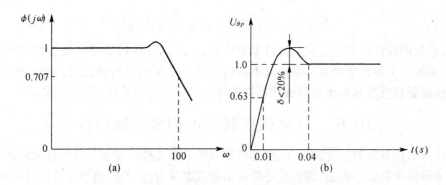

图 10.27　速度闭环特性及过渡过程曲线

(a) 闭环特性；　　 (b) 过渡过程曲线

这样,可以忽略 $e^{-\tau s}$ 和 $(1-e^{-\tau_0 s})/s$ 的影响,对位置环按连续系统进行设计。

根据前面由加速度品质因数 K_a 所导出的位置环开环幅频特性的截止频率 $\omega_{c\cdot p}$($\omega_{c\cdot p}$ $=20s^{-1}$)和已经确定的速度环等效时间常数 T_i($T_i=0.01s$),选择位置环开环对数幅频特性为 -20、-40、-20、$-40dB/dec$ 的形式(如图 10.28 所示),则位置环串联校正环节应设计成滞后－超前型式,即

$$W_{p\cdot J}(s)=\frac{K_{p\cdot J}(T_2 s+1)}{(T_1 s+1)}$$

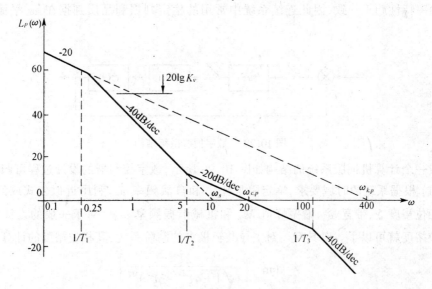

图 10.28　位置环的希望特性

已知,$K_a=100s^{-2}$,则 $\omega_a=\sqrt{K_a}=10s^{-1}$。取 $\omega_2=\omega_a/2=5s^{-1}$,则 $T_2=0.2s$。T_1 的大小影响系统的稳态精度。为了获得较高的速度品质因数,T_1 应取较大的值。取 $T_1=20T_2=4s$,则速度品质因数 $K_v=K_a T_1=400s^{-1}$。

由已知的 K_v 值和其它环节的增益,即可得到校正装置的增益 $K_{p\cdot J}$ 为

$$K_{\text{p·J}} = \frac{K_v}{0.0175 K_{\text{TV}}} = \frac{400}{0.0175 \times 1719} \approx 30$$

至此,系统的设计已基本完成。通过本例可见,只要内外环的功能明确,从带宽入手展开设计,系统的主要参数和基本结构是不难确定的。需要说明的是,当初步设计完成之后,一般还需要进行深入的理论分析和模拟仿真来进一步完善设计,优化参数。

10.6 计算机控制直流伺服系统的设计

计算机控制伺服系统的设计,就是根据系统的性能指标要求和被控对象的特性,设计出调节器的离散数学模型,即其脉冲传递函数或差分方程,然后通过计算机来实现该数学模型所描述的控制规律。也就是说计算机伺服系统的设计主要有两方面的工作需要做:

(1) 在已经确定的控制对象特性的基础上,根据预定的动态品质要求,设计计算机控制算法;

(2) 设计计算机控制系统所需要的硬件和软件,实现上述算法,完成整个系统的设计任务。

10.6.1 平面伺服系统的设计

由 4.6 节讲述的对数频率设计法可知,只要采样频率足够高,或者说在系统的低频段,以虚拟频率 ω_w 的函数绘制系统的频率特性曲线,实际上与以 s 平面的角频率 ω 来绘制的频率特性趋于一致,因此连续系统中常用的稳定判据和品质判据在 w 平面仍然有效。

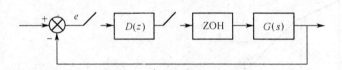

图 10.29 数字伺服系统结构

设一个计算机伺服系统的结构如图 10.29 所示,数字控制器的设计过程可归纳为:

(1) 根据系统的时域要求,确定阻尼比 ζ 和自然频率 ω_n,利用近似公式或经验公式算出相位裕度 γ、带宽 ω_b、谐振峰值 M_p 和机械谐振频率 ω_R。对于一般的设计工作,只用相位裕度就可以了。对具有一对主导共轭极点的高阶系统,其相位裕度的计算公式为

$$\gamma = \tan^{-1}\left[\frac{2\zeta}{(\sqrt{1+4\zeta^4}-2\zeta^2)^{1/2}}\right] \tag{10.68}$$

或者用更粗略的经验公式 $\qquad \gamma = 100\zeta \tag{10.69}$

相位裕度一般应满足的条件为 $\gamma \geqslant 50°$。

(2) 求出包括零阶保持器在内的系统固有部分的脉冲传递函数

$$G(z) = (1-z^{-1})Z[G(s)/s] \tag{10.70}$$

(3) 根据系统的稳态要求,确定系统的开环增益。

(4) 进行 w 变换,即令 $z = (1+Tw/2)/(1-Tw/2)$,将 $G(z)$ 转换成 $G(w)$。

（5）令 $w = j\omega_w$，绘制对应于虚拟频率 ω_w 的伯德图。

（6）根据伯德图确定未校正系统的性能，计算相位裕度。

（7）根据给定的性能指标，取定数字控制器 w 平面的传递函数。在 w 平面中数字校正装置的全部设计方法和连续系统串联校正装置的设计方法完全相同。

（8）检验校正后系统的性能是否满足要求，否则可设定更大的相位裕度，选择更复杂的校正算法，重新试凑，直到满足要求为止。

（9）进行 w 反变换，用 $w = (2/T)[(z-1)/(z+1)]$ 代入 $D(w)$，求得 $D(z)$。

（10）选用适当的算法实现 $D(z)$，进行系统仿真，检验最后结果能否满足原定时域指标的要求。

下面以一个典型的单位反馈加前馈控制的伺服系统的基本模型，如图 10.30 所示，来研究平面内伺服系统的设计。

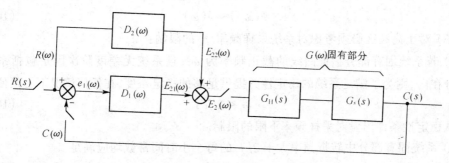

图 10.30　数字校正与补偿的单位反馈加前馈控制的伺服系统

1. 单位反馈系统固有不变部分的变换

$G_{\mathrm{H}}(s) = (1 - e^{-Ts})/s$ —— 零阶保持器的传递函数；

$G_{\mathrm{s}}(s) = K_{\mathrm{g}}/[s(T_{\mathrm{M}}s + 1)]$ —— 执行机构的传递函数；

$D_1(w)$ —— 串联离散校正装置的传递函数；

$D_2(w)$ —— 前馈离散校正装置的传递函数。

系统固有部分的脉冲传递函数为

$$G(z) = Z[G_{\mathrm{H}}(s)G_{\mathrm{s}}(s)] = K_{\mathrm{g}}T_{\mathrm{M}}\left(\frac{T}{T_{\mathrm{M}}} - 1 + a\right)\frac{z + b}{(z-1)(z-a)} \tag{10.71}$$

其中，$a = e^{-T/T_{\mathrm{M}}}$，$b = \dfrac{1 - a - a^{T/T_{\mathrm{M}}}}{T/T_{\mathrm{M}} - 1 + a}$。

对上式作 w 变换，即令 $z = (1 + Tw/2)/(1 - Tw/2)$ 得

$$G(w) = K_{\mathrm{g}}\frac{\left[1 - \dfrac{w}{2/T}\right]\left\{\dfrac{w}{(2/T)[(1+b)/(1-b)]} + 1\right\}}{w\left\{\dfrac{w}{(2/T)[(1-a)/(1+a)]} + 1\right\}} \tag{10.72}$$

令 $w = j\omega_w$，则相应于伪频率 ω_w 的传递函数为

$$G(j\omega_w) = K_{\mathrm{g}}\frac{\left[1 - j\dfrac{T}{2}\omega_w\right]\left[1 + j\dfrac{T}{2}\cdot\dfrac{1-b}{1+b}\omega_w\right]}{j\omega_w\left[1 + j\dfrac{T}{2}\cdot\dfrac{1-a}{1+a}\omega_w\right]} \tag{10.73}$$

2. 系统固有部分的伪频率伯德图

根据式(10.73),系统固有部分的伪频率渐近对数幅频特性为

$$L_G(\omega_w) = 20\lg|G(j\omega_w)| =$$

$$20\lg|K_g| + 20\lg\left|\left(1 + j\frac{T}{2}\omega_w\frac{1-b}{1+b}\right)\right| + 20\lg\left|\left(1 - j\frac{T}{2}\omega_w\right)\right| -$$

$$20\lg|j\omega_w| - 20\lg\left|\left(1 + j\frac{T}{2}\omega_w\frac{1+a}{1-a}\right)\right| \tag{10.74}$$

根据式(10.74)绘制伪频率的伯德图时,应注意以下几点:

(1) 系统固有部分含有小惯性环节群时,可采用与连续系统相同的降阶处理方法。

(2) 中低频区的伪频率伯德图曲线应满足 $\tan(\omega T/2) \approx \omega T/2$ 的条件,即 $\omega_w \approx \omega$。这样,对系统固有不变部分则有

$$L_G(\omega_w) \approx L_G(\omega) = 20\lg|G(s)| \tag{10.75}$$

$$\phi(\omega_w) \approx \phi(\omega) \tag{10.76}$$

(3) 对于高频区必须考虑对系统采样频率 f_s 的限制:

1) 若系统固有部分伯德曲线的截止频率为 ω_c,且系统无差度阶次因子包括系统固有部分在内,则为了满足系统的稳定性并提供足够的稳定裕度,在任何情况下必须使

$$\omega_c < 2/T \tag{10.77}$$

这是从稳定性条件出发对采样频率下限的限制。

2) 系统固有部分中转折频率大于 $2/T$ 的每个小时间常数均应满足

$$T_i < T/2 \tag{10.78}$$

这是对采样频率上限值的制约。

3. w 平面内系统的综合

在 w 平面内综合离散控制系统时,完全可以借鉴在 s 平面内综合连续系统的稳定判据和品质判据。给定精度、给定稳定裕度、给定动态品质的保证、离散校正装置的求取,以及离散前馈补偿均可沿用连续系统成熟的综合理论和经验。下面以复现转角的一阶无差伺服系统伪频率 ω_w 的 C 型(如图10.31中 -20、-40、-20、-40dB/dec 形式)近似期望模型 $L_G(\omega_w)$ 来讨论。

(1) 期望模型的建立

1) 过渡品质与期望模型中频段长度 h 及虚拟截止频率 ω_{uc} 的关系　在设计连续控制系统时,用振荡度 M 来绘制希望特性中频段的经验方法,可移植到 w 平面的设计中,即

$$\sigma = 0.16 + 0.4(M-1) \text{ 或 } M = 0.6 + 2.5\sigma \quad (1 \leqslant M \leqslant 1.8) \tag{10.79}$$

$$k = 2 + 1.5(M-1) + 2.5(M-1)^2 \tag{10.80}$$

$$t_s = \frac{k\pi}{\omega_{uc}} \text{ 或 } \omega_{uc} = \frac{k\pi}{t_s} \tag{10.81}$$

其中各符号的意义与上一节相同。

对复现转角的一阶无差系统,按 C 型近似,有

$$\text{中频段长度} \qquad h = \frac{M+1}{M-1} \tag{10.82}$$

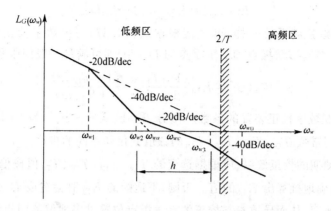

图 10.31 虚拟频率 ω_w 的 C 型近似期望模型

振荡指标 $\qquad M = \dfrac{h+1}{h-1}$ (10.83)

根据系统过渡品质指标,可确定系统期望模型的 M、h 值及伪截止频率 ω_{uc} 值。

2)虚拟频率 ω_w 的 C 型期望特性的拟制 略去高频零点,期望的虚拟频率 ω_w 传递函数可表示为

$$W_{XW}(j\omega_w) = W_{XW}(w)\big|_{w=j\omega_w} =$$
$$\frac{K_v(1+j\omega_w T_2)}{j\omega_w(1+j\omega_w T_1)(1+j\omega_w T_3)} \qquad (10.84)$$

式中,K_v 为速度品质因数,$T_1 = 1/\omega_{w1}$,$T_2 = 1/\omega_{w2}$,$T_3 = 1/\omega_{w3}$,所以

$$L_{XW}(j\omega_w) = 20\lg|W_{XW}(j\omega_w)| =$$
$$20\lg K_v + 20\lg|(1+j\omega_w T_2)| - 20\lg|j\omega_w| - 20\lg|(1+j\omega_w T_1)| -$$
$$20\lg|(1+j\omega_w T_3)| \qquad (10.85)$$

且

$$\frac{\omega_{w2}}{\omega_{uc}} = \frac{2}{h+1}$$

$$\frac{\omega_{w3}}{\omega_{uc}} = \frac{2h}{h+1}$$

$$\omega_{w1} = \frac{\omega_{uc}\omega_{w2}}{K_v} = \frac{K_a}{K_v}$$

式中 $K_a = \omega_{ua}^2$ 为系统的加速度品质因数。

按系统要求精度所对应的 K_v、K_a 值及要求动态品质,完全确立了预期希望系统的虚拟频率 ω_w 的 C 型近似模型。该模型对系统的稳定裕度具有充分的保证。

(2)数字校正装置 $D_1(w)$ 的求取

设串联数字校正装置 $D_1(w)$ 的虚拟频率幅频特性 $L_D(\omega_w)$ 表示为

$$L_D(\omega_w) = 20\lg|D_1(j\omega_w)| \qquad (10.86)$$

其求取方法和连续控制系统一样,由系统的希望特性 $L_{XW}(\omega_w)$ 减去系统的固有特性 $L_G(\omega_w)$ 而得到,即

$$L_D(\omega_w) = L_{XW}(\omega_w) - L_G(\omega_w) \tag{10.87}$$

然后,和连续控制系统一样,可直接根据式(10.87)写出数字校正装置的传递函数 $D_1(w)$。通常,含有二阶极点和二阶零点的 $D_1(w)$ 即可满足一般伺服系统的需要,即取

$$D_1(w) = K_{D1} \frac{(1 + T_{D2}w)(1 + T_{D3}w)}{(1 + T_{D1}w(1 + T_{D4}w)} \tag{10.88}$$

其中,K_{D1} 为串联数字校正装置的系数。微分、积分、微分-积分等不同性质的校正作用表现为虚拟时间常数 T_{D1}、T_{D2}、T_{D3}、T_{D4} 的数值变化和不同的排序。

为了保证预期的校正效果,应根据选定的 T_{D1}、T_{D2}、T_{D3}、T_{D4} 值按伯德图对数坐标运算法则,较为精确地推算出 K_{D1} 的值。否则,不适配的 K_{D1} 值会造成 $D_1(w)$ 的 w 展开式的各项系数的改变,从而导致参与校正的零-极点位置过多地偏离期望值。

求得 $D_1(w)$ 后,即可通过 w 反变换求取数字校正装置的脉冲传递函数 $D_1(z)$ 了,即

$$D_1(z) = D_1(w)\Big|_{w = \frac{2}{T} \cdot \frac{z-1}{z+1}} = K_{D1} \frac{(1 + T_{D2}w)(1 + T_{D3}w)}{(1 + T_{D1}w)(1 + T_{D4}w)}\Bigg|_{w = \frac{2}{T} \cdot \frac{z-1}{z+1}} \tag{10.89}$$

略去含有 T^2 的微小项,可以得到 $D_1(z)$ 的简化表达式为

$$D_1(z) = \frac{E_{21}(z)}{E_1(z)} = K_{D1\Sigma} \frac{1 + a_1 z^{-1} + a_2 z^{-2}}{1 + b_1 z^{-1} + b_2 z^{-2}} \tag{10.90}$$

式中

$$K_{D1\Sigma} = K_{D1} \frac{(T_{D2} + T_{D3}) + 2T_{D2}T_{D3}}{(T_{D1} + T_{D4})T + 2T_{D1}T_{D4}}$$

$$a_1 = -\frac{4T_{D2}T_{D3}}{2T_{D2}T_{D3} + (T_{D2} + T_{D3})T}$$

$$a_2 = \frac{2T_{D2}T_{D3} - (T_{D2} + T_{D3})T}{2T_{D2}T_{D3} + (T_{D2} + T_{D3})T}$$

$$b_1 = -\frac{4T_{D1}T_{D4}}{2T_{D1}T_{D4} + (T_{D1} + T_{D4})T}$$

$$b_2 = \frac{2T_{D1}T_{D4} - (T_{D1} + T_{D4})T}{2T_{D1}T_{D4} + (T_{D1} + T_{D2})T}$$

式(10.90)即为含有二阶零点和二阶极点的 $D_1(z)$ 的平面表达式。当离散校正的零、极点数目减少时,其阶次将降低。但应该再次提醒注意的是,分式中分母的阶次必须大于或等于分子的阶次,即 $D_1(z)$ 的展开式中不能出现高于 z^0 的幂次项,否则校正装置在物理上是不可实现的。

将式(10.90)交叉相乘,将其变换成差分的形式,即可求得数字校正装置的计算机实时控制算法,即

$$E_{21}(z) = K_{D1\Sigma}[E_1(z) + a_1 z^{-1}E_1(z) + a_2 z^{-2}E_1(z)] - [b_1 z^{-1}E_{21}(z) + b_2 z^{-2}E_{21}(z)]$$

将上式进行 z 反变换,得

$$e_{21}(z) = K_{D1\Sigma}[e_1(k) + a_1 e_1(k-1) + a_2 e_1(k-2)] - [b_1 e_{21}(k-1) + b_2 e_{21}(k-2)] \tag{10.91}$$

按上式即可完成 $D_1(w)$ 的实时控制算法的编程。

(3) 数字前馈补偿装置 $D_2(w)$ 的求取

1) 数字控制的非实时性　数字控制系统除存在采样间隔 T 造成的直观非线性控制外,任何控制算法中的"跳动",即"过渡阀门位移"是不可避免的。这种跳动叠加在算法的有用输出上,降低了算法的响应速度,从而显示出更大的非实时性。而且,算法的跳动过渡时间是难以用数学表达式描述的非线性。

达林的分析证明:在 z 平面左半平面上的极点和右半平面的零点是造成跳动的原因,并建议应用简单地消去跳动极点的办法予以改善,但对跳动零点则无能为力;卡尔曼(Kalman)则建立了两拍算法响应的模型;尽管如此,对快速高精度角复现伺服系统来说,由此造成的控制的非实时性仍是一个非常棘手的问题。

图 10.27 中的 $D_2(w)$ 算法可采取具有一定自适应功能的数字前馈补偿,用以改善种种控制算法的非实时性。

2) $D_2(w)$ 模型的建立　对图 10.30 的单位反馈伺服系统,若 w 闭环传递函数为 $\Phi(w)$,则

$$\Phi(w) = \frac{G(w)[D_1(w) + D_2(w)]}{1 + D_1(w)G(w)} \tag{10.92}$$

w 误差传递函数为 $\Phi_e(w)$

$$\Phi_e(w) = 1 - \Phi(w) = \frac{1 - D_2(w)G(w)}{1 + D_1(w)G(w)} \tag{10.93}$$

对给定输入量 $R(w)$ 的完全不变性条件为

$$\Phi_e(w) = 0$$

即

$$D_2(w) = 1/G(w) \tag{10.94}$$

由于系统精度取决于低频区特性,故式(10.72)可改写为

$$G(w) \overset{\text{低频区}}{\approx} K_g \frac{1}{w\left(1 + \dfrac{1+a}{1-a} \cdot \dfrac{T}{2}w\right)} \tag{10.95}$$

将上式代入式(10.94)得

$$D_2(w) = \frac{w\left(1 + \dfrac{1+a}{1-a} \cdot \dfrac{T}{2}w\right)}{K_g} =$$

$$\frac{w}{K_g} + \frac{1+a}{1-a} \cdot \frac{T}{2} \cdot \frac{1}{K_g} \cdot w^2 \tag{10.96}$$

若仅采用速度前馈补偿,则可略去 w^2 项,取前馈模型为

$$D_2(w) = \frac{1}{K_g}w = K'_g w \tag{10.97}$$

3) 收敛性　将 $D_2(w)$ 向 z 平面的映射,得

$$D_2(z) = D_2(w)\big|_{w = \frac{2}{T} \cdot \frac{z-1}{z+1}} = 2\frac{K_g}{T} \cdot \frac{1 - z^{-1}}{1 + z^{-1}} \tag{10.98}$$

式中,在 z 平面上唯一的极点对应于稳定边界 $z = -1$,即达林所定义的跳动极点,算法发散。所以需作收敛性处理,即在高、低频虚拟伪转折频率处为式(10.97)附加一个高频小

时间常数为 $T/2$ 的极点,则式(10.97)被下式所代替

$$D_2(w) = \frac{K'_\mathrm{g} w}{1 + \dfrac{T}{2} w} \qquad (10.99)$$

相应地 $\qquad D_2(z) = D_2(w)\big|_{w = \frac{2}{T} \cdot \frac{z-1}{z+1}} = \dfrac{K'_\mathrm{g}}{T}(1 - z^{-1}) \qquad (10.100)$

根据图 10.27 的定义,有

$$E_{22}(z) = \frac{K'_\mathrm{g}}{T}(1 - z^{-1}) R(z) \qquad (10.101)$$

式(10.101)构成了控制算法的一次(速度量)前馈补偿模型。

4)基本自适应前馈补偿 算法中的跳动除与 z 平面的零、极点分布有关外,还与系统误差的绝对值有关。系统跟踪速度越大,失调越大,过渡阀门位移的拍数越多,系统滞后越大,且难以用一定的数学表达式描述。在式(10.101)的基础上执行下式虽然不能满足完全不变性条件,但可大大提高数字控制系统的跟踪精度。

$$E_{22}(z) = K_\mathrm{DF} \frac{K'_\mathrm{g}}{T}(1 - z^{-1}) R(z)$$

式中的 K_DF 选取依赖于 K_v 值的大小。

根据对给定量 $R(z)$ 的变化率的不同在线检测值,赋予 K_DF 不同的值或 K_DF 的自适应方程,可在不同跟踪速度下自适应分段补偿过渡阀门位移造成的不同滞后误差,取得可以接受的跟踪精度和动态品质。

5)$D_2(w)$ 的实时算法 将式(10.101)进行 z 反变换,得

$$e_{22}(k) = K_\mathrm{DF} \frac{K'_\mathrm{g}}{T}[r(k) - r(k-1)] \qquad (10.102)$$

式(10.102)即图 10.30 中 $D_2(w)$ 的前馈补偿算法。

10.7 计算机伺服控制系统的工程实现

10.7.1 计算机控制伺服系统总体方案的确定

计算机控制伺服系统总体方案的确定,首先要明确计算机在系统中所要承担的任务,将其作为选择合适计算机的主要依据。一个典型的直流伺服系统的结构如图 10.32 所

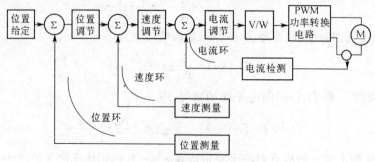

图 10.32　PWM直流伺服系统组成框图

示,如何确定图中各调节器的形式,即选用数字式的还是模拟式的方案,答案是多种多样的,如表 10.1 所示。究竟应选用哪种形式,应根据各种具体条件来确定。

表 10.1　计算机控制 PWM 直流伺服系统的典型结构方案(A—模拟,D—数字)

序　号	各功能块形式						
	位置给定	位置测量	位置调节	速度测量	速度调节	电流调节	V/W 变换
1	A	A	D	A	A	A	A
2	A	A	D	A	D	A	A
3	A	A	D	D	D	A	A
4	D	D	D	A	A	A	A
5	D	D	D	D	A	A	A
6	D	D	D	D	D	A	A
7	D	D	D	D	D	D	A
8	D	D	D	D	D	D	D

10.7.2　计算机和 A/D、D/A 转换器的选择

1. 计算机的选择

在 PWM 直流伺服系统中,计算机主要要完成的工作包括:

(1) 完成环路的闭合,实现数字校正装置所对应的控制算法;或许还需要进行状态估计和状态反馈,实现极点配置所对应的算法;或者实现最优控制、自适应控制、非线性、变结构、变带宽、改变系统无差度型次等。

(2) 实现工作状态的转化,包括位置伺服、速度伺服等状态的相互转换。

(3) 安全保护,如行程限制、超速限制、过载保护等。

(4) 为系统自检和调试,产生各种典型信号,如阶跃、等速、等加速度、正弦信号等,进行静态检查、输入输出置信校验等。

为满足上述工作要求,应考虑的计算机性能主要参数包括运算速度、字长和内存容量等。

运算速度的选择应主要考虑整个控制系统的计算工作量、采样频率以及指令系统等。

计算机的字长总是有限的,所以对乘、除运算会带来舍入或截断误差,字长越短,误差越大,它直接影响到系统的性能指标。一般而言,控制计算机的字长要比 A/D 转换器的字长多 4 位以上。目前在工程实践中,为了保证运算精度,并考虑到计算机成本的大幅度降低,数字控制器几乎都至少选用 16 位字长。需要注意的是,运算程序的字长、A/D 转换的范围和算法的直流增益 $D(\omega = 0)$ 决定了算法的死区,即

$$死区 = \frac{\text{LSB}}{D(\omega = 0)} \times \text{A/D 转换的范围} \tag{10.103}$$

它对系统极限环影响很大。

内存容量的选择应考虑控制规律、数字滤波、堆栈等所要求的内存,还要考虑打印、显

示等其它任务所要求的内存。

2. A/D 转换器的选择

根据系统控制参数的数量和性质确定模拟量和数字量通道的数目。根据控制性能的要求选择 A/D、D/A 转换器的字长和速度。

A/D 转换器的有限字长是量化误差的一个来源,所以 A/D 转换器的字长应使量化误差限制在允许的范围之内。一般伺服控制系统的输入信号都是有极性的,所以还应该将符号位考虑在内。具体确定 A/D 转换器字长应考虑的因素有输入模拟信号的动态范围、分辨率及量化噪声。A/D 转换器字长的具体选取我们已在第二章信号采样部分作过讲述。

3. D/A 转换器的选择

D/A 转换器的输出一般作用于被控对象(速度环)的给定或者通过功率放大器推动伺服电动机。也就是说,D/A 转换器的字长应由其后面的执行机构的动态范围来确定。设执行机构的最大输入为 u_{max},执行机构的分辨能力为 u_{min},则 D/A 转换器的有效字长 N(不包括符号位)应满足

$$\frac{u_{max}}{2^N} \leqslant u_{min} \tag{10.104}$$

10.7.3 模拟量输入接口方案

单通道模拟量输入接口的设计比较简单,而在实际中常用的计算机控制系统大多数是多通道的,即共用一个 A/D 转换器,分时采样,以提高效率和降低成本。

1. 增益可编程的模拟量输入接口方案

图 10.33 所示为一种常用的增益可编程的多路模拟量输入接口方案,通过采用多路模拟转换开关,使各模拟量输入通道共用一个采样保持器和 A/D 转换器。在 A/D 转换器对采样保持器的输出进行转换的过程中,多路转换器可搜索下一个输入通道,因而效率比较高。此外,这种结构可以为每一个输入通道设计专用的信号调整电路,并适于在其基本结构上增添其他电路,例如信号处理的线性化电路和程控增益运算放大器,所以它能获得良好的性能。

图 10.33 中信号调整电路的主要功能是放大信号电平,滤除信号中的干扰噪声以及进行阻抗匹配。其基本组成是线性放大器和模拟低通滤波器。

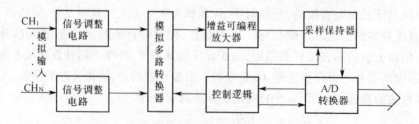

图 10.33　具有增益可编程的模拟量输入接口框图

模拟多路转换器实质上就是在 I/O 设备控制逻辑作用下的多路模拟可编程开关,其

功能是在特定的时间内选通特定的模拟量输入通道。在设计输入通道时,应尽量选用导通电阻和对地电容小的模拟多路转换器电路。

2. 多路同时采样的模拟量输入接口方案

如图 10.34 所示,为每一模拟量输入通道均设置采样保持器,控制逻辑对它们提供控制信号。控制信号可以使某些输入通道同时采样保持,也可以根据计算机规定的顺序进行采样。这种接口方式费用较高,所以只有当需要同时对多路信号进行采样保持的场合采用。

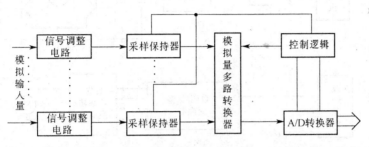

图 10.34   多路同时采样的模拟量输入通道

3. 采用单片数据采集子系统的模拟量输入接口方案

图 10.35 为美国 AD 公司的产品 AD364 单片数据采集子系统(DAS)的功能框图,它在 A/D 转换器前面接有模拟多路转换器、缓冲器或差动放大器以及采样保持器,将这些分离元件的电路混合集成化在一起。AD364 为 12 位 16 通道集成电路数据采集系统,具有灵活的输入/输出控制格式,适应全 8 位或 12 位微处理器总线接口,采样频率高达 25kHz,无需任何附加部件便可方便地构成伺服控制的数据采集系统,避免了分立元件布局排列不慎对系统的干扰。

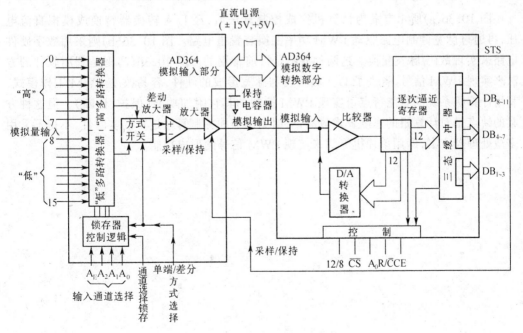

图 10.35   AD364 的功能框图

10.7.4 计算机与 PWM 功率变换装置的匹配

计算机与 PWM 功率变换装置之间的匹配方案有三种,如图 10.36 所示。

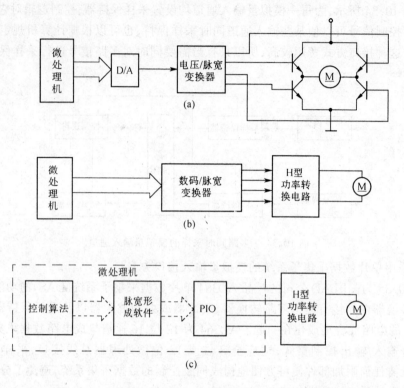

图 10.36　计算机与 PWM 功率转换装置之间的匹配方案

图 10.36(a)所示方案为计算机完成控制算法后,经 D/A 转换器转换成模拟直流电压,再通过脉宽调制电路驱动 PWM 功率变换装置主电路。图 10.36(b)则采用数字硬件电路来实现数码/脉宽变换。这两种方案是目前常用的。图 10.36(c)则是利用软件的方法来实现 PWM 信号,省去了 D/A 转换器和脉宽形成的硬件,容易改变 PWM 工作模式,利用计算机系统的智能特点可实现 PWM 控制的其它附加功能(保护、诊断)。但这种方案的缺点是对计算机的速度要求较高,有时为了兼顾控制算法运算的实时性,不得不采用多微处理器方案,即用单片机专门来实现 PWM 信号的形成功能。

参 考 文 献

1　何克忠,郝忠恕编著.计算机控制系统分析与设计.北京:清华大学出版社,1989

2　高钟毓,王永梁编著.机电控制工程.北京:清华大学出版社,1994

3　叶济忠,余胜生.电子机械运动控制技术.武汉:华中理工大学出版社,1989

4　黄一夫主编.微型计算机控制技术.北京:机械工业出版社,1991

5　秦继荣,沈安俊编著.现代直流伺服控制技术及其系统设计.北京:机械工业出版社,1993

6　戴忠达主编.自动控制理论基础.北京:清华大学出版社,1991

7　王永章等编著.机床的数字控制技术.哈尔滨:哈尔滨工业大学出版社,1995

8　吴麒主编.自动控制原理.北京:清华大学出版社,1992

9　陈伯时主编.电力拖动自动控制系统.北京:机械工业出版社,1992

10　唐永哲编著.电力传动自动控制系统.西安:西安电子科技大学出版社,1998

11　谢剑英编著.微型计算机控制技术.北京:国防工业出版社,1991

12　黄大贵.微机数控系统.西安:电子科技大学出版社,1996

13　王馨,陈康宁编著.机械工程控制基础.西安:西安交通大学出版社,1992

14　孙增圻.计算机控制理论及应用.北京:清华大学出版社,1989

15　何克忠,李伟.计算机控制系统.北京:清华大学出版社,1998

16　刘玉廷,程树康.步进电动机及其驱动控制系统.哈尔滨:哈尔滨工业大学出版社,1997

17　陈理壁.步进电动机及其应用.上海:上海科技出版社,1985

18　李中杰,宁守信.步进电动机应用技术.北京:机械工业出版社,1988

19　王鸿钰.步进电机控制技术入门.上海:同济大学出版社,1990

20　余永权,李小青,陈林康.单片机应用系统的功率接口技术.北京:北京航空航天大学出版社,1992

21　邓星钟,周祖德.机电传动控制.武汉:华中理工大学出版社,1996

22　骆涵秀,李世伦,朱捷,陈大军.机电控制.杭州:浙江大学出版社,1996

23　王积伟.机电控制工程.北京:机械工业出版社,1995

24　徐鹏根.电磁兼容性原理及应用.北京:国防工业出版社,1996

25　王卫兵,高峻山,韩剑辉,周卫东.可编程序控制器原理及应用.北京:机械工业出版社,1998

26　许江,蒋跃宗.可编程序控制器PLC基础应用教程.北京:中国水利水电出版社,1996

27　陈金华.可编程序控制器(PC)应用技术.北京:电子工业出版社,1996

28　魏志清.可编程控制器应用技术.北京:电子工业出版社,1995

29　杨士元.可编程序控制器(PC)编程应用和维修.北京:清华大学出版社,1995

30　顾占松.可编程控制器原理及应用.北京:国防工业出版社,1996

31　OMRON公司.可编程序控制器C200H操作手册,1990

32　OMRON公司.可编程序控制器C200H安装手册,1990

附　　录

$F(s)$	$f(t)$	$F(z)$
1	$\delta(t)$	1
e^{-kTs}	$\delta(t-kT)$	z^{-k}
$\dfrac{1}{s}$	$1(T)$	$\dfrac{z}{z-1}$
$\dfrac{1}{s^2}$	t	$\dfrac{Tz}{(z-1)^2}$
$\dfrac{1}{s^3}$	$\dfrac{1}{2}t^2$	$\dfrac{T^2 z(z+1)}{2(z-1)^3}$
$\dfrac{1}{s+a}$	e^{-at}	$\dfrac{z}{z-e^{-aT}}$
$\dfrac{1}{(s+a)^2}$	te^{-at}	$\dfrac{Tze^{-aT}}{(z-e^{-aT})^2}$
$\dfrac{a}{s(s+a)}$	$1-e^{-aT}$	$\dfrac{z(1-e^{-aT})}{(z-1)(z-e^{-aT})}$
$\dfrac{a}{s^2(s+a)}$	$t-\dfrac{1}{a}(1-e^{-at})$	$\dfrac{Tz}{(z-1)^2}-\dfrac{z(1-e^{-aT})}{a(z-1)(z-e^{-aT})}$
$\dfrac{a}{s^3(s+a)}$	$\dfrac{1}{2}t^2-\dfrac{1}{a}t+\dfrac{1}{a^2}-\dfrac{1}{a^2}e^{-aT}$	$\dfrac{T^2 z(z+1)}{2(z-1)^3}-\dfrac{Tz}{a(z-1)^2}+\dfrac{z}{a^2(z-1)}$ $-\dfrac{z}{a^2(z-e^{-aT})}$
$\dfrac{b-a}{(s+a)(s+b)}$	$e^{-at}-e^{-bt}$	$\dfrac{z(e^{-aT}-e^{-bT})}{(z-e^{-aT})(z-e^{-bT})}$
$\dfrac{ab(a-b)}{s(s+a)(s+b)}$	$(a-b)+be^{-at}-ae^{-bt}$	$\dfrac{(a-b)z}{z-1}+\dfrac{bz}{z-e^{-aT}}-\dfrac{az}{z-e^{-bT}}$
$\dfrac{a^2 b^2(a-b)}{s^2(s+a)(s+b)}$	$ab(a-b)t+(b^2-a^2)$ $-b^2 e^{-at}+a^2 e^{-bt}$	$\dfrac{ab(a-b)Tz}{(z-1)^2}+\dfrac{(b^2-a^2)z}{z-1}$ $-\dfrac{b^2 z}{z-e^{-aT}}+\dfrac{a^2 z}{z-e^{-bT}}$